电气工程新技术丛书

新能源技术与电源管理

王顺利　于春梅　毕效辉　李小霞　等编著

机械工业出版社

本书是一部关于动力锂离子电池应用中的状态监测、能量控制调节与安全管理技术的书籍。全书以动力锂离子电池管理系统应用理论和设计方法为基础，主要讲述了新能源测控与电源管理的关键技术，为动力锂离子电池管理系统的设计和应用提供了技术参考。

全书共 10 章，主要包括锂离子电池与管理系统概述、BMS 参数测量与控制策略、锂离子电池的状态测定与评价、锂离子电池的等效建模及其参数辨识、锂离子电池 SOC 估算方法、锂离子电池 SOC 估算设计实例、电池组的均衡控制管理、BMS 中的 CAN 通信技术、BMS 集成电路与设计实例、锂离子电池性能测试与 BMS 故障诊断。

本书针对动力锂离子电池应用的技术要求，以 BMS 的研发、应用与电源管理为出发点编著而成，特色鲜明、讲解清晰、内容系统、实例丰富，既可作为高等院校控制科学与工程、自动化、电气工程等相关专业的教材，又可作为新能源测控技术应用与研究人员的参考用书。

图书在版编目（CIP）数据

新能源技术与电源管理／王顺利等编著．—北京：机械工业出版社，2019.7（2024.8 重印）

（电气工程新技术丛书）

ISBN 978-7-111-62738-8

Ⅰ．①新… Ⅱ．①王… Ⅲ．①锂离子电池-研究 Ⅳ．①TM912

中国版本图书馆 CIP 数据核字（2019）第 109534 号

机械工业出版社（北京市百万庄大街 22 号 邮政编码 100037）
策划编辑：汤 枫 责任编辑：汤 枫
责任印制：李 昂 责任校对：张艳霞
北京中科印刷有限公司印刷

2024 年 8 月第 1 版·第 8 次印刷
184mm×260mm·11.75 印张·285 千字
标准书号：ISBN 978-7-111-62738-8
定价：49.00 元

电话服务 网络服务

客服电话：010-88361066 机 工 官 网：www.cmpbook.com

010-88379833 机 工 官 博：weibo.com/cmp1952

010-68326294 金 书 网：www.golden-book.com

封面无防伪标均为盗版 机工教育服务网：www.cmpedu.com

出 版 说 明

近年来，电气工程领域的研究有了长足的发展，为促进电气工程学科的发展和人才培养，现机械工业出版社会同全国在电气工程领域具有雄厚师资和技术力量的高等院校及科研机构，组成阵容强大的编委会，组织长期从事科研和教学的学者编写这套学术水平高、学科内容新、具备一定规模的"电气工程新技术丛书"，并将陆续出版。

这套丛书力求做到：学术水平高、学科内容新，能够反映国内外电气工程研究领域的最新成果和进展，具有科学性、准确性、权威性、前沿性和先进性；选题覆盖面广、深度适中，不仅体现电气工程领域的最新进展，而且注重理论联系实际。

这套丛书的选题是开放式的。随着电气工程学科日新月异的发展，我们将不断更新和补充选题，使这套丛书及时反映电气工程领域的新发展和新技术。我们也欢迎在电气工程领域中有丰富科研经验的教师及科技人员积极参与这项工作。

由于电气工程领域发展迅速，而且涉及面非常宽，所以这套丛书的选题和编审中如有缺点和不足之处，诚请各位老师和专家提出宝贵意见，以利于今后不断改进。

"电气工程新技术丛书" 编委会

前　　言

能源和环保问题日益受到国内外各界人士的关注，新能源汽车已经成为汽车工业的重要发展方向。进入 21 世纪以来，全球范围内掀起了新能源汽车的研发热潮。虽然各国发展新能源汽车的技术路线各不相同，但动力电池作为新能源汽车的关键部件和关键技术，一直受到重视。

近年来，动力电池技术飞速发展并逐步成熟，锂离子电池已经成为新能源汽车用动力电池的主体。在锂离子电池组储能和供能过程中，电池管理系统（Battery Management System，BMS）对其工作状态进行监测和能量管理。由于锂离子电池组工作对象安全性要求高、工况复杂，应用中的能量控制管理和 SOC 估算成为研究热点。

在动力电池技术飞速发展的同时，编著者通过长期的研究发现，单体电池技术的进步并不代表成组应用的动力电池组整体寿命的提高，串并联后的电池组性能并非单体电池性能的线性叠加。一致性控制、成组技术、充电技术、电池监控和管理、热管理控制、状态估算、均衡技术和性能测试技术等逐步成为新能源汽车用动力电池应用技术的关键和核心。

在总结多年从事动力锂离子电池管理系统开发所形成的电池成组应用理论、经验和设计方法的基础上，编著者从新能源测控与电源管理的角度，结合新能源汽车等对动力锂离子电池的技术要求，以锂离子电池应用与电源管理为出发点，编著本书。希望通过对新能源测控与电源管理的理解和经验的总结，能够对动力锂离子电池管理系统的设计、匹配和应用提供一些技术方面的参考，为我国新能源技术应用事业的发展做些贡献。

全书共 10 章。其中，第 1 章为锂离子电池与管理系统概述，使读者可以对锂离子电池以及电池管理系统有一个全面的认识，为后续锂离子电池的相关学习打下基础。第 2 章主要介绍了 BMS 参数测量与控制策略。第 3 章主要介绍了锂离子电池的状态测定与评价，即锂离子电池的容量、内阻测定与电池健康状态评价。第 4 章主要介绍了锂离子电池的等效建模及其参数辨识。第 5 章和第 6 章主要介绍了锂离子电池 SOC 估算方法和设计实例。第 7 章主要介绍了电池组的均衡控制管理。第 8 章主要介绍了 BMS 中的 CAN 通信技术。第 9 章主要介绍了 BMS 集成电路与设计实例。第 10 章主要介绍了锂离子电池性能测试与 BMS 故障诊断。

本书由西南科技大学新能源测控研究团队执笔完成，研究团队一直聚焦新能源检测与控制领域，在教学、科研方面具有丰富的经验和产学研密切结合的优良传统。团队根据自身的成果和参阅的相关资料编著本书。王顺利老师构建了整体框架并执笔完成第 1 章、第 5 章和第 6 章，于春梅教授主导编写第 2 章和第 3 章，李小霞教授主导编写第 4 章，毕效辉教授主导编写第 7 章，绵阳市维博电子有限责任公司戚继飞、王嘉等人主导编写第 8 章，邹传云教授主导编写第 9 章，靳玉红老师主导编写第 10 章。其他参与编著的有范永存、乔静、胥海伦、李永桥、张晓琴、熊莉英、颜伟、王建伟、张春峰、潘小琴、张良、陈蕾、张丽、王瑶、周长松、李进等。全书由王顺利老师统一补充、修改和定稿。中国科技大学的陈宗海教授审阅了全稿。电子科技大学的唐武教授为本书提供了丰富的参考资料。重庆大学的柴毅教授对本书的出版提出了大量建设性的意见。研究团队的学生参与了书稿资料的整理，主要有康财、王露、谢非、蒋聪、时浩添、王晨懿、张校伟、谢滟馨、刘小菡、熊鑫、梁雪晴、舒欢、苏杰、周义枞、张爵儒、刘峻杉、郑双林、邓雪、傅鹏有、安晨旭、赵情缘、陈一鑫、张秋月、宋媚琳等人，在此对他们的辛勤工作表示感谢。

本书得到了绵阳市产品质量监督检验所（国家电器安全质量监督检验中心）、绵阳市维博电子有限责任公司、德阳市产品质量监督检验所、唐山奇点科技有限公司、四川华泰电气股份有限公司、深圳市亚科源科技有限公司、东莞市贝尔实验设备有限公司、深圳市新威新能源技术有限公司、正旭光伏能源科技有限公司等单位科技人员的帮助和支持，在此也一并感谢。

新能源测控与电源管理涉及面广，受编著者水平所限，在书稿的组织和编写过程中难免有不当之处，敬请各位读者批评指正。编著者 E_mail：wangshunli@ swust. edu. cn。相关资料下载网址：http://www. jcyjs. com, http://jcyjs. swust. edulab. cn。希望以本书为交流的平台，与各位读者建立联系，促进新能源测控与电源管理技术的进步。

编著者

目　　录

第1章 锂离子电池与管理系统概述

1.1 锂离子电池简介

1.1.1 特点与优势

锂离子电池是一种将电能与化学能相互转化并且可重复使用的电池，它不像镍镉电池那样对环境有严重污染，也不像铅酸电池那样低的比容量，更不像燃料电池那样需要配备辅助电池系统，循环寿命远远高于其他类型电池，并且无记忆效应，因此使用范围相当广泛。同时，由于具有高能量密度、低自放电率、寿命长、性价比高、可快速充电及绿色环保等特点，锂离子电池逐渐成为新能源汽车的主要动力源。

锂离子电池组采用化学反应来实现能量的储存与释放，在充放电过程中，内部相互连接的各电池单体正负极发生氧化还原反应。相对于其他类型电池，锂离子电池具有以下显著的优点。

（1）工作电压高 钴酸锂类型锂离子电池的工作电压为 3.6 V，锰酸锂类型锂离子电池的工作电压为 3.7 V，磷酸铁锂类型锂离子电池的工作电压为 3.2 V，而镍氢、镍镉电池的工作电压仅为 1.2 V。

（2）比能量高 重量比能量，简称比能量，是电池的重要参数之一。锂离子电池正极材料的理论比能量可达 $200 W \cdot h/kg$ 以上，实际应用中由于不可逆容量损失，比能量通常低于这个数值，但也可达 $140 W \cdot h/kg$，该数值仍为镍镉电池的 3 倍，镍氢电池的 1.5 倍。

（3）循环寿命长 锂离子电池在深度放电情况下，循环次数可达 1000 次以上；在低放电深度条件下，循环次数可达上万次，其性能远远优于其他类型电池。

（4）自放电小 锂离子电池的月自放电率仅为总电容量的 5%~9%，大大缓解了传统电池放置时由自放电所引起的电能损失问题。

（5）环保性高 相对于传统的铅酸电池、镍镉电池，甚至镍氢电池废弃可能造成的环境污染问题，锂离子电池中不包含汞、铅、镉等有害元素，是真正意义上的绿色电池。

近年来，锂离子电池的工作性能得到不断提高，这主要是因为其内部正极、隔膜、负极和电解液材料的不断改进。同时，生产工艺和其他因素的改良也同样起到了非常重要的作用。其工作性能的不断提高，使得锂离子电池成为主要的可充电动力电池。

1.1.2 基本类型

锂离子电池主要用在新能源汽车、无人机等动力应用场景中，内阻小，充放电速度快，一般能达到 3~5C（电流倍率）。同时，也可用于不间断电源（Uninterruptible Power System, UPS）等储能应用场景中，内阻比较大，充放电速度较慢，一般为 0.5~1C。根据所用电解质材料不同，锂离子电池可以分为液态锂离子电池（Lithium-ion Battery，LIB）和聚合物锂离子电池（Polymer Lithium-ion Battery，LIP）两大类。电池结构通常包括电池正极、负极、电解溶液、隔膜以及外包装等。锂离子电池因生产材料的差异导致在性能上存在一些差别，几种锂离子电池的性能比较见表 1-1。

表 1-1　几种锂离子电池的性能比较

性能指标	钴酸锂 $LiCoO_2$	镍锰钴酸锂（三元） $LiNiCoMnO_2$	锰酸锂 $LiMn_2O_4$	磷酸铁锂 $LiFePO_4$
晶体结构	层状	层状	尖晶石	橄榄石
振实密度/(g/cm^3)	2.8~3.0	2.0~2.3	2.2~2.4	1.0~1.4
实际比容量/($mA \cdot h/g$)	140~155	130~220	90~120	130~150
平台电压/V	3.6~3.7	3.6~3.7	3.7~3.8	3.2~3.3
工作电压范围/V	3.0~4.3	3.0~4.35	3.5~4.3	2.5~3.8
循环性能/次数	≥300	≥800	≥500	≥2000
高温性能	一般	一般	差	好
环保	含钴元素	含镍、钴元素	无毒，无污染	无毒，无污染
安全性能	差	较好	良好	优秀
过渡金属含量	稀缺	稀缺	普遍	非常普遍
适用领域	小电池	小型动力电池	动力电池	动力电池

聚合物锂离子电池所用的正负极材料与液态锂离子电池是相同的，电池的工作原理也基本一致。它们的主要区别在于电解质的不同，液态锂离子电池使用的是液体电解质，而聚合物锂离子电池则以固体聚合物电解质来代替，这种聚合物可以是"干态"的，也可以是"胶态"的，目前大部分采用聚合物胶态电解质。聚合物锂离子电池可分为三类：

（1）固体聚合物电解质锂离子电池　电解质为聚合物与盐的混合物，这种电池在常温下的离子电导率低，适于高温使用。

（2）凝胶聚合物电解质锂离子电池　即在固体聚合物电解质中加入增塑剂等添加剂，从而提高离子电导率，使电池可在常温下使用。

（3）聚合物正极材料锂离子电池　采用导电聚合物作为正极材料，其比能量是现有锂离子电池的 3 倍，是最新一代的锂离子电池。

由于用固体电解质代替了液体电解质，与液态锂离子电池相比，聚合物锂离子电池具有可薄形化、任意面积化与任意形状化等优点，也不存在漏液与燃烧爆炸等安全隐患，因此可以用铝塑复合薄膜制造电池外壳，从而提高整个电池的比容量；聚合物锂离子电池还可以采用高分子作为正极材料，其比能量将会比目前的液态锂离子电池提高 50% 以上。此外，聚合物锂离子电池在工作电压、充放电循环寿命等方面都比普通锂离子电池有所提高。基于以上优点，聚合物锂离子电池被誉为下一代锂离子电池。

锂离子电池正极材料体系主要有钴酸锂、磷酸铁锂、镍酸锂和锰酸锂等，其中，工程应用范围最广、应用技术最成熟的正极材料是钴酸锂材料。目前国外在动力航天领域应用的是镍酸锂材料和钴酸锂材料两种体系，其中法国 SAFT 公司使用的是镍酸锂材料，日本使用的是钴酸锂材料。镍酸锂材料具有比能量高、储存性能优异等特点，但其安全性是几种材料中最差的；磷酸铁锂的比能量低、低温性能差；锰酸锂材料在高温使用时寿命较短。

1.1.3 工作原理

锂离子电池是指分别用两个能可逆地嵌入与脱嵌锂离子的化合物作为正负极构成的电池，是一种充电电池，它主要依靠锂离子（Li^+）在正极和负极之间的移动来工作。在充放电过程中，Li^+在两个电极之间往返嵌入和脱嵌：充电时，Li^+从正极脱嵌，经过电解质嵌入负极，负极中锂原子电离成Li^+和电子，并且Li^+向正极运动与电子合成锂原子，负极处于富锂状态；放电时则相反，锂原子从石墨晶体内的正极表面电离成Li^+和电子，并在负极处合成锂原子。在该电池中的锂永远以Li^+的形态出现，不会以金属锂的形态出现，所以这种电池叫作锂离子电池。

锂离子电池的工作原理即为其充放电原理。当对电池进行充电时，电池的正极上有Li^+生成，生成的Li^+经过电解液运动到负极。而作为负极的碳呈层状结构，它有很多微孔，到达负极的Li^+就嵌入到碳层的微孔中，嵌入的Li^+越多，充电容量越高。同样道理，当对电池进行放电时，嵌在负极碳层中的Li^+脱嵌，又运动回到正极，回到正极的Li^+越多，放电容量越高。我们通常所说的电池容量，指的就是放电容量。在锂离子电池的工作过程中，Li^+在正负极之间反复进行脱嵌和嵌入。当锂离子电池用于动力供应过程时，两个电极连接到负载用电设备，进而通过这些负载设备形成回路。在锂离子电池的充电过程中，Li^+从正极向负极移动，锂离子电池负极逐渐趋于富锂态，而其正极逐渐趋于贫锂态。当锂离子电池处于动力供应状态时，两个电极通过外部设备连接并提供电能，实现了能量的可逆储存和释放。在充放电过程中，钴酸锂电池的正极、负极和总反应化学反应方程式为

$$\begin{cases} 正极: LiCoO_2 \xrightleftharpoons[\text{放电}]{\text{充电}} Li_{1-x}CoO_2 + xLi^+ + xe^- \\ 负极: xLi^+ + xe^- + 6C \xrightleftharpoons[\text{放电}]{\text{充电}} Li_xC_6 \\ 总反应: LiCoO_2 + 6C \xrightleftharpoons[\text{放电}]{\text{充电}} Li_{1-x}CoO_2 + Li_xC_6 \end{cases} \tag{1-1}$$

磷酸铁锂离子电池的正极材料主要为$LiFePO_4$，提供Li^+作为能量的传输介质，通过耳铝箔与电池正极相连；电池负极通过耳铜箔与碳相连，隔膜将电池正负极隔开，只允许Li^+穿过，自由电子无法通过隔膜。电池充电状态下，Li^+从正极中脱嵌，$LiFePO_4$转变为$Li_{(1-x)}FePO_4$、Li^+和自由电子，Li^+到达负极与碳结合，形成Li_xC_6。放电过程为其逆反应，详细化学反应方程式为

$$\begin{cases} 正极: LiFePO_4 \xrightleftharpoons[\text{放电}]{\text{充电}} Li_{1-x}FePO_4 + xLi^+ + xe^- \\ 负极: 6C + xLi^+ + xe^- \xrightleftharpoons[\text{放电}]{\text{充电}} Li_xC_6 \\ 总反应: LiFeO_4 + 6C \xrightleftharpoons[\text{放电}]{\text{充电}} Li_{1-x}FePO_4 + Li_xC_6 \end{cases} \tag{1-2}$$

由上述分析可知，在锂离子电池内部，存在Li^+的嵌入和脱嵌、通过隔膜以及在电解液中移动等过程，由此而引入的内阻、极化和老化等因素，会对荷电状态（State of Charge，

SOC）估算造成影响，需要在等效模型构建和 SOC 估算过程中予以考虑。锂离子电池可循环充放电的原理在于其正负两极间 Li⁺ 的不断运动。当锂离子电池处于充电状态时，电池正极的 Li⁺ 从正极脱嵌向负极游走，以电解液为传导介质嵌入负极，此时电池负极 Li⁺ 呈现富余状态，而正极 Li⁺ 呈现稀缺状态；当锂离子电池处于放电状态时，电池负极的 Li⁺ 又从负极脱嵌向正极游走，经过电解液嵌入电池正极，使电池正极 Li⁺ 呈现富余状态，而负极 Li⁺ 呈现稀缺状态。Li⁺ 游走的过程中伴随着能量的转化：电池在充电状态下，电能转化为化学能储存在电池中；在放电状态下，化学能又转化为电能供用电设备使用。Li⁺ 循环往复的运动体现了电池的循环使用特性。其内部反应过程如图 1-1 所示。

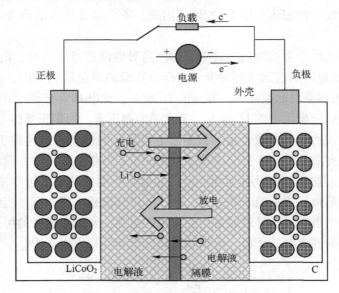

图 1-1　锂离子电池内部反应过程

锂离子电池是前几年出现的金属锂电池的替代产品，电池的主要构成为正负极、电解质、隔膜以及外壳。

（1）正极　采用电位尽可能接近锂电位的可嵌入锂化合物，充电时，锂离子从正极脱嵌，从电解液运动到负极。

（2）负极　采用能吸藏 Li⁺ 的碳极，放电时，锂离子脱离电池负极，到达锂离子电池正极。

（3）电解质　采用 $LiPF_6$ 的乙烯碳酸脂、丙烯碳酸脂和低黏度二乙基碳酸脂等烷基碳酸脂搭配的混合溶剂体系。

（4）隔膜　采用聚烯微多孔膜如聚乙烯（Polyethylene，PE）、聚丙烯（Polypropylene，PP）或它们的复合膜，尤其是 PP/PE/PP 三层隔膜，不仅熔点较低，而且具有较高的抗穿刺强度，起到了热保险作用。

（5）外壳　采用钢或铝材料，盖体组件具有防爆断电功能。

1.1.4　命名规则

根据 IEC61960 标准，锂离子电池的命名由厚度、宽度、高度和材质的标识组成，通常用字母和阿拉伯数字表示。

（1）电池标识组成

1）圆柱形锂离子电池表示方法：3 个字母+5 个数字。

2）方形锂离子电池表示方法：3 个字母+6 个数字。

（2）第一个字母表示电池负电极的材料

1）I 表示锂离子。

2）L 表示锂金属电极或锂合金电极。

（3）第二个字母表示电池正极的材料

1）C 是基于钴的电极。

2）N 是基于镍的电极。

3）M 是基于锰的电极。

4）V 是基于钒的电极。

（4）第三个字母表示电池的形状

1）R 表示圆柱形电池。

2）P 表示方形电池。

（5）圆柱形电池五个数字分别表示电池的直径和高度

1）字母后前两个数字表示电池的直径，单位为 mm。

2）后三个数字表示电池高度的十倍，单位为 mm。

3）直径或高度任意一尺寸大于或等于 100 mm 时，两个尺寸之间应加一条斜线，同时该尺寸数字相应增加。

（6）方形电池六个数字分别表示电池的厚度、宽度和高度

1）前两个数字表示电池的厚度，单位为 mm。

2）中间两个数字表示电池的宽度，单位为 mm。

3）后两个数字表示电池的高度，单位为 mm。

4）厚度、宽度和高度三个尺寸任意一个大于或等于 100 mm 时，尺寸之间应加斜线，同时该尺寸数字相应增加。三个尺寸中若任意一尺寸小于 1 mm，则在此尺寸前加字母 t，此尺寸单位为 1/10 mm。

1.2 锂离子电池的基本参数

锂离子电池具有能量密度高、转换效率高、循环寿命长、无记忆效应、无充放电延时、自放电率低、工作温度范围宽和环境友好等优点，因而成为电能的一个比较理想的载体，在各个领域得到了广泛的应用。一般而言，我们在使用锂离子电池时，会关注一些技术指标，并将其作为衡量电池性能"优劣"的主要因素，以下一些参数是在使用时需要特别关注的。

1.2.1 电压

1. 电动势

电动势是电池在理论上输出能量大小的度量之一。如果其他条件相同，那么电动势越高，理论上能输出的能量就越大。电池的电动势是两电极电位之差，其数学表达式为

$$E = V_+ - V_-$$ $\qquad$ (1-3)

式中，E 为电池的电动势；V_+ 为正极的平衡电位；V_- 为负极的平衡电位。

2. 开路电压

开路电压是指在开路状态下（几乎没有电流通过时），电池两极之间的电位差。电池的开路电压取决于电池正负极材料的活性、电解质和温度条件等，而与电池的几何结构和尺寸无关。一般情况下，电池的开路电压均小于它的电动势。

3. 额定电压

额定电压也称为公称电压或标称电压，指的是在规定条件下电池工作的标准电压，采用额定电压可以区分电池的化学体系。

4. 工作电压

工作电压是指电池接通负载后在放电过程中显示的电压，又称负载（荷）电压或放电电压，其数学表达式见式（1-4）。电池在接通负载后，由于欧姆内阻和极化内阻的存在，电池的工作电压低于开路电压，当然也低于电动势。

$$U = E - IR_i = E - I(R_o + R_p)$$ $\qquad$ (1-4)

式中，I 为电池的工作电流；R_o 为欧姆内阻；R_p 为极化内阻。

5. 放电终止电压

对于所有锂离子电池，放电终止电压都是必须严格规定的重要指标。放电终止电压也称为放电截止电压，是指电池放电时，电压下降到不宜再继续放电的最低工作电压值。根据电池的不同类型及不同的放电条件，对电池容量和寿命的要求也不同，由此所规定的放电终止电压也不同。一般而言，在低温或大电流放电时，放电终止电压规定值较低；在小电流长时间或间歇放电时，放电终止电压规定值较高。

6. 充电终止电压

充电终止电压是指在规定的恒流充电期间，电池达到完全充满电时的电压。到达充电终止电压后，若仍继续充电，即为过充电，这一般对电池性能和寿命有损害。

7. 平均电压

平均电压是指在规定的充放电过程中，用瓦时数除以安时数所得到的值。在定电流情况下，是某一段时间内的平均电压。

1.2.2 容量

电池容量：电池在一定放电条件下所能放出的电量称为电池容量，以符号 C 表示。其单位常用 A·h 或 mA·h 表示。

1. 理论容量

理论容量是假定活性物质全部参加电池的成流反应所能提供的电量。理论容量可根据电池反应式中电极活性物质的用量，按法拉第定律计算的活性物质的电化学当量精确求出，计算方程式为

$$Q = \frac{zmF}{M}$$ $\qquad$ (1-5)

式中，Q 为电极反应中通过的电量（A·h）；z 为电极反应式中的电子计量系数；m 为发生反应的活性物质的质量（g）；M 为活性物质的摩尔质量（g/mol）；F 为法拉第常数，约为

965000 C/mol 或 26.8 A·h/mol。

法拉第定律指出，电流通过电解质溶液时，在电极上发生化学反应的物质的量与通过的电量成正比。

也可以理解为，质量为 m 的活性物质完全反应后能释放出的电量 Q 即为电极活性物质的理论容量（C_0）。因此，式（1-5）也可以写为

$$C_0 = 26.8z\frac{m}{M} = \frac{1}{K}m \tag{1-6}$$

式中，K 为活性物质的电化当量，$K = \dfrac{M}{26.8z}$（$g/(A \cdot h)$），是指获得 $1 A \cdot h$ 电量所需活性物质的质量。

2. 额定容量（Cg）

额定容量是按国家或有关部门规定的标准，保证电池在一定的放电条件（如温度、放电率、终止电压等）下应该放出的最低限度的容量。

3. 实际容量（C）

实际容量是指在实际应用工况下放电，电池实际放出的电量，它等于放电电流与放电时间的积分。实际放电容量受放电率的影响较大，常在字母 C 的右下角，以阿拉伯数字标明放电率，如 $C_5 = 50 A \cdot h$，表明在 $5 h$ 放完电情况下获得的容量为 $50 A \cdot h$。实际容量的计算方法如下：

恒电流放电时为

$$C = It \tag{1-7}$$

变电流放电时为

$$C = \int_0^T I(t)\,\mathrm{d}t \tag{1-8}$$

式中，I 为放电电流，是放电时间 t 的函数；T 为放电至放电终止电压的时间。

由于内阻的存在，以及其他各种原因，活性物质不可能被完全利用，即活性物质的利用率总是小于 1 的。因此，化学电源的实际容量、额定容量总是低于理论容量。电池的实际容量与放电电流密切相关：大电流放电时，电极的极化增强，内阻增大，放电电压下降很快，电池的能量效率降低，因此实际放出的容量较低；相应地，在低倍率放电条件下，放电电压下降缓慢，电池实际放出的容量常常高于额定容量。

4. 剩余容量

剩余容量是指在一定放电倍率下放电后，电池剩余的可用容量。剩余容量的估计和计算受到电池前期应用的放电率、放电时间等因素以及电池老化程度、应用环境等的影响，所以在准确估算上存在一定的困难。

1.2.3 内阻

电流通过电池内部时受到阻力，使电池的工作电压降低，该阻力称为电池内阻。由于电池内阻的作用，电池放电时，端电压低于电动势和开路电压；充电时，充电的端电压高于电动势和开路电压。电池内阻是锂离子电池的一个极为重要的参数，它直接影响电池的工作电压、工作电流、输出能量与功率等，对于锂离子电池，其内阻越小越好。

电池内阻不是常数，它在放电过程中根据活性物质的组成、电解液浓度、电池温度以及放电时间而变化。电池内阻包括欧姆内阻（R_o）和电极在电化学反应时所表现出的极化内阻（R_p），两者之和称为电池的全内阻（R_w），三者之间的数学关系为

$$R_w = R_o + R_p \tag{1-9}$$

欧姆内阻主要由电极材料、电解液、隔膜的内阻及各部分零件的接触电阻组成，它与电池的尺寸、结构、电极的成形方式以及装配的松紧度有关，欧姆内阻遵守欧姆定律。极化内阻是指电化学反应进行时由于极化所引起的内阻，是电化学极化和浓差极化所引起的电阻之和。极化内阻与活性物质的本性、电极的结构、电池的制造工艺有关，尤其是与电池的工作条件密切相关，放电电流和温度对其影响很大。在大电流密度下放电时，电化学极化和浓差极化均增加，甚至可能引起负极的钝化，极化内阻增加。低温对电化学极化、离子的扩散均有不利影响，故在低温条件下，电池的极化内阻也增加。因此极化内阻并非是一个常数，而是随放电率、温度等条件的改变而改变。

1.2.4 能量

电池的能量是指电池在一定放电制度下，电池所能释放出的能量，通常用 W·h 或 kW·h 表示。电池的能量主要分为以下几种。

（1）理论能量　假设电池在放电过程中始终处于平衡状态，其放电电压保持电动势（E）的数值，而且活性物质的利用率为 100%，即放电容量为理论容量。则在此条件下，电池所输出的能量为理论能量 W_0，计算表达式为

$$W_0 = C_0 E \tag{1-10}$$

（2）实际能量　实际能量是指电池在放电时实际输出的能量。它在数值上等于电池实际放电电压、放电电流与放电时间的积分，计算表达式为

$$W = \int U(t) I(t) \, \mathrm{d}t \tag{1-11}$$

在实际工程应用中，作为实际能量的估算，也常采用电池额定容量与电池放电平均电压的乘积，进行电池实际能量的计算，计算表达式为

$$W = C U_a \tag{1-12}$$

式中，W 为实际能量；C 为额定容量；U_a 为平均电压。

由于活性物质不可能被完全利用，电池的工作电压总是小于电动势，所以电池的实际能量总是小于理论能量。

（3）总能量　总能量是指电池在其寿命周期内电能输出的总和，单位为 W·h。

（4）充电能量　充电能量是指通过充电器输入电池的电能，单位为 W·h。

（5）放电能量　放电能量是指电池放电时输出的电能，单位为 W·h。

1.2.5 能量密度

电池的能量密度是指单位质量或单位体积的电池所能输出的能量，相应地称为质量能量密度（W·h/kg）或体积能量密度（W·h/L），也称为质量比能量或体积比能量。比能量是评价动力电池能否满足新能源汽车应用需要的一个重要指标，也是比较不同种类和类型动力电池性能的一项重要指标。

在新能源汽车的应用过程中，电池组安装需要相应的电池箱、连接线、电流电压保护装置等元器件。因此，实际的电池组比能量小于电池比能量，电池组比能量是新能源汽车的重要参数之一。电池比能量与电池组比能量之间的差距越小，电池的成组设计水平越高，电池组的集成度越高。因此，电池组的比能量常常成为电池组性能的重要衡量指标。

1.2.6 功率与功率密度

1. 功率

电池的功率是指电池在一定的放电制度下，单位时间内电池输出的能量，单位为 W 或 kW。理论上，电池的理论功率（P_0）可以表示为

$$P_0 = \frac{W_0}{t} = \frac{C_0 E}{t} = IE \tag{1-13}$$

式中，t 为放电时间；C_0 为电池的理论容量；I 为恒定的放电电流。

此时，电池的实际功率（P_1）为

$$P_1 = IU = I(E - IR_w) = IE - I^2 R_w \tag{1-14}$$

式中，$I^2 R_w$ 为消耗于电池内阻上的功率，这部分功率对负载是无用的。

2. 功率密度

单位质量或单位体积电池输出的功率称为功率密度，又称为比功率，单位为 W/kg 或 W/L。比功率的大小，表征电池所能承受工作电流的大小，电池比功率大，表示它可以承受大电流放电。比功率是评价电池及电池组是否满足新能源汽车加速和爬坡能力的重要指标。

1.3 锂离子电池的状态参数

1.3.1 荷电状态

电池荷电状态（State of Charge，SOC）描述了电池的剩余电量，是锂离子电池使用过程中的重要参数，此参数与电池的充放电历史和充放电电流大小有关。荷电状态值是相对量，一般用百分比的方式来表示，SOC 的取值为 0～100%。

电池剩余电量受到动力电池的基本特征参数（端电压、工作电流、温度、容量、内部压强、内阻和充放电循环次数）和动力电池使用特性因素的影响，使得对电池组 SOC 的测定变得很困难。目前关于电池组剩余电量的研究，较简单的方法是将电池组等效为一个电池单体，通过测量电池组的电流、电压、内阻等外界参数，找出 SOC 与这些参数的关系，以间接地测定电池的 SOC 值。在应用过程中，为确保电池组的使用安全和使用寿命，也常使用电池组中性能量差的电池单体的 SOC 来定义电池组的 SOC。目前常用的 SOC 估算法有开路电压法、安时累积法、电化学测试法、电池模型法、神经网络法、阻抗频进法以及卡尔曼滤波法等。

1.3.2 温度性能

电池温度即电池在使用时由于内部结构发生化学、电化学变化、电子迁移及物质传输等原因而产生的电池表面发热现象，是一种正常现象。如果这些产生的热量不能完全散失到环境中，就会引起电池内部热量的积累。一旦热量的积累造成电池内部的高温点，有可能引发

电池的热失控。锂离子电池具有最佳工作温度范围，并且需要避免热失控现象的发生，因此需要进行热管理。

电池的温度特性，表示的是动力电池性能因温度的变化而变化的性能。常规锂离子电池的工作温度是-20~60℃，采用特殊材料制作的低温锂离子电池可以在-40℃的高寒环境中放电。但是电压和容量会降低，比如聚合物单节电池在充满电状态下的电压是4.2 V，把它放在-40℃环境中，电压会迅速降到3.4 V以下。因为锂离子电池的材料特性，在低温环境中，充电会对电池造成严重的损害。

电池的温度换算，是将不同温度下的动力电池容量、电解质比重等参数换算成标准温度下值的过程。电池的温度系数是由于温度的改变，动力电池可用的容量相对于标准温度下可用容量的比值。温度系数这一电池特性非常重要，这是由于电池温度是影响电池功率输出的一大因素。由于工作环境的温度不同，其电压、电流、功率也不同，电池在极端温度下的工作状态能否达到要求，需要在电路设计时进行预算。

1.3.3 放电性能

1. 自放电

自放电是指电池内部自发的或不期望的化学反应造成可用容量自动减少的现象，主要是电极材料自发地发生了氧化还原反应。在两个电极中，负极的自放电是主要的，自放电使活性物质被浪费，电池的自放电与电池储存条件有很密切的关系。

2. 自放电率

自放电率是指电池在存放时间内，在没有负载条件下自身放电时，电池容量的损失速度。自放电率用单位时间（月或年）内电池容量下降的百分数来表示，通常与时间和环境温度有关，环境温度越高，自放电现象越明显。所以，电池久置时要定期补电，并在适宜的温度和湿度下储存。

3. 放电深度

放电深度（Depth of Discharge，DOD）是放电容量与额定容量之比的百分数，与SOC之间存在的数学计算关系为

$$DOD = 1 - SOC \tag{1-15}$$

放电深度的深浅对锂离子电池的使用寿命有很大影响。一般情况下，锂离子电池常用的放电深度越深，其使用寿命就越短。因此，在电池使用过程中，应尽量避免锂离子电池深度放电。

1.3.4 使用寿命

1. 循环寿命

循环寿命是评价锂离子电池使用技术经济性的重要参数，电池经历一次充电和放电，称为一次循环，或者一个周期。在一定放电制度下，锂离子电池的容量降至某一规定值之前，电池所能耐受的循环次数，称为锂离子电池的循环寿命或使用周期。循环寿命受锂离子电池DOD影响，因此，循环寿命的表示还要同时指出放电深度DOD。

随着充放电循环次数的增加，锂离子电池容量衰减是个必然的过程。这是因为在充放电循环过程中，电池内部会发生一些不可逆的过程，引起电池放电容量的衰减。这些不可逆的

因素主要如下：

1) 电极活性表面积在充放电循环过程中不断减小，使工作电流密度上升，极化增大。
2) 电极上活性物质脱落或转移。
3) 在电池工作过程中，某些电极材料发生腐蚀。
4) 在循环过程中，电极上生成枝晶，造成电池内部微短路。
5) 隔膜的老化和损耗。
6) 活性物质在充放电过程中发生不可逆晶形改变，因而使活性降低。

2. 储存寿命

电池在长期搁置后，容量会发生变化，这种特性称为储存性能。

电池在储存期间，虽然没有放出电能量，但是在电池内部总是存在着自放电现象。即使是干储存，也会由于密封不严，进入水分、空气及二氧化碳等物质，使处于热力学不稳定状态的部分正极和负极活性物质构成微电池腐蚀机理，自行发生氧化还原反应而白白消耗掉。如果是湿储存，更是如此。这种自放电的大小用电池容量下降到某一规定容量所经过的时间来表示，即储存寿命（或称搁置寿命）。

1.4 电池管理系统

1.4.1 定义

电池管理系统（Battery Management System，BMS）是对电池进行管理的系统，通常具有测量电池电压的功能，防止电池过放电、过充电、过热等异常状况出现。

随着技术发展，在 BMS 中已经逐渐增加了许多功能。对于新能源汽车而言，通过该系统对电池组充放电的有效控制，可以达到增加续航里程、延长使用寿命、降低运行成本的目的，并保证动力电池组应用的安全性和可靠性。新能源汽车是汽车行业的发展方向。锂离子电池作为新能源汽车的储能设备，具有电压稳定、供电可靠等特点。

目前，常用的锂离子电池一般通过串联和并联的方式形成锂离子电池组，以满足新能源汽车高电压、大容量使用要求，在使用过程中，由于单体电池性能差异、环境温度变化、过充/放电等因素影响，电池组性能取决于性能最差的单体电池。因此需要通过 BMS 对锂离子电池组进行有效的能量管理，以提高锂离子电池组的使用效率，延长电池组使用寿命，降低运行成本，提高电池组可靠性。

1.4.2 功能

在锂离子电池组的整个生命周期中，BMS 对核心参数 SOC 的监控和调节将影响动力输出的效果和安全性。因此，实时监测该参数的变化，对保障锂离子电池组的工作性能是非常有必要的。由于 BMS 技术尚不成熟，使用过程中存在因 SOC 估算不完善带来的续航能力预测不准确问题，以及能量失衡、热失控等安全隐患，严重制约了锂离子电池组的发展。锂离子电池组的 BMS 中，各关键参数间的逻辑关系如图 1-2 所示。

因此，BMS 中的主要功能如下所述：

（1）准确估测动力电池组的荷电状态 准确估测动力电池组的荷电状态（SOC），即电池剩余电量，保证 SOC 维持在合理的范围内，防止由于过充电或过放电对电池组造成的损伤，从而随时预报新能源汽车动力电池组的剩余能量或者动力电池组的荷电状态。

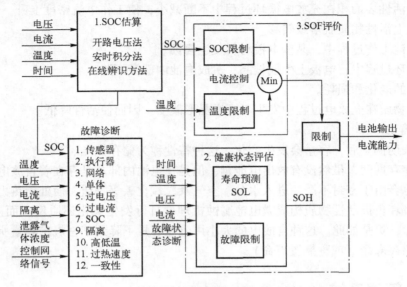

图 1-2　BMS 中各参数间的逻辑关系

锂离子电池组由具有高能量密度和闭路电压的锂离子电池单体组合构成，其安全性受到所处工作状态的影响。SOC 表征了锂离子电池组的剩余电量，是为动力控制总系统提供动力供应保护的关键因素。此外，锂离子电池组的充放电过程包含复杂电能、化学能和热能转换等环节，过充电和过放电现象易引发安全事故，精确的 SOC 估算在防止过充电和过放电中起着重要作用。在锂离子电池组的动力领域应用中，其安全性依然是最为关注的问题，SOC 估算是其安全使用的基础和前提。

（2）动态监测动力电池组的工作状态　在电池充放电过程中，实时采集动力电池组中的每块电池的端电压、温度、充放电电流及电池包的总电压，防止电池发生过充电或过放电现象。

（3）单体电池间和电池组间的均衡　即在单体电池、电池组间进行均衡，使电池组中各个电池都达到均衡一致的状态。电池均衡一般分为主动均衡和被动均衡。目前已投入市场的 BMS，大多采用的是被动均衡。均衡技术是目前世界正在致力研究与开发的一项电池能量管理系统的关键技术。

通过对 BMS 的不同功能加以探索，将其结构分为测量、管理、评估、外部通信、日志与遥测，如图 1-3 所示。

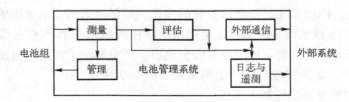

图 1-3　电池管理系统的结构

其中，各模块的功能简介如下：

（1）测量 标准版的数字 BMS，其首要功能就是收集数据，测量的信号如下：

1）单体电池电压（也可能包含电池组电压）。

2）典型单体电池温度（至少含有电池模块温度）。

3）电池组电流。

（2）管理 BMS 从以下三个方面管理电池模块：

1）保护。禁止电池工作在安全区域（State Operating Area，SOA）以外。

2）平衡或再分配。使电池模块容量最大化。

3）热管理。主动动作使电池工作在安全区域以内。

简易版模拟 BMS 可能仅具备保护和平衡功能。数字 BMS 则具备大部分或全部功能。

（3）评估 依据测得数据，BMS 能够计算或估计出表征电池组水平的相关参数，主要如下：

1）荷电状态（SOC）。

2）放电深度（Depth of Discharge，DOD）。

3）电阻。

4）容量。

5）健康状态（State of Health，SOH）。

通常情况下，模拟 BMS 不具备这些功能。而大多数 BMS 只具有电压、电流和温度等基本信号检测的功能，只有复杂 BMS 才会具有上述所有功能。

这些评估功能既保护了电池组，又为使用者提供了方便。例如，SOC 给出了电池组还能用多久的提示，SOH 给出了何时更换电池组的预警，或以较小强度使用电池组以提高使用寿命。如果不能准确检测电池状态，电池组很早就需要进行更换，因而带来经济损失。这些参数迄今为止尚不能十分准确地估算，从而在实际应用和理论估算之间形成巨大差异。

（4）外部通信 BMS 是否与外部系统进行通信，取决于其型号。

1）调节器和测量仪都没有定义任何外部通信。

2）监测器和平衡器要求具备一些外部通信功能，以便告知系统减小或者关断电流。

3）调节器和保护器是自包含的，不需要外部通信。

BMS 进行外部通信时应具备如下条件之一：

1）BMS 发出指令。

2）系统要求减小或者关断电流。

3）要求记录电池组状态和 BMS 本身的数据。

4）有指令送至 BMS。

5）系统配置命令。

6）记录外部传感器的数据。

通常来说，通信可以分解如下部分：

1）专用线。具有专门功能的线路，功能可以是模拟（连续变化）信号。

2）数字（0/1）控制信号，用在固态装置或机械式继电器中。

3）数字连接。与数字信号的通信连接，可以是专用的，也可以是通用的数据端口（RS232、CAN、Ethernet）。

4）无线连接（WiFi，蓝牙）。

5）轻连接（光纤，红外连接）。

（5）日志和遥测 由于BMS可能在错误的日志中仍存储一些记录，期望其可以实现得更多，主要包括：

1）电池组电压。

2）电池组电流。

3）电池组SOC和SOH。

4）电池组内阻。

5）最小和最大单体电压。

6）最低和最高温度。

7）报警与错误。

相同数据可以传输到远程位置（遥测）。常用的方法是蜂窝调制解调器，其他传输方式包括网络寻呼机。

1.4.3 集成芯片

1. ATMEL公司生产的BMS处理器

ATMEL公司生产的ATmega406实际上是包括外围设备的一个全微处理器，可以管理小容量的锂离子电池。其外形类似于TI芯片，但是它需要用户编写内部程序。

此芯片的优点如下：

1）一个芯片最多可以管理4只串联的锂离子单体电池。

2）可以通过编程的方式实现对锂离子电池的智能管理。

3）ATmega406几乎不需要额外的保护组件。

4）应用焊接在电路板上的MOSFET和外部电阻，可以实现对电池的均衡控制。

5）具有剩余电量检测功能（表现在SOC和DOD计算上）。

6）对外使用SMB（Server Message Block）串行接口。

其缺点主要如下：

1）无法应用于大容量电池组，最多只能管理4个单体电池。

2）对于通过Off方法来进行SOC估算来说，58mV的精度偏低。

3）对于大容量电池组来说，2mA的均衡电流不足。

2. Elithion公司生产的BMS芯片集

Elithion公司生产的芯片集作为Lithiumate BMS的核心，与其搭配组成BMS，该BMS只能实现既定应用场景所需的功能。该芯片集的使用过程如下：

1）用户首先安装现有的Lithiumate BMS，并确认它能满足需求。

2）用户与Elithion公司签订关于知识产权的保护协议。

3）Elithion公司将会为用户提供Lithiumate BMS的设计文件。当然，如果用户需要，还可以根据用户的实际应用需求对Lithiumate设计进行改进。

4）用户可使用从Elithion公司直接购买的Lithiumate集成电路建立自己的BMS生产线。

使用这个芯片集的优点是Lithiumate BMS是一个规模化的、可直接利用的、有良好应用记录的、精良的电池管理系统，可以在一周内实现Lithiumate BMS的购买、安装、调试和检测等工作。相比其他现有的BMS来说，Lithiumate BMS可以保证用户在短时间内决定其是否能够满足自身的使用需求。然后稍做加工，一个应用此芯片集的 Lithiumate BMS 就组装完成了，用户可以根据自己的意愿对其命名，并进行相关标识。此芯片集的优点如下：

1）能实现对 1~255 个串联单体电池的管理（最大 1000 V）。

2）对电池容量和电流没有限制。

3）单体电池安装板上只有一条链状德州仪器（Texas Instruments，TI）公司的 bq29330 和 bq20z90 构成的四电池保护器电路，所需的安装控制空间较小，线束排列整齐，安装难度较低。

4）芯片集包含两组集成电路。一组 EL01 用于串联电池组中的每个单体电池，另一组 EL02 用于 BMS 控制器。

5）BMS 的控制器能够完全满足系统的需要。

6）BMS 可以输出每个单体电池的实际工作电压和温度。

7）BMS 具有剩余电量检测功能（SOC 和 DOD），并且可进行 SOH 估算。

BMS 可以通过外部组件实现对单体电池的均衡管理（可以实现主动均衡）。当然，Elithion 提供的解决方案也有局限性，具体如下：

1）算法程序不能嵌入 TI 公司生产的芯片中。

2）BMS 不是完全集成的。要构成一个完整的电池电路板，还需要增加 14 个外部组件。

相比其他的方案，该方案成本较高，该 BMS 前端模块如图 1-4 所示。

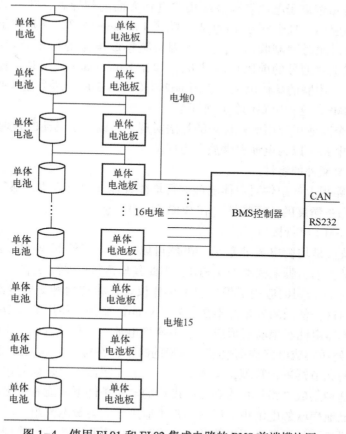

图 1-4　使用 EL01 和 EL02 集成电路的 BMS 前端模块图

3. National Semiconductors 公司生产的成套 BMS

作为较晚进入锂离子电池管理领域的公司，National Semiconductor 是第一家，也是唯一一家为客户提供完整成套的大容量锂离子电池组管理系统的半导体公司。

4. PeterPerkins 生产的开源 BMS

Peter 致力于开发 BMS 开源项目，在将 Bedford Rascal 厢式货车改装成由太阳能和风能辅助的货车时，需要一个锂离子电池管理系统，却发现没有合适的 BMS 可以使用，因此他自己设计了分布式的均衡器，并将自己设计的 BMS 改进成适用于各种场合应用的产品。

Peter 开发的 BMS 是一个精密的数字型锂离子电池均衡器，目前最多可以管理由 256 个单体电池组成的电池组。这种 BMS 可以是分布式结构，也可以是集中式结构，每个电池板电路由其管理的单体电池进行供电，具有测量单体电池电压和以 300 mA 电流均衡控制的功能，但是没有测量电池工作温度的功能。从主控制器伸出两根环状链式结构导线与每个电池电路板相连，最后再回到控制器。该系统包括一个电流感应器（可用于 SOC 估算），一个 RS232 端口和一个显示装置。该系统的成本很低：一个管理 16 个单体电池的电池管理系统的成本仅仅需要 100 美元的零件费用，并且它的组装也很方便，只要有基本焊接能力的工作人员就可轻松完成。同时，因其软件可以随时改进以适应不同用户的需求，故该系统使用起来非常灵活。

5. TI 公司生产的 bq29330/bq20z90

TI 公司是小容量锂离子电池管理系统集成电路方面的领导者，其产品在电话及笔记本计算机上均有较多应用。TI 公司于 1999 年收购了 Unitrode 公司，开始涉足电池管理系统领域，而 Unitrode 公司此时刚刚收购了电池管理系统集成电路的领军公司——Benchmarq 公司。因此，其集成电路型号的前级仍旧是 bq，和在 Benchmarq 公司时一样。但其大部分产品最多只能管理 4 只串联的单体电池。应用 bq29330 和 bq20z90 两个型号的集成电路可以搭建出一套完整的 BMS，这种电路的优点如下：

1）应用了当今商业可应用的最优秀的算法实现了对锂离子电池的管理。

2）辅助集成电路可以为电池提供强有力保护。

3）几乎不需要额外的组件。

4）可应用电路板上的组件对单体电池进行均衡管理（也可应用外部负载）。

5）具有超过 1% 精度的估算特性（在 SOC 和 DOD 的计算上）。

6）包含一个 SMB 串行接口。

这种电路的缺点是均衡电流非常小。虽然可以通过应用外部 MOSFET 来增大电流，但是实际上并没有足够的引脚来驱动 MOSFET，因此其均衡特性受到限制。

2008 年以来，TI 公司的应用工程师们不再建议客户将这两种集成电路强行应用于大容量电池组中，因为这样使用的效果并不是很好。Vectrix 摩托车使用的是 26650 型磷酸铁锂离子电池，每 4 个单体电池经串联后形成一个小容量电池组，使用 TI 公司的集成电路进行管理，为了弥补 TI 公司集成电路均衡效果不理想的缺点，在每个电池上又增加了一个调节器，同时为便于对这些调节器进行管理，又增加了一个主控制器，但是即使这样，也没有得到令人满意的结果。这种集成电路只在为其专门设计的电路条件下才能表现出最佳的特性，即适用于小容量 4 个电池串联的电池组，但它非常不适用于大容量电池组。尽管理论上，用户可以基于该集成电路集通过设置从属电路的方式来对 4 个串联电池进行管理，但是在实际应用中，同样会有如下的限制：

1）所有的 TI 公司集成电路都应用了相同的 I^2CID，因此它们不能安装在同一条母线上。需要引入多路复用器，从而保证主控制器每次可以和一个从属集成电路进行数据通信。

2）每一个集成电路都需要配备一个小电流感应电阻，并且为了保证它能在单独的大电流传感器下正常工作，还需要跳过很多环节。

3）在大容量电池组中，主控制器通过单独的大电流传感器来对电流进行测量。但是该芯片集并不知道测得的电流是什么，因此该芯片集可以估算电池状态的精密算法就变得毫无用处。

4）一些用户可能会通过为每个单体电池增加电流传感器和从电路的方式来激活这些算法，这也就意味着芯片需要与小电阻分流器并用，但这些芯片是无法与大型分流器并用的。此外，每个从电路的电流分流器会造成令人无法接受的损耗。

5）每个从属单元都具有自己独特的控制方法，因此主控制器与从属单元之间可能无法很好地协同工作。例如，因为芯片中并没有对于外部负载控制的预先设定，主控制器无法对均衡负载进行直接控制。因此不推荐在大容量电池组的电池管理系统中，应用此芯片集。

6. TI 公司生产的 bg78PL114/bg76PL102

TI 公司生产的 bg78PL114/bg76PL102 是包含主动均衡功能并用于商业化的 BMS 芯片集。bg78PL114 芯片至多可以管理 4 个单体电池。通过增加一个或更多 bg76PL102 芯片（每个可以管理 2 个单体电池）的方法，最多可以管理 12 个串联的单体电池。

此芯片集的优点主要如下：

1）主动均衡采用两个 MOSFET 和一个 LC 装置，在某个电池和与它相邻的两个电池之间进行能量传递。

2）目前商业可用的、最优的锂离子电池管理算法。

3）优于 1%精度的估算特性（在 SOC 和 DOD 的计算上）。

4）SBM 串行接口（可以扩展到用于笔记本计算机的电池的 1ZC 标准）。

TI 公司的应用工程师或许会使用户相信这个芯片集是大容量电池组管理系统的理想选择。该芯片集在为其专门设计的电路条件下工作时，效果还是很好的：适用于小容量、由 12 个串联电池组成的电池组，且具有主动均衡功能。但它并不适用于大容量电池组的管理系统。然而，用户或许在理论上可以基于这个芯片集进行从属单元设置，这样，每个芯片就可以管理 12 个串联的单体电池。这样会遇到 bq29330 和 bg20z90 芯片集等类似的全部限制，主动均衡电路可以在一个从属单元管理的 12 个单体电池之间进行电荷传递，但无法在相邻的从属单元间进行，这将会导致电池组间的不均衡。

对于这一点限制的解决方案：用户可以在保持不平衡的状态下对电量最多的电池组进行再均衡管理，通过主动均衡电路效率不高的特点，对其进行能量释放。当然，这将会消耗掉与被动均衡电路相同的电能，其均衡控制时间还会长于被动均衡电路。

1.5　单体间一致性与改进措施

锂离子电池单体电压通常仅为 3~4 V，容量有限，所以在新能源汽车、电动工具等大功率系统中，需要将几十节、上百节的锂离子电池串联、并联成组使用。由于工艺制备的局限性，即使是同批次生产出的单体电池，也会存在电压、容量、内阻及自放电率的差异。锂电芯的正负极活性物质分别为钴酸锂和石墨，其中，正负电极的作用主要是参与化学反应并起导电作用，通过电子的得失产生电流并提供电能，其性能的好坏及是否失效将直接关系到锂离子电池组的功能实现效果。考虑到机载设备的体积和重量均受到限制，在每只锂电芯中，将多片正、负极片各自并联，以达到提高容量的目的。锂离子电池组利用复杂的串并联组合结构，突破了单体电压和容量的限制，使其得到广泛应用。但在生产制造和使用过程中，单体间不可避免地存在着差异，造成电池组内部存在单体间不一致等问题。

1.5.1　一致性差异来源

锂离子电池制造工艺复杂、工序繁多，包括配料、涂布、辊压、卷绕、组装、注液、化成和分容等。制造过程的各个工序都影响着电池的性能，各工序的误差累积是造成单体电池性能差异的主要原因。在存储过程中，单体电池的自放电率不同也是导致电池组容量不匹配的重要原因。自放电的影响因素较多，包括正负极与电解液反应、制作过程中掺入杂质造成的电池微短路等。电池不一致性的产生是由很多原因引起的，从电池不一致产生的阶段，可以分为生产过程中的不一致和使用过程中的不一致。下面对这两个过程中不一致的产生进行详细的介绍。

（1）生产过程中不一致的产生　锂离子电池的生产过程包括很多复杂的工序，主要生产流程如图 1-5 所示。

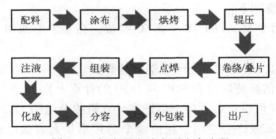

图 1-5　锂离子电池主要生产流程

现在电池的生产过程从配料到出厂要经过十几道工序，在这些复杂的工序过程中，很难保证材料和工艺的一致性，这会导致即使是同一批次生产的电池也不能保证它们的参数完全一致，这种不一致性是不可避免的，称为初始差异。虽然电池在每个生产环节产生的差异是很微小的，但是经过不断的累加，这种不一致性会不断被放大，在使用过程中这种现象也会更加突出。

（2）使用过程中不一致的产生　由于动力电池在生产过程中的初始差异的存在，电池在使用过程中会遇到许多复杂的工作状态和工作环境，内部和外界对电池的影响会加剧单体之间的不一致。电池在使用过程中，老化程度会不断增大，同时会出现总容量减少、内阻增大和寿命缩短等现象，使用次数越多、越频繁，这种变化的差异会越来越明显。实验表明，温度的急剧变化、充放电倍率的频繁改变、使用次数的增加，电池各项参数的变化是十分明显的，经过长时间、多次的使用，电池间的不一致性会更加明显，这在电池组的使用中是重点考虑和解决的问题。

针对电池组的不一致性问题，除了在电池的生产过程中通过改进工艺水平入手外，还必须在使用过程中采取相应的均衡措施，设计适当的均衡电路，结合恰当的均衡策略解决电池的不一致性问题。确保电池组安全高效的运行，是锂离子电池等高性能电池被广泛应用的关键，也是锂离子电池组和用电设备得以发展的桥梁。因此，电池均衡控制技术在锂离子电池组的安全高效应用中是必不可少的。

1.5.2 一致性差异体现

单体电池的性能差异主要体现在初始状态和存储过程变化两个方面。初始状态包括容量、电压、内阻等，电池容量的不一致性会导致短板效应。在正常放电过程中，容量低的电池放电完成后，其他电池电量还未放完，电池组不能发挥出剩余性能；若是继续放电会造成容量低的电池过放电，影响该电池寿命，从而使电池组过早失效。在充电过程中，容量小的电池先充满电，若要保证其他电池也充满电，会导致容量小的电池过充电，在电极表面长出锂枝晶，将会刺穿隔膜，导致电池短路甚至爆炸。

电池组是由单体电池串并联组合而成的，在串联电路中，电流相同，充电时，内阻大的电池充电电压也较大，因此会导致内阻大的电池提前充满电；放电时，内阻大的电池产生的热量多，电池温度升高会引起安全隐患。在并联电路中，电压相同，不同内阻通过的电流不同，因此充放电电流不同、倍率不同，充放电的速度也不相同。电压不同时，并联电路中的电池趋于电压一致，因此会造成电压高的电池给电压低的电池充电，该过程会损失电池组的能量，导致向外输出能量降低。在使用过程中，一般采用恒流充放电，但随着容量逐步衰减，在电流不变的情况下，实际电流倍率变大，从而导致电池性能进一步恶化。

1.5.3 一致性差异的改善方法

电池组中单体电池差异是绝对存在的，但是我们可以减小差异，缓解电池不一致问题。目前，不一致问题的改善方法主要分为三种：

（1）优化制造工艺，提高制造过程水平

1）原材料改进。原材料的性能对电池性能和一致性具有重要影响，例如正负极材料的配比、粒径、孔隙率等。选择纯度高、易加工、性能好的电极材料，可有效改善制作水平，提高电池一致性。采用高温固相烧结法合成高压实 NCM523 正极材料，再掺入 Sr 元素，结果显示，掺杂后的材料一次颗粒和晶胞体积变大，压实密度比未掺杂样品提高 7.2%，体积能量密度提高 8%，循环 100 次后的容量保持率为 94.2%。采用涂碳铝箔作为正极集流体可以降低电荷转移电阻，提高 Li^+ 的扩散速率，从而提升电池的性能。涂碳铝箔的电荷转移电阻比光铝箔低 65% 以上，扩散速率是光铝箔的 3 倍，功率密度涨幅大于 35%。因而，研究使用具有优异性质的原材料，可以改善电池的性能和一致性。

2）过程优化。锂离子电池制造过程复杂，每道工序的误差累积成最终电池性能差异。因此过程控制十分重要，对每个过程进行优化，可提高产品一致性。锂离子电池浆料是否分散均匀，直接影响电池品质。目前电池厂商广泛采用行星搅拌机或螺旋式混合搅拌机，这种分散方式仍然存在混合不彻底、工作效率低等问题。为提高锂离子电池浆料的分散效果，可根据锂离子电池浆料特性采用超剪切分散机理。

注液是锂离子电池制作过程的重要工序，注液量直接关系到电池容量和安全性能。注液太多,电池易渗漏;注液太少,会降低容量,甚至有可能引起电池局部过充电而导致爆炸。因此,保证注液精度十分重要。针对注液机的注液精度低问题,采用真空注液、优化机械结构和软件系统,实现自动注液工艺,不仅减少了人工浪费、改善了环境污染,还能够保证注液精度,减少电解液浪费,提高了电池质量。另外,采用自动化程度高及精度高的生产线,不仅可以提高劳动效率、改善工人劳动环境,还可以节约材料、降低能耗,并且还可以大大降低生产过程中由于人为接触造成的污染和因人为操作的随机性导致的电池不一致,从而提升产品品质。

(2)电池分选 无论是改进生产设备还是提高生产制备工艺,都会大大增加生产成本且需要长时间实现。基于现有条件,采用合适的分选方法是提高电池组一致性的有效方法。电池分选技术是为了减小电池组中单体电池的不一致性,提高电池组的容量使用率和循环寿命,而采用的按照一定原则选取性能相近的电池成组使用的方法。评价单体锂离子电池初始性能一致性的方法有单参数分选法、多参数分选法和动态特性分选法。

1)单参数分选法。单体电池的分选参数有容量、电压、内阻和自放电特性。容量是电池性能的一个重要参数,根据单体电池的容量分布情况进行一致性评价,操作简单、易于实现,但是在实际使用过程中,容量受工作状态和外界环境影响,因此,不能保证按照指定条件筛选出的容量一致的电池在实际充放电过程中的容量一致性。电压分选法分为开路电压分选和工作电压分选。工作电压分选相对开路电压分选,多考虑了电池工作时的电压,但同样没有考虑电池放电时间、容量等参数的影响。锂离子电池的内阻包括欧姆内阻和电化学反应引起的极化内阻。内阻可直接测量,但由于内阻差异较小,测量设备的精度和准确性会影响电池分选质量。自放电率是锂离子电池的一项重要性能指标,在原材料和制作过程基本相同的情况下,极少数单体电池表现出较大的自放电率,可能是由杂质、毛刺刺穿隔膜引起微短路等原因引起的。在长期存放或使用过程中,自放电率大的电池性能恶化较一般电池严重。因此通过自放电分选可提前剔除问题电池,保证配组电池的一致性。单参数分选法简单方便,但单一的参数不能全面反映电池性能,因此分选效果较差。

2)多参数分选法。即选取多个特征参数对电池进行分选的方法。多参数分选可多方面缩小电池的不一致性,分选效果较好,是目前动力电池分选方法中较为准确的方法。

3)动态特性分选法。动态特性分选法是指对电池的充放电曲线特征进行分选的方法。相比容量、电压、内阻等静态特征,充放电曲线可动态表征电池特性,从而更全面地反映电池特性。但是,该方法耗时长、数据量大,且单一倍率下的一致性不适用于新能源汽车复杂的工况。尽管目前电池分选技术仍存在缺陷,但基于现有制造工艺水平,对缩小电池差异、延长电池组寿命,具有重要的意义。然而,分选技术只能减小单体电池间初始状态的差异,在电池组使用过程中,不同的温度、倍率、自放电率等都会导致电池组一致性变差。

常用的锂离子电池一致性筛查方法还包括电压配组法、容量配组法、内阻匹配法,它们各有优劣。例如,电压配组法操作简单,但未考虑荷载变化;容量配组法需按特定的充放电条件进行,花费时间长、测试成本高;内阻匹配法虽可快速完成测量,但由于无法去除极化内阻的影响,而导致精度不高。

(3)BMS调节 提高制造水平和采用分选技术,都可在电池组使用前减小电池间差异。在电池组使用过程中遇到的不一致性问题,可以通过BMS对电池组状态进行控制,以抑制电池性能差异的放大。BMS可以准确估测SOC,进行动态监测,实时采集电池的端电压、温度、充放电电流，防止电池发生过充电或过放电现象，并对电池组进行均衡管理，使单体电池状态趋于一致，从而能在使用过程中改善电池组的一致性问题，提高其整体性能，并延长其使用寿命。其中，最有前景的是用 DC/DC 转换器均衡模块中的电池电量，电量高的电池将额外电量传递给低电量电池，根据模块中电池能量的分布情况采用不同的均衡技术。

1.6　电池管理系统的分类

BMS 可依据功能、技术和拓扑结构等进行分类。

1.6.1　按功能分类

BMS 功能范围广泛，从很少甚至基本不控制单体电池的简单系统，到以各种可能的方法监视并保护电池的复杂系统。作为新兴产业，尚未有完整的专业术语用以描述不同功能类型的 BMS。按照系统复杂程度增加的顺序，BMS 分为如下几类：监测器、监控器、均衡器、保护器。

（1）监测器　监测器的作用仅是监测参数，并不能主动控制充电或者放电过程。监测器可以满足热衷于了解单个单体电池电压，并想要在意外发生时进行手动调整的业余爱好者或者研究人员。此类装置一般包括如下功能：

1）测量每个单体电池电压。

2）测量电池组的电流及温度。

3）编译数据。

4）计算或者评估电池组的状态，如 SOC。

5）在显示屏上显示上述结果。

6）也可能包含警告功能（应用提示灯或者蜂鸣器）。

监测器的系统结构如图 1-6 所示。

监测器将自身集成到了整个 BMS 中，如果没有使用者，那么整个系统的控制环就会被打断，电池组可能由于过度充电而毁坏，恒流恒压充电器没有起作用。监测器无法防止单个单体电池过充电、过放电，也不能实现均衡电池组的功能。

（2）监控器　监控器与监测器类似，它也可以测量每个单体电池的电压，但监控器确实实现了闭环控制。在电池工作过程中，如果出现故障，含有监控器的系统并不依赖于附近的使用者，而是直接采取正确的措施，通过间接控制充电器和负载实现系统的自动控制。监控器可能无法对电池组的性能进行优化（无法实现均衡），但监控器可以自动保护系统使之工作在安全区域内。监控器通常被研究人员用来测试锂离子电池组，其系统结构如图 1-7 所示。

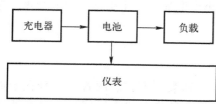

图 1-6　监测器的系统结构

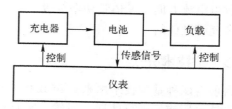

图 1-7　监控器的系统结构

监控器并不具有切断电池组电流的功能，它所能做的就是向其他设备（如充电器、负载）发送指令，以实现减小或者切断电池组电流的目的。如果电池系统内并没有接收和实现需求的设备，那么系统内必须有一个大功率开关（一般是接触器或大功率继电器），同时均衡器必须能够激活该开关来切断电池组电流。监控器可能是单机模式（仅有少数的导线控制关断充电器和负载），又或者它具有显示或通信设备向系统其他部分发送数据的功能。监控器可以为电池组提供全面的保护，但是它无法实现单体电池之间的平衡。

（3）均衡器 均衡器类似于监控器，但它还能够通过均衡单体电池来实现电池组性能的最大化，包含通信线，可以向系统的其他部分传输数据。均衡器是目前锂离子电池组研究人员的首选，其系统结构如图1-8所示。

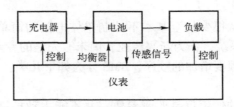

图1-8 均衡器的系统结构

均衡器可以和电池物理隔离，也可以直接安装在单体电池上，或者是这两种方式的组合。它可以采用不同优缺点的均衡策略对电池进行控制，均衡器的连线方式使之可以控制充电电源和放电负载。

（4）保护器 保护器类似于均衡器，但是它比均衡器多了一个可关断电流的开关。保护器通常是集成于电池中的一部分，与电池放在同一个封装内，仅有两个功率端子从封装内部伸出。保护器通常被应用于消费类电子产品中，但是它基本不被用于专业的、大型的锂离子电池组中，这是因为保护器内部的开关无法应对大功率负载，其系统结构如图1-9所示。

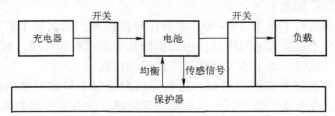

图1-9 保护器的系统结构

保护器内部的开关通常采用固态开关（如晶体管等），充放电时能够处理高达50V的电压，能够处理的电流为5~50A。实现这样的功能需要两套串联的晶体管，分别对应电池组的充放电电流方向。晶体管功率等级一般仅能用于小型电池。对于小型电池的管理，保护器是完全能够胜任的。

1.6.2 按技术分类

目前有两种基础技术用来搭建BMS，即模拟方式和数字方式。两者的区别在于如何对单体电池电压信号进行处理。当然，所有系统都需要来自前端的模拟信号，BMS所用的处理单体电池电压的模拟电路（如模拟比较器、放大器、差分电路或者类似的元件）都为模拟系统。而将单体电池电压处理为数字信号的 BMS 称为数字系统。

（1）模拟型　模拟 BMS 的能力十分有限，仅仅能完成必需的 BMS 功能。首先，模拟 BMS 不能监测单个单体电池电压，它或许可以检测到某个单体电池电压过低，但无法获知具体是哪一个单体电池或该单体电池电压有多低。只要 BMS 可以在单体电池电压低时关断负载，那么不知道哪个单体电池电压低、该电压有多低都不会产生问题。但当需要在不接通电路时对电池进行分析并利用电压表进行测量时，就会出现问题。

针对并联均衡分流设备的供电问题，选用一个单体电池进行供电，并通过电源监测集成电路（Integrated Circuit，IC）芯片实现监控与控制调节。在单体电池电压超过 IC 设定的电压时，起动分流设备使其工作。IC 内部由两部分组成，参考电压和模拟比较器。当单体电池电压超过参考电压时，比较器输出状态反转。由于模拟比较器的存在，并联均衡分流设备可视为模拟型设备，系统结构如图 1-10 所示。

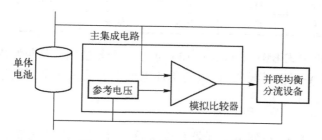

图 1-10　模拟 BMS 的系统结构

（2）数字型　数字 BMS 可以准确监测每个单体电池的电压（甚至更多，比如单体电池温度、状态）。因此，数字 BMS 可以共享这些数据，这一点对于分析整个电池组的状态来说是非常有意义的，系统结构如图 1-11 所示。

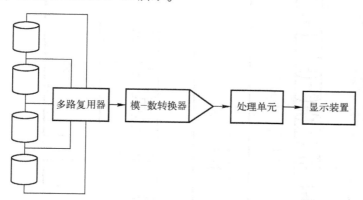

图 1-11　数字 BMS 的系统结构

该设备包括一个模拟的多路复用器，可以对串联单体电池上相邻导线搭接处的电压进行选择并采样，然后将数据发送到模-数（A-D）转换器。在此之后，BMS 以数字方式实现所有功能，例如对相邻导线搭接处的电压进行减法运算，从而计算出两个导线搭接处中间单体电池上的电压。

1.6.3 按拓扑结构分类

BMS 可以根据其安装方式进行分类：第一类为直接连在每个单体电池上进行安装；第二类为整体安装；第三类混合运用第一类和第二类安装方式。拓扑结构是 BMS 非常重要的特性，它会影响系统的成本、可靠性、安装维护便捷性以及测量准确性。本节根据拓扑结构将 BMS 分为集中式、模块式、主从式和分布式几种类型，其性能比较见表 1-2。

表 1-2 BMS 拓扑结构对比

	检测质量	抗噪能力	通用性	安全性	器件开销	装配开销	维护开销
集中式	良好	优秀	合格	合格	合格	良好	合格
模块式	良好	优秀	良好	合格	优秀	良好	合格
主从式	良好	优秀	良好	合格	优秀	良好	合格
分布式	优秀	良好	优秀	优秀	优秀	良好	良好

（1）集中式 集中式 BMS（见图 1-12）位于一个封装内，从封装内部延伸出一束导线（N 个单体电池时为 $N+1$ 根导线），连接到单体电池上。使用一个封装结构，具有如下几个优点：

1）结构紧凑。

2）价格最便宜，将一系列电子元器件安装在一个封装内部比安装在多个封装内部要便宜。

3）当 BMS 需要检修时，仅需要替换一个封装，非常简便。

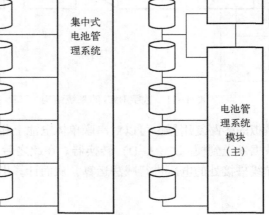

图 1-12 集中式和模块式 BMS 拓扑结构图

例如，Convert The future 公司的 Flex BMS48 就是一个集中式、规模化的 BMS。

（2）模块式　模块式 BMS 与集中式 BMS 相似，但是模块式 BMS 系统被分为多个相同的子模块，每个封装的导线分别连接电池内部不同的模块。通常，其中一个 BMS 子模块被设计为主模块，管理整个电池模块并与系统其他部分通信，而其他 BMS 子模块则只起到远程测量的作用，通信导线会将模块的读数传递到主模块。

模块式拓扑具有集中式拓扑的大部分优点，此外，由 BMS 子模块到单体电池的导线方便管理，每个 BMS 子模块放在离电池最近的位置；易于扩展，可以增加更多的 BMS 子模块。

其缺点为成本比集中式拓扑高，从属模块功能重复。

模块式 BMS 需要增加额外的搭接导线，两个子模块的导线搭接处需要两根导线，每个模块一根，其拓扑结构如图 1-12 所示。

由于每个模块仅能处理一定数量的单体电池，所以在物理上通常增加模块的方式，这比使用较少模块、应用较多导线的方式更加可靠，但是这样有时会导致一些 BMS 模块的闲置，造成了资源的浪费。Reap System 公司的 14 芯数字 BMS 是较为典型的规模化、模块式 BMS。

（3）主从式　主从式 BMS 与模块式 BMS 相似，主从式 BMS 应用多个相同的模块（即从属模块），每个模块测量一些单体电池电压。然而，主模块则与其他模块不同，它不测量单体电池电压，仅进行计算和通信，其拓扑结构如图 1-13 所示。

主从式 BMS 同时具有模块式 BMS 大部分的优点和缺点。此外，主从式拓扑结构中，从属模块的成本要比模块式结构低，因为主从式拓扑中的从属模块经优化后，其功能仅有一项，即测量电压。Black Sheep 公司的 BMS_Mini_V3 是较为典型的规模化、主从式 BMS。

（4）分布式　分布式 BMS 与其他拓扑结构的 BMS 存在着明显的不同，在其他拓扑结构的 BMS 中，各电子设备并不会被分别安置于单体电池上。在分布式 BMS 中，电子元器件被直接安装在与待测单体电池一体的电路板上。在其他拓扑结构下，需要在单体电池和电子元器件之间连接大量的线缆，而对于分布式 BMS 来说，仅仅需要在单体电池电路板和 BMS 控制器之间使用较少的连接线，就可以达到相同的效果。BMS 控制器用于控制整个系统的计算及通信（在一些简单的应用中，并不需要 BMS 控制器）。EV Power 公司的 BMS-CMI60-V6 就是一个较为典型的、规模化的分布式 BMS，其拓扑结构如图 1-14 所示。

相比于其他拓扑结构的 BMS，分布式 BMS 具有较为明显的优缺点，见表 1-3。对于各种拓扑的 BMS，并没有一个明确的选择指南，只能根据自身应用需求进行选择。这些需求一般有安全性、开销（组成部分、装配和维护）以及可靠性等。

表 1-3　分布式与非分布式 BMS 对比

类　别	分　布　式	非分布式
连接可靠性	高	低
安装难度	高	低
安装错误概率	低	高
故障排除效率	高	低
更换配件成本	低	高
测量准确度	高	低

类　别	分　布　式	非分布式
温度测量方便性	好	差
电路抗干扰能力	弱	强
拓展通用性	好	差
高压短路危险的概率	低	高

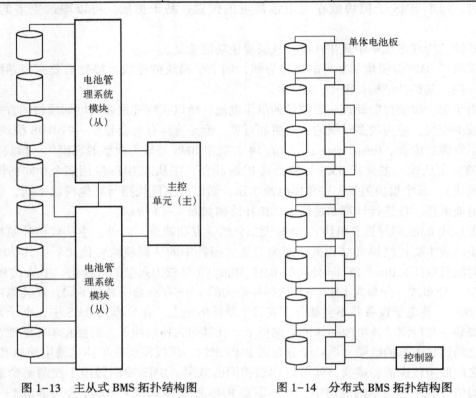

图 1-13　主从式 BMS 拓扑结构图　　　图 1-14　分布式 BMS 拓扑结构图

第2章 BMS 参数测量与控制策略

2.1 电池关键参数的测量

锂离子电池作为新型清洁、可再生的二次能源，需精确监测其电流、电压及温度等参数，并做好相应的保护电路。对于手持设备而言，更需要追求高精度、低功耗，从而降低对锂离子电池的"过度"使用，延长其使用寿命。对锂离子电池组的电压、电流的准确测量，是 BMS 中的关键技术问题。电池是新能源汽车的能量之源，其性能和使用寿命是用户关注的焦点，电池性能和电池的电压及温度密切相关。在提倡节能减排的时代背景下，新能源的研究正成为公众关注的焦点，以电为动力的新能源汽车就是研究的热点之一。电池组是新能源汽车的能量之源，为确保电池组性能良好，并延长其使用寿命，需要对电池组进行管理和控制，其前提是必须准确而又可靠地获得电池现存的容量参数。电池的电压和温度是与电池容量密切相关的两个参数，因此精确采集单体电池电压及温度是十分重要的。需要测量电池组、电池或独立单体电池温度。

锂离子单体电池在外界处于某个特定的温度范围时不能放电，也会在另一个更窄的温度范围内不能充电。这使得在移动式应用等某些温度不可控的应用场景下，需要监测温度：

1）当由于内部问题（单体已坏或正被滥用）或外部问题（电源连接不佳，本地热源）导致单体电池变热时，应该对系统发出警告信号，而不是任其发生严重故障。

2）在分布式 BMS 内，在各个子模块的集成电路板处添加传感器比较简单。不仅可以测量单体电池温度，还可以检测均衡负载是否在工作。

3）数字 BMS 对温度可以监测或不监测，而模拟 BMS 却不能如此，即使测量，也是在电池级。分布式 BMS 可以测量每个单体电池的温度；非分布式 BMS 只是测量电池或电池模块温度。

4）如果 BMS 只有一只或少量传感探头，这些探头应该布置于电池或电池模块的特定位置，比如最易升温或最易降温的位置。

2.1.1 电压

串联电池组单体电池电压的测量方法有很多，比较常见的有机械继电器隔离法、差分放大器隔离法、电压分压隔离法、光电继电器隔离法等。机械继电器隔离法可直接测量每个单体电压，但是机械继电器使用寿命有限、动作速度慢，在长期快速巡检过程中不宜使用。差分放大器隔离法的测量误差基本上由隔离放大器的误差所决定，但是由于每路的测量成本比较高，所以在经济性上略显不足。电压分压隔离法的响应速度快、测量成本低，但是其缺点是不能很好地调节分压比例，测量精度也不能令人满意。光电继电器隔离法的响应速度快、工作寿命长，测量的成本相对较低，开关无触点，能够起到电压隔离的作用，若选用的光电继电器采取 PhotoMOS 技术，则能达到较高的测量精度。因此，光电继电器隔离法是比较理想的单体电池电压测量方法。

光电继电器的通断控制策略，是光电继电器隔离法要解决的重要问题。常用的光电继电器的通断控制方法有 I/O 直接控制、译码器控制、模拟开关控制等。I/O 直接控制的方法简单、容易实现，但是需要占用大量的 I/O 资源。译码器控制和模拟开关控制的思想类似，即用少数量的 I/O 去控制多数量的光电继电器，这两种方法减少了 I/O 口的占用。采用 I/O 直接控制、译码器控制和模拟开关控制，都需要将通断控制电路、A-D 转换电路及处理器设计在同一个模块（即采样模块）上，这样的话，单体电池的两个电极就需引线到采样模块上，对整个电池组来讲，就会有大量的导线连到采样模块，造成安装的烦琐和电气走线的复杂性。对单体电池电压的测量，应着重解决三个问题：使用现场与测量系统的电气隔离、降低成本和简化设计方案、提高系统精度。I/O 直接控制、译码器控制和模拟开关控制这三种光电继电器的通断控制方法在设计的简洁性方面就显得不足。

基于光电继电器隔离法设计 BMS，单体电池电压的测量可采用分时测量的方法。串联电池组中各个电池的两端通过光电继电器隔离，然后统一连接到检测总线上。按照一定的时间策略控制光电继电器的通断，可控制单体电池在不同的时间段单独将电压施加在检测总线上，从而实现单体电池电压的分时检测。该方法的巡检周期短、测量精度高。但是，控制光电继电器的通断需要占用大量的 I/O 资源，这就限制了 BMS 可管理电池的数量。同时在BMS 的实际安装中，由于电池两端需要引线到采集模块，所以就会有比较多的走线，导致BMS 安装不方便及新能源汽车电气走线的复杂性。为了改善以上不足，可以使用新型的光电继电器控制策略。

2.1.2　温度

电池温度对电池的容量、电压、内阻、充放电效率、使用寿命、安全性和电池一致性等方面都有较大的影响，所以电池在使用中必须进行温度监测。

目前单体电池温度的测量，一般采用热敏电阻作为温度传感器，采用分压法由 A-D 采样读取热敏电阻的端电压，根据电阻和温度之间的关系计算出温度值。将热敏电阻安装在每个电池上，分时接到 A-D 采样电路上进行温度采样，实现单体电池温度的巡检。采用热敏电阻测量温度，其测量精度为 1℃，误差较大。同时，有时由于制造工艺原因，热敏电阻个体的温度特性存在差异，由此造成温度测量校准的困难。进行多点温度巡检时，同样要解决分时通道选通问题，需要考虑设计的简洁性。

基于移位寄存器的控制通道选通思想，可采用数字温度传感器进行同时启动分时读取数据的多点温度采样方法。采用该方法，采样精度较高、采样速度快、安装简洁方便。电池温度的测量也可以采用 DALLAS 公司的 DS18B20 温度传感器，该传感器采用单总线技术，测温范围-55~125℃，全数字温度转换及输出，支持多点方式组网，进而实现多点温度采样。

2.1.3　电流

通过在锂离子电池供电环路引入灵敏电阻对电流进行采样，并控制差分运算放大器和高速比较器的通断，实现从模拟信号到数字信号的转换。在处理器中进行精确电流量的运算，能对过电流、短路电流进行保护，也能用于精确地计算电池阻抗、电量等相关参数。电路基于 0.18 μm CMOS 工艺，电源电压为 2.5 V，能够在 −40～125℃ 应用环境温度范围内实现对电流的采样和编码功能，并且能对充放电动作进行判断。在锂离子电池供电环路中引入灵敏电阻对电流进行监测，给系统提供充放电提示，同时可用于电量计算以及保护控制。模-数转换器（ADC）由采样、量化和编码构成。锂离子电池电流监测系统框图如图 2-1 所示。

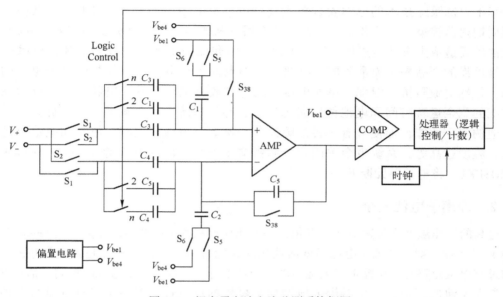

图 2-1 锂离子电池电流监测系统框图

图中，电容和 AMP 放大器组成开关电容采样电路，COMP 高速比较器对数据进行量化，处理器对电路进行数字逻辑控制及编码。偏置电路提供 AMP 放大器自启动支路并产生 V_{be1} 和 V_{be4}。时钟模块控制系统开关，包括 S_1、S_2、S_5、S_6、S_{38}。处理器输出数字信号 Logic Control，改变量化电容。

2.2 锂离子电池安全保护

2.2.1 基础安全保护措施

由于锂离子电池的化学特性，在正常使用过程中，其内部进行电能与化学能相互转化的化学正反应，在某些条件下，如对其过充电、过放电或过电流，将会导致电池内部发生化学副反应，该副反应加剧后，严重影响电池的性能与使用寿命，并可能产生大量气体，使电池内部压力迅速增大后爆炸而导致安全问题。因此，所有的锂离子电池都需要一个保护电路，用于对电池的充、放电状态进行有效监测，并在某些条件下关断充、放电回路以防对电池发生损害：

1）充电时不得高于最大门限电压，放电时不得低于最小门限电压。无论任何时间，锂离子电池电压都必须保持在最小门限电压以上，低电压的过放电或自放电反应会导致锂离子活性物质分解破坏，并且不可逆转。

2）锂离子电池任何形式的过充电都可能会导致电池性能受到严重破坏，甚至爆炸，因而在充电过程中，要尽量避免对电池过充电。

3）避免高温。温度过高有缩短寿命、引发爆炸的风险，因此要远离高温热源。

4）避免冻结。多数锂离子电池电解质溶液的冰点为-40℃，低温使得电池性能降低，甚至损害电池。

基于阻抗跟踪技术的电池管理单元（Battery Management Unit，BMU）会在整个电池使用周期内监控单元阻抗和电压失衡，并有可能检测电池的微小短路（Micro-short），防止电池单元造成火灾乃至爆炸。对于锂离子电池包制造商来说，针对电池供电系统构建安全且可靠的产品是至关重要的。电池包中的电池管理电路可以监控锂离子电池的运行状态，包括电池阻抗、温度、单元电压、充电和放电电流以及充电状态等，以为系统提供详细的剩余运转时间和电池健康状况信息，确保系统做出正确的决策。此外，为了改进电池的安全性能，即使只有一种故障发生，例如过电流、短路、单元和电池包的电压过高、温度过高等，系统也会关闭两个和锂离子电池串联的背靠背（Back-to-back）保护 MOSFET，将电池单元断开。

2.2.2　锂离子电池安全

过高的工作温度将加速电池的老化，并可能导致锂离子电池包的热失控（Thermal Run-Away）及爆炸。对于锂离子电池高度活性化的含能材料来说，这一点是备受关注的。大电流的过充电及短路都有可能造成电池温度的快速上升。锂离子电池过充电期间，活跃的金属锂沉积在电池的正极，其材料极大地增加了爆炸的危险性。锂离子将有可能与多种材料（包括电解液及负极材料）起反应而爆炸。例如，锂/碳插层混合物与水发生反应，并释放出氢气，氢气有可能被反应放热所引燃；负极材料（诸如 $LiCoO_2$），在温度超过 175℃ 的热失控温度限值（4.3 V 单元电压）时，也将开始与电解液发生反应。

锂离子电池使用很薄的微孔膜（Micro-porous Film）材料（例如聚烯烃），进行电池正负极的电子隔离，因为此类材料具有卓越的力学性能、化学稳定性以及可接受的价格。聚烯烃的熔点范围较低，为 135~165℃，使得聚烯烃适用于作为热保险（Fuse）材料。随着温度的升高并达到聚合体的熔点，材料的多孔性将失效，其目的是使锂离子无法在电极之间流动，从而关断电池。同时，热敏陶瓷设备以及安全排出口，为锂离子电池提供了额外的保护。电池的外壳，一般作为负极接线端，通常为典型的镀镍金属板。在壳体密封的情况下，金属微粒将可能污染电池的内部。随着时间的推移，微粒有可能迁移至隔离器，并使得电池正极与负极之间的绝缘层老化。而正极与负极之间的微小短路将允许电子肆意流动，并最终使电池失效。绝大多数情况下，此类失效等同于电池无法供电且功能完全终止。在少数情况下，电池有可能过热、熔断、着火乃至爆炸。这就是近期所报道的电池故障的主要根源，并使得一些厂商不得不将其产品召回。

2.2.3　电池管理单元

电池材料的不断开发提升了热失控的上限温度。另一方面，虽然电池必须通过严格的安全测试，但提供正确的充电状态并很好地应对多种有可能出现的电子元器件故障，仍然是系统设计人员的职责所在。过电压、过电流、短路、过热状态以及外部分立元件的故障都有可能引起电池突变而失效。这就意味着需要采取多重的保护——在同一电池包内具有至少两个独立的保护电路或机制。同时，还希望具备用于检测电池内部微小短路的电子电路，以避免电池故障。电池包内电池管理单元框图如图 2-2 所示，其组成包括电量计集成电路（Integrated Circuit，IC）、模拟前端电路（Analog Front end Circuit，AFE）和独立的二级安全保护电路。

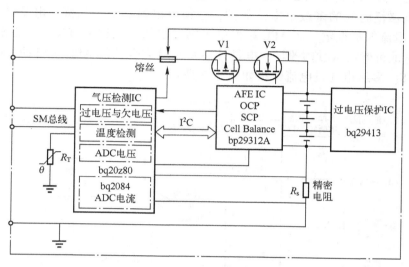

图 2-2　电池管理单元框图

电量计集成电路设计用于精确地指示可用的锂离子电池电量。该电路独特的算法允许实时地追踪电池包的蓄电量变化、电池阻抗、电压、电流、温度以及其他电路信息。电量计自动地计算充电及放电的速率、自放电以及电池单元老化，在电池使用寿命期限内实现了高精度的电量计量。例如，一系列专利的阻抗追踪电量计，包括 bq20z70，bq20z80 以及 bq20z90，均可在电池寿命期限内提供高达 1% 精度的计量。单个热敏电阻用于监测锂离子电池的温度，以实现电池单元的过热保护，并用于充电及放电限定。例如，电池单元一般不允许在低于 0℃ 或高于 45℃ 的温度范围内充电，且不允许在电池单元温度高于 65℃ 时放电。如检测到过电压、过电流或过热状态，电量计 IC 将指令控制 AFE 关闭充电及放电 MOSFET V1 及 V2。当检测到电池欠电压（Under-Voltage）状态时，则将指令控制 AFE 关闭放电 MOSFET V2，且同时保持充电 MOSFET V1 开启，以允许电池充电。

AFE 的主要任务是对过载、短路的检测，并保护充电及放电 MOSFET、电池单元以及其他线路上的元件，避免过电流状态。过载检测用于检测电池放电流向上的过电流（Over Current，OC）。同时，短路（Short Circuit，SC）检测用于检测充电及放电流向上的过电流。AFE 电路的过载和短路限定以及延迟时间，均可通过电量计的数据闪存编程设定。当检测到过载或短路状态，且达到了程序设定的延迟时间时，充电及放电 MOSFET V1 及 V2 将被关闭，详细的状态信息将存储于 AFE 的状态寄存器中，从而电量计可读取并调查导致故障的原因。

对于计量 2 个、3 个或 4 个锂离子电池包的电量计芯片集解决方案来说，AFE 起了很重要的作用。AFE 提供了所需的所有高压接口以及硬件电流保护特性。所提供的 I^2C 兼容接口允许电量计访问 AFE 寄存器并配置 AFE 的保护特性。AFE 还集成了电池单元平衡控制。多数情况下，在多单元电池包中，每个独立电池单元的荷电状态（SOC）彼此不同，从而导致了不平衡单元间的电压差别。AFE 针对每一电池单元整合了旁通通路，可用于降低每一电池单元的充电电流，从而为电池单元充电期间的 SOC 平衡提供了条件。基于阻抗追踪电量计对每一电池单元化学荷电状态的确定，可在需要单元平衡时做出正确的决策。

具有不同激活时间的多级过电流保护，使得电池保护更为强健。电量计具有两层的充电/放电过电流保护设定，而 AFE 则提供了第三层的放电过电流保护。在短路状态下，MOSFET 及电池可能在数秒内毁坏，电量计芯片集就完全依靠 AFE 来自动关断 MOSFET，以免产生毁坏。多级电池过电流保护如图 2-3 所示。

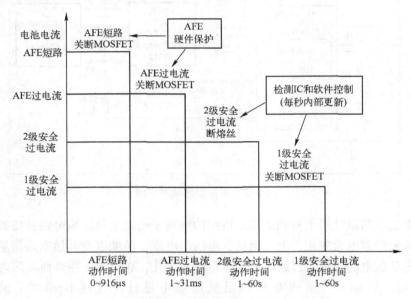

图 2-3　多级电池过电流保护

当电量计 IC 及其所关联的 AFE 提供过电压保护时，电压监测的采样特性限制了此类保护系统的响应时间。绝大多数应用要求能快速响应且实时、独立的过电压监测器，并与电量计、AFE 协同运作。该监测器独立于电量计及 AFE，监测每一电池单元的电压，并针对每一达到硬件编码过电压限的电池单元提供逻辑电平输出。过电压保护的响应时间取决于外部延迟电容的大小。在典型的应用中，秒量级保护器的输出将触发熔丝或其他失效保护设备，以永久性地将锂离子电池与系统分离。

2.2.4　永久性失效保护

对于电池管理单元来说，很重要的一点是要为非正常状态下的电池包提供趋于保守的关断。永久性失效保护包括过电流的放电及充电故障状态下的安全、过热的放电及充电状态下的安全、过电压的故障状态（峰值电压）以及电池平衡故障、短接放电 FET 故障、充电时的金属-氧化物半导体场效应晶体管（Metal-Oxide-Semiconductor Field-Effect Transistor, MOSFET）故障状态下的安全。制造商可选择任意组合上述的永久性失效保护。当检测到此类故障时，保护设备将熔断熔丝，以使电池包永久性失效。作为电子元器件故障的外部失效验证，电池管理单元设计用于检测充电及放电 MOSFET 的失效与否。如果任意充电或放电 MOSFET 短路，则熔丝也将熔断。

电池内部的微小短路也是导致近期多起电池召回的主要原因。如何检测电池内部的微小短路并防止电池着火乃至爆炸呢？外壳封闭处理过程中，金属微粒及其他杂质有可能污染电池内部，从而引起电池内部的微小短路。内部的微小短路将极大地增大电池的自放电速率，使得开路电压较之正常状态下的电池单元有所降低。阻抗追踪电量计监测开路电压，并从而检测电池单元的非均衡性，避免不同电池单元的开路电压差异超过预先设置的限定值。当出现此类失效时，将产生永久性失效的告警并断开 MOSFET，熔丝也可配置为熔断。上述行为将使电池包无法作为供电源，并因此屏蔽了电池包的内部微小短路电池单元，从而防止了灾害的发生。

锂电芯爆炸的原因可能是外部短路、内部短路及过充电，包含电池组内部绝缘设计不良等所引起的短路。因此，对锂离子电池的保护，至少要包含充电电压上限、放电电压下限、电流下限和电流上限。一般在锂离子电池组内，除了锂电芯外，都会有保护电路板或者功能丰富的 BMS。内部短路主要是因为分切不良的铜箔与铝箔的毛刺刺穿隔膜，或是由于过充电的原因形成的锂枝状结晶刺穿隔膜。细小极片毛刺会造成微短路，因为毛刺很细，有一定的电阻值，因此，电流不会很大。铜、铝箔毛刺是在生产过程中因为分切不良而造成的，可检测到的现象是电芯自放电太快，大多数情况下可以在后端筛选时检测出来。而且由于毛刺细小，有时会被烧断，使得电池又恢复正常。因此，因毛刺微短路引发爆炸的概率并不高。

内部短路引发的爆炸，主要还是因为过充电。极片上会富集结晶体，并可能导致刺穿点出现并引发微短路。因此，电池温度会逐渐升高，最后高温将电解液汽化。这种情形，无论是温度过高使材料燃烧，还是外壳先被撑破，使空气进去与锂金属发生激烈氧化，都会爆炸。综合以上爆炸的类型，可以将防爆重点放在防止过充电、防止外部短路及提升电芯安全性三方面。其中，防止过充电和防止外部短路属于电子防护，这与电池组系统设计及电池组装有较大关系；提升电芯安全性的重点是化学与结构设计防护，与电池芯的设计与制造过程品质控制有较大关系。

2.2.5　BMS 设计规范

电池保护板或 BMS 硬件冗余设计，可预防因电子元器件失效而引起的整个保护系统失效，通过电池管理系统对过充电、过放电、过电流等分别提供两道安全防护，此外，为了提升 BMS 的可靠性，电池的 BMS 产品须经过高温老化处理，具有静电释放（Electro-Static Discharge，ESD）、浪涌防护及防潮防尘这些基本功能。

BMS 不但要提供过充电、过放电、过电流保护功能，还要对庞大的电池系统的运行状态进行监控与管理。为了保证电池工作在相同的温度环境下，BMS 还要监控所有电芯的工作温度，具备热平衡功能，高效水冷电池模组可将电池工作温度有效控制在（25±2）℃。此外，为了提升车辆电池安全性，BMS 集成有落水监测、烟雾监测、碰撞监测、翻车监测、远程报警及自动灭火等安全功能。

锂电芯在生产制造时会严格控制正极、负极、隔膜、电解液等主要原材料的品质，从电芯结构设计到电芯生产制造整个过程，都须经过严格的品质控制与在线检测监控程序，以保证锂电芯的高品质。通过严格的后端筛选与批次的破坏性检验，来保证每一颗出厂电芯的品质都符合品质要求，保证在过充电、过放电、过电流、振动、机械冲击、跌落、挤压、翻转、碰撞、刺穿等情况下，符合品质标准要求。在设计电池系统时，必须对过充电、过放电与过电流分别提供两道电子防护。其中，保护板或BMS是第二道防护，如果没有外部保护，电池发生爆炸就代表设计不良。

2.2.6 锂电芯的品质保障

如果外部保护失败，需要对锂电芯品质提出更高的要求。电池在爆炸前，如果内部有锂原子堆积在材料表面，燃烧爆炸的破坏力会更大。所以锂电芯抗过充电能力比抗外部短路的能力显得更为重要。

电芯抗外部短路的方法，通常包括使用高质量的隔膜纸和采用压力阀两种措施。其中，高质量的隔膜纸效果最好，外部短路时超过99%的电池不会发生爆炸。

2.2.7 提高电池安全性

锂离子电池在热冲击、过充电、过放电和短路等滥用情况下，其内部的活性物质及电解液等组分间将发生化学、电化学反应，产生大量的热量与气体，使得电池内部压力升高，积累到一定程度可能导致电池着火，甚至爆炸。其主要原因如下。

（1）材料热稳定性 锂离子电池在一些滥用情况下，如高阻、过充电、针刺穿透以及挤压等，会导致电极和有机电解液之间的强烈反应，如有机电解液的剧烈氧化、还原或正极分解产生的氧气进一步与有机电解液反应等，这些反应产生的大量热量如不能及时散失到周围环境中，必将导致电池内热失控的产生，最终导致电池的燃烧、爆炸。因此，正负电极、有机电解液相互作用的热稳定性是制约锂离子电池安全性的首要因素。

（2）制造工艺 锂离子电池的制造工艺分为液态和聚合物锂离子电池的制造工艺。无论是何种结构的锂离子电池，电极制造、电池装配等制造过程都会对电池的安全性产生影响。如正极和负极混料、涂布、辊压、裁片或冲切、组装、加注电解液的封口、化成等诸道工序的质量控制，无一不影响电池的性能和安全性。浆料的均匀度决定了活性物质在电极上分布的均匀性，从而影响电池的安全性。浆料细度太大，电池充放电时会出现负极材料膨胀和收缩比较大的变化。可能出现金属锂的析出；浆料细度太小，会导致电池内阻过大。涂布加热温度过低或烘干时间不足，会使溶剂残留，枯结剂部分溶解，造成部分活性物质容易剥离；温度过高，可能造成枯结剂碳化，活性物质脱落形成电池内短路。从提高锂离子电池安全性的角度，可以开展如下几项工作：

1）使用安全型锂离子电池电解质。阻燃电解液是一种功能电解液，这类电解液的阻燃功能通常是通过在常规电解液中加入阻燃添加剂来获得的。阻燃电解液是目前解决锂离子电池燃爆最有效、最经济的方法。使用固体电解质代替有机液态电解质，能够有效提高锂离子电池的安全性。固体电解质包括聚合物固体电解质和无机固体电解质。聚合物电解质，尤其是凝胶型聚合物电解质的研究在近年来取得了很大进展，目前已经成功用于商品化锂离子电池中。干态聚合物电解质由于不像凝胶型聚合物电解质那样包含液态易燃的有机增塑剂，因此不易出现漏液、鼓包和自燃等问题，具有更高的安全性。无机固体电解质具有更好的安全性，不挥发、不燃烧，不存在漏液问题，同时机械强度高，耐热度明显高于液体电解质和有机聚合物，使电池的工作温度范围扩大。将无机材料制成薄膜，更易于实现锂离子电池的小型化，并且这类电池具有超长的储存寿命，能大大拓宽现有锂离子电池的应用领域。

2）提高电极材料的热稳定性。负极材料的热稳定性是由材料结构和充电负极的活性决定的。对于碳材料，如球形碳材料，相对于鳞片状石墨，具有较低的比表面积、较高的充放电平台，所以其充电态活性较小，热稳定性相对较好，安全性高。具有尖晶石结构的 $Li_4Ti_5O_{12}$，相对于层状石墨的结构稳定性更好，其充放电平台也高得多，因此热稳定性更好，安全性更高。因此，目前对安全性要求更高的动力电池中，通常使用 $Li_4Ti_5O_{12}$ 代替普通石墨作为负极。通常负极材料的热稳定性除了材料本身之外，对于同种材料，特别是对石墨来说，负极与电解液界面的固体电解质界面（Solid Electrolyte Interface，SEI）膜的热稳定性更受关注，而这也通常被认为是热失控发生的第一步。

提高 SEI 膜热稳定性的途径主要有两种：一种是负极材料的表面包覆，如在石墨表面包覆无定形碳或金属层；另一种是在电解液中添加成膜添加剂，在电池活化过程中，它们在电极材料表面形成稳定性较高的 SEI 膜，有利于获得更好的热稳定性。正极材料和电解液的热反应被认为是热失控发生的主要原因，提高正极材料的热稳定性尤为重要。与负极材料一样，正极材料的本质特征决定了其安全特征。$LiFePO_4$ 由于具有聚阴离子结构，其中的氧原子非常稳定，受热不易释放，所以不会引起电解液的剧烈反应或燃烧；在过渡金属氧化物中，$LiMn_2O_4$ 在充电态下以 MnO_2 形式存在，由于它的热稳定性较好，所以这种正极材料的相对安全性也较好。此外，也可以通过体相掺杂、表面处理等手段，提高正极材料的热稳定性。

2.3 锂离子电池组的热管理

2.3.1 热管理的必要性

锂离子电池组在快速充放电的过程中会产生大量的热，若散热不及时，会造成电池温度过高、模块间温度分布不均衡的问题。在高寒地区或低温环境下，容易导致电量流失严重、充电缓慢等现象。常见的新能源汽车用电池本质上是将化学能直接转变为电能的电池，电池内部化学反应是否能顺利进行，直接影响着电池的性能。众所周知，温度对化学反应的进行有很大的影响，因此，电池性能在很大程度上受到温度因素的影响。化学反应主要集中在电极和电解液的接触界面上，如果温度较低，如锂离子电池温度低于 0℃，其内部的有机电解液会变得更加黏稠甚至凝结。这会阻碍电解液内导电介质的活动，严重时会形成锂枝晶，影响电池的使用寿命并造成安全问题。同时，低温会引起电池内部化学反应速率的下降，电池充电缓慢和困难，使得放电电压平台效应、放电电流和输出功率显著下降，导致电池的性能恶化。

低温还会降低电池内部化学反应的深度，直接减小电池的容量。但是随着温度的逐渐升高，上述不良情况将有所改善，电池内部的化学反应速率随之加快，电解液传递能力增强，化学反应更加彻底，使得输出功率和电池容量会上升。这会延长电池的使用寿命，并提高电池的最高输出电流和放电平台电压。然而，若温度过高，如锂离子电池温度远高于 45℃，则会造成电池内部电解液的分解变质，破坏化学平衡，导致一系列不良副反应的发生，缩短电池的使用寿命，并造成很大的安全隐患。

近年来，新能源汽车因为电池温度过高而产生自燃的现象屡见不鲜。因此，使电池始终处于一个适宜的温度区间，对电池的性能和寿命有着至关重要的影响。电池在作为动力电源使用时，往往需要串并联成为电池组，电池在充放电过程中常常产生大量的热量，串并联成组后又产生了新的问题。例如，在锂离子电池组中，不同电池单体的固有物性参数存在一定差异，主要体现在内阻、电压、容量等方面。由于新能源汽车的车载电机在行驶过程中所需电压需要达到 300 V 以上，而锂离子电池的单体电压一般都在 3.3~3.6 V 之间，所以为了满足新能源汽车的使用要求，所需的电池单体数目巨大，甚至可能会达到上百块。

锂离子电池单体在使用时并无过高要求，也不涉及电池间的均一性等问题，进行简单的状态监控即可正常使用。而在锂离子电池组涉及许多个单体电池的协同工作时，使用条件则变得很苛刻。究其原因，主要是同一品牌、同一规格的电池组内，各单体的电压、内阻、容量和温度等性能参数有差异。例如有的电池单体内阻较大，有的较小，有的电池在放电过程中电压下降较快，有的下降则较慢。在充放电的过程中，各单体电池的运行电压会有较大波动，从而导致整个电池组的工作电压不断波动，影响电池组整体电压的稳定性。在这种状态下工作的锂离子电池组内电池的使用寿命会进一步缩短，并且会影响新能源汽车的整体性能。运行工况较复杂时，部分电池可能会因超出合理的温度范围而导致电池着火、爆炸等一系列危险事故。

由于车辆空间有限，电池模块排列紧密，很容易引起电池组内热量的堆积，造成其温度超出最佳工作温度区间，严重影响电池的性能，甚至会直接导致电池的报废。此外，处于不同位置的电池单体对散热条件的要求不尽相同，若不能采取合理的散热结构对其进行热管理，则会导致电池组不同单体之间的温度有所差异。若差异过大，则高温处的电池相比于低温处更易老化，长时间运行时会导致电池组内部各单体性能差异逐步加大，一致性受到较大破坏，最终会因高温区域电池寿命的缩短而导致电池组整体性能的下降以及使用寿命的缩短。因此，为了保证电池组的使用寿命和安全性要求，必须将电池组内各个电池单体的温度和各单体间的温度差异控制在一个合理的温度范围之内，而这一目标的实现离不开设计良好、行之有效的热管理系统。

电池热管理包括散热管理和加热管理两个方面。在保证电池组处于合理工作温度范围之内的同时，也需要均衡电池箱内各点的温度，保持各单体电池的温度一致，防止因温度差异过大而造成电池组整体性能的下降。散热管理最直接的目的是防止电池组的温度过高，即抑制电池组的最大温升；而加热管理主要是为防止电池组在充电过程中因为温度过低而产生的充电缓慢、容量大幅衰减等负面影响。而低温对电池放电阶段则影响不大。通过对大量电池工况数据进行分析，发现电池组在放电过程中常常会因散热不及时而造成高温的情况。锂离子电池的温度区间如图 2-4 所示。

国内外许多学者根据研究电池种类和形状的不同，提出了各种各样的设计方案，究其原理，主要为风冷、液冷、相变冷却和热管冷却四种方式。其中，风冷经济成本最低；液冷除了需要盛放冷却介质的空间，还需额外的循环系统，相变冷却和热管冷却的方法则较为昂贵。

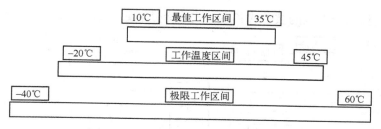

图 2-4　锂离子电池的温度区间

2.3.2　风冷

强迫空气对流冷却法是一种"物美价廉"的冷却方法，如果电池模块周围空间允许，都会安装局部散热器或风扇，还会利用辅助的或汽车自带的蒸发器来提供冷风。该方法对电池的封装设计要求有所降低，可用于较为复杂的系统，电池在车上的位置也不再受限制，从而不影响新能源汽车的通过性。Nissan 的铝合金薄膜电池就是采用该方法，进行圆筒形设计并使用风扇冷却。锂离子电池的风冷方法如图 2-5 所示。

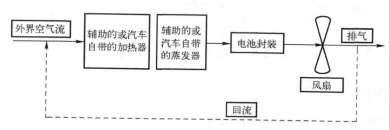

图 2-5　锂离子电池的风冷方法

2.3.3　液冷

在相同的流率下，常用的是与模块直接接触的液体（如矿物油），其传热系数比空气高得多，且液体边界层更薄，有更高的热导率。但由于油的黏度较高，需要较高的泵功率，所以通常使用时流率都不高，因此综合分析结果，油的热导率通常只比空气高 1.5 ~ 3 倍；而非直接接触式液体，如水或乙二醇水溶液，黏度比大多数油低，热导率比油高，因此有较高的传热系数。电解流体不仅能显著降低电池过高的温度，还可以使电池模块温度分布比较均匀，使得发出的热以潜热的形式储存起来，在充电或很冷的环境下工作时释放出来，是最有效的散热方式之一。

液体冷却系统主要有被动式液体冷却系统和主动式液体冷却系统。但是液冷方式也有其缺点和不足。主要缺点：采用液冷之后电池组系统的总体质量较大，电池组的结构相对更加复杂，使用中存在漏液的可能，整体装置的维修和保养程序复杂。而新能源汽车的锂离子电池组模块具有成本高、个数多、质量体积都较大等特点。这就要求附加的冷却系统，在不损耗电池本身能量的基础上，尽可能地降低冷却装置的质量，减少冷却装置的额外能耗，实现汽车结构简洁化的要求。同时也必须考虑对锂离子电池及相关通电线路的保护，才能避免在行驶过程中出现漏电、漏液等危险情况，降低电子电路故障的概率，同时提高电池的效率、延长使用寿命。锂离子电池的被动式和主动式液冷分别如图 2-6 和图 2-7 所示。

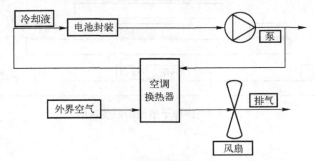

图 2-6　锂离子电池的被动式液冷

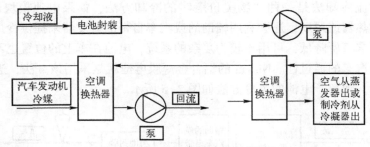

图 2-7　锂离子电池的主动式液冷

2.3.4　相变冷却

相变材料（Phase Change Material，PCM）是一类特殊的功能材料，能在恒温或近似恒温的情况下发生相变，同时吸收或释放大量的热。石蜡的毒性低、价格便宜、单位质量的相变潜热较高、相变温度位于电池安全运行温度范围内，适合用作锂离子电池组热管理的 PCM。

目前，主要可采用石蜡与多孔物质相结合、添加高导热系数添加剂的方式，提高石蜡的导热性能。泡沫铜吸附石蜡可用于新能源汽车电池组的热管理，在运行工况发生变化时，电池组的最高温度和最大温差可得到很好的控制。石蜡与石墨片制成的复合材料，具有较高的导热性能和机械强度，应用于电池组热管理，不仅可降低电池组的最高温度和模块间的温差，降低电池组容量衰减率，在寒冷条件下还可对电池组进行持久保温。

向石蜡中添加碳纤维也可提高其导热性能，当碳纤维的长度为 2 mm、质量分数为 0.46% 时，电池组的最高温升下降 45%。基于 PCM 的电池热管理系统，结构简单、节省空间、相变潜热大、温度均匀波动较小。但是，PCM 冷却技术属于被动冷却，如果不能及时将热量移除，电池组在经历长时间连续充电过程中易引发安全问题。

2.3.5　热管冷却

热管是一种高效的换热元件，具有较高的传热能力，热管进行热传输的核心是利用其管内制冷介质的吸热汽化及放热凝结。与单纯的导热相比，热管传输的热量要大得多，并且热管的结构设计灵活多变，适用于很多行业。自 1964 年美国的 GMGrover 发明热管后，热管已在众多换热领域发挥了重要的作用。比如在航空工业，使用热管束来降低飞行器与空气高速摩擦产生的局部高温；在电子工业，使用热管为 CPU 散热；在能源动力行业，大多数情况下利用热管进行余热回收。热管是一种利用相变进行高效传热的热传导器，封闭空心管内的制冷介质在蒸发段吸收电池热量，然后在冷凝端将热量传递到环境空气中，使电池温度迅速降低。

热管的种类主要分为重力热管、脉动热管及烧结热管等。受限于形状，热管不适合直接与电池接触换热，常焊接在电池间的金属板上。受制冷介质特性的影响，不同的脉动热管适用于不同场合，其中，以水和正戊烷的混合物为制冷介质、填充量为 60% 的脉动热管，适用于低负荷的热管理；当空气侧温度高于 40℃ 时，以水或甲醇为制冷介质的冷却效果较好。热管形式多样，有助于开发冷却/加热电池热管理系统，保证电池组在高温和 0℃ 以下的环境中，工作在最佳温度范围，确保正常运行。热管安装位置灵活多变，可在热管下方设置空气通道，利用烟囱抽吸效应辅助散热；或在蒸发段处增加翅片，扩大散热面积，热负荷高的时候结合强制风冷。

2.4 常规充电管理

锂离子电池的充电技术，不同于铅酸、镍氢、镍镉电池。根据锂离子电池的反应原理，电池在充电的后期没有副反应产生，所以要控制充电的电压，否则会一直向上升高。因此，当充电结束时，充电器必须完全关闭或断开。锂离子电池对充电器要求比较苛刻，需要保护电路。锂离子电池要求的充电方式是恒流恒压方式，为有效利用电池容量，需将锂离子电池充电至最大电压，但是过电压充电会使电池里面的电解物质加快反应，而造成电池的使用寿命缩短。作为高能量密度电池，锂离子电池过充电还有可能导致膨胀漏液甚至发生爆炸。因此，充电电压的精度控制是锂离子电池充电器的一个关键技术，是影响锂离子电池使用寿命的重要因素。

在多个锂离子电池串联的情况下，为保证电池组可获得最大的容量和最长的使用寿命，有时甚至要求精度达到 0.5% 以内。另外，对于电压过低的电池，需要进行预充电。充电器最好带有热保护和时间保护，为电池提供附加保护。充电策略不仅能明显减少电池组的充电时间，提高电池组的充电效率，而且还能较好地保证动力锂离子电池组的一致性。均衡充电作为电池组充电技术的有效补充，是维护电池组性能的重要手段。合适的充电解决方案不但可以提高锂离子电池的安全性，而且会延长电池的使用寿命，同时也会降低充电器的成本。在电池使用的过程中，电池更多的是在充电过程中损坏的，不正确的充电条件或方法将更容易损害电池，降低电池的寿命。

2.4.1 恒流充电法

恒流充电法是通过调整充电装置输出电压或改变与电池串联电阻的方式使充电电流保持不变的充电方法。该方法控制简单，但电池的可充电电压接受电流能力是随着充电过程的进行而逐渐下降的。到充电后期，充电电流多用于电解水，产生气体，此时电能不能有效转化为化学能，多变为热能消耗掉了。恒流充电曲线如图 2-8 所示。

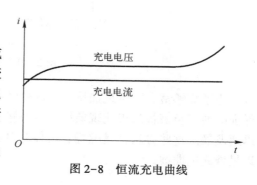

图 2-8　恒流充电曲线

2.4.2　恒压充电法

在电池充电过程中，充电电源电压始终保持一定，叫作恒压充电。充电电流的计算公式为

$$I=\frac{U-E}{R} \qquad (2-1)$$

式中，U 为电池端电压；E 为电池电动势；I 为充电电流；R 为充电电路中内阻。

由式（2-1）可知，充电开始时，电池电动势小，所以充电电流很大，对电池的寿命造成很大影响，且容易使电池极板弯曲，造成电池报废。充电中期和后期，由于电池极化作用的影响，正极电位变得更高，负极电位变得更低，所以电动势增大，充电电流过小，形成长期充电不足，影响电池的使用寿命。鉴于这种缺点，很少使用恒压充电法，只有在充电电源电压低、工作电流大时才采用，恒压充电曲线如图 2-9 所示。

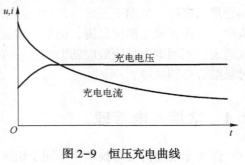

图 2-9　恒压充电曲线

2.4.3　阶段充电法

该方法包含多种充电方法的组合，如先恒流后恒压充电法、多段恒流充电法、先恒流再恒压最后恒流充电法等。常用的为先恒流再恒压的充电方式，锂离子电池常采用该种方法充电。第一阶段为恒流充电，充电结束条件为电池达到充电终止电压。第二阶段终止采用限定时间和截止电压两方面独立控制。锂离子电池的充电曲线如图 2-10 所示。

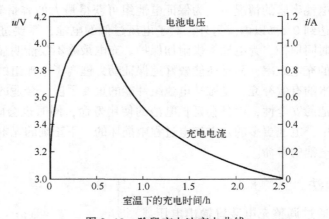

图 2-10　阶段充电法充电曲线

为了能够最大限度地加快电池的化学反应速度，缩短电池达到充满电状态的时间，同时保证电池正负极板的极化现象尽量少或轻，提高电池使用效率，快速充电技术近年来得到了迅速发展。这些方法都是围绕着最佳充电曲线进行设计的，目的就是使充电曲线尽可能地逼近最佳充电曲线。

2.4.4 充电器设计

恒流恒压充电器是用于对电池进行充电的规范标准的充电装置。它通常工作于以下两种模式，因此也对应于两种充电状态。

恒流模式（Constant Current, CC）：当开始对电池组充电时，充电装置将会输出一个固定的充电电流，在整个充电过程中，电池的电压逐渐增加。

恒压模式（Constant Voltage, CV）：当电池组接近满充、电池电压接近恒定时，充电器维持该恒定充电电压，在接下来的充电过程中，充电器的充电电流将以指数形式进行衰减，直至电池满充。

充电器 CC-CV 特性如图 2-11 所示。

某些用于电池组的恒流恒压充电器具有部分 BMS 的功能，采用不会对锂离子电池组过充电的充电曲线进行设计。期望仅依靠恒流恒压充电器为锂离子电池组提供保护是存在风险的，需要同时监测和管理锂离子电池组中每个单体电池的电压，如果不这样做的话，电池组单体电池的电压将会达到较为危险的状态。

尽管在充电器中集成了一些 BMS 的功能，通过检测锂离子电池单体电压，能够防止电池过充电。可以使用一个不具有 BMS 功能的充电器和一个 BMS 保护电路来实现全面的保护，从而实现对锂离子电池充电过程中的保护。通过模块化设计，BMS 实时检测电池状态，并控制充电器对电池进行安全充电，如图 2-12 所示。

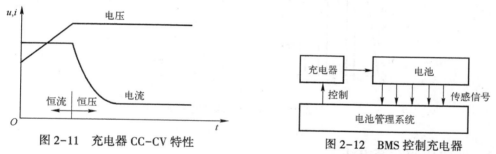

图 2-11 充电器 CC-CV 特性　　　　　　图 2-12 BMS 控制充电器

BMS 将会在充电最多的单体电池满充后关掉充电器，而不考虑整个电池组的电压。若 BMS 中包含均衡功能，在充电最多的那个单体电池释放出一部分电能后，充电过程可以被重启，从而保证其余单体电池可以获得更多的电量。一旦整个电池组达到均衡状态，所有单体电池将会同时到达其最大电压，电池组总电压接近充电器的恒压值。

最终，充电器就能够根据设定，以恒压和指数形式下降的电流完成充电过程，直到所有单体电池电压相等且满充电。允许 BMS 控制充电器，会无视充电器的内部充电设定，因此具有特定算例（特定充电流程）的充电器不是必需的，甚至可能是有害的，这是因为 BMS 与智能充电器将会对控制权进行争夺。事实上，无论是使用智能充电器，还是使用非控制类的充电器，只要所用的 BMS 具有开通关断充电器的权限，以上现象就会发生。

2.5 快速充电管理

2.5.1 脉冲式充电法

该方法首先用脉冲电流对电池充电，然后停止充电一段时间，再用脉冲电流对电池充电，如此循环。充电脉冲使电池充满电量，而间歇期使电池经化学反应产生的氧气和氢气有时间重新化合而被吸收掉，消除了浓差极化和欧姆极化，从而减轻了电池的内压，使下轮的恒流充电能够更加顺利地进行，使电池可以吸收更多的电量。间歇脉冲使电池有较充分的反应时间，减少了析气量，提高了电池的充电电流接受率，脉冲式充电曲线如图 2-13 所示。

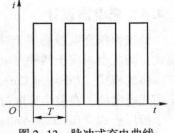

图 2-13　脉冲式充电曲线

2.5.2　变电流间歇充电法

这种充电方法建立在恒流充电和脉冲充电的基础上，其特点是将恒流充电段改为限电压且变电流间歇充电段。充电前期的各段采用变电流间歇充电的方法，保证加大充电电流，获得绝大部分充电量。充电后期采用定电压充电，以获得过充电量，将电池恢复至完全充电状态。通过间歇停充，使电池经化学反应产生的氧气和氢气有时间重新化合而被吸收掉，使浓差极化和欧姆极化自然而然地得到消除，从而减轻了电池的内压，使下一轮的恒流充电能够更加顺利进行，使电池可以吸收更多的电量。变电流间歇充电曲线如图 2-14 所示。

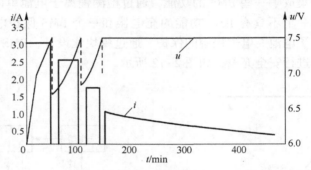

图 2-14　变电流间歇充电曲线

2.5.3　变电压间歇充电法

在变电流间歇充电法的基础上，又有人提出了变电压间歇充电法，变电压间歇充电法与变电流间歇充电法的不同之处在于，第一阶段不是间歇恒流，而是间歇恒压。变电压间歇充电曲线如图 2-15 所示。

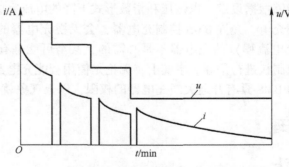

图 2-15　变电压间歇充电曲线

变电压方法更加符合最佳充电的充电曲线，在每个恒压充电阶段，由于是恒压充电，充电电流自然按照指数规律下降，符合电池电流可接受率随充电过程逐渐下降的特点。

2.5.4 充电过程保护

充电过程中，需要加入各种保护措施，主要如下：

1）过电流保护。当充电器内部或外部发生故障时，充电器进入保护状态；故障排除，充电器可自行恢复。

2）短路保护。当充电器输出正、负极短接后，充电器进入保护状态。此时，充电器无输出，故障排除，充电器可自行恢复正常工作。

3）防倒灌。当充电饱和、电源线拔掉且充电器仍然和电池连接时，电池里的电能不会倒灌充电器。

4）温度保护。当环境温度过高时（室温达到 25℃ 以上），为防止充电器工作时其内部温度过高，充电器会自动稍微降低充电电流。

第3章 锂离子电池的状态测定与评价

3.1 锂离子电池的容量与内阻测定

3.1.1 容量测定

容量测定主要是通过容量测试设备进行完整的充放电实验，根据电池出厂标示的充电终止电压及放电截止电压，获得电池容量。虽然电池厂家会给出额定容量，但随着使用时间的变长，容量会逐渐降低，而容量的变化可以表征电池的健康状态（SOH）。因此，电池容量的测定是十分有必要的。同时，在锂离子电池的使用中，还要注意以下内容：

1）锂离子电池放电电压降至额定电压的 0.9 倍，该电压被称为截止电压，此时就认为放电完毕。虽然还有"剩余电量"，但不可以继续使用，否则会损坏电池。

2）电池充满电的电压，即"终止充电电压"。根据电池工业标准，该电压为额定电压值的 1.2 倍左右。如 3.6 V 的手机电池，终止充电电压就是 4.2~4.3 V。

3）锂离子电池有两个禁忌：过度充电和过度放电。因此，电气设备都设计有电源管理模块，可以控制充放电电压值，以防止损坏电池。

4）自制充放电电路一定要有终止充电电压和截止电压控制，否则会使电池受到伤害。注意：电池充放电时，以电压为准，与剩余电量无关。

以某品牌三元锂离子电池为例进行容量测定，额定容量为 50 A·h，截止电压为 2.75 V，终止电压为 4.2 V。对于一些放置时间过长的锂离子电池进行容量测定前，还需要进行活化实验：

1）以 0.05C（2.5 A）电流恒流充电至单体充电截止电压 4.2 V，静置 15 min。

2）以 0.05C 电流恒流放电至单体放电截止电压 2.75 V，静置 15 min。

3）重复步骤 1）、2），直至相邻两次测定的放出容量相差不到 ±1% 时结束。

4）以 0.4C（20 A）电流恒流充电至单体充电截止电压 4.2 V，转恒压充电至电流降至 0.05C，静置 1 h。

5）以 0.4C 电流恒流放电至单体放电截止电压 2.75 V，静置 1 h。

重复上述步骤，直至相邻两次测定的放出容量相差不到 ±1% 时结束，以最后一次放出容量作为电池的实际容量。图 3-1 所示为该电池 0.4C（20 A）充放电曲线，测定容量为 49.8 A·h。

3.1.2 内阻分析

电流通过电池内部时受到阻力，使电池的工作电压降低，该阻力称为电池内阻。由于电池内阻的作用，电池放电时，端电压低于电动势和开路电压；充电时，端电压高于电动势和开路电压。电池内阻是化学电源的一个极为重要的参数，它直接影响电池的工作电压、工作电流、输出能量与功率等。对于一个实用的化学电源，其内阻越小越好。

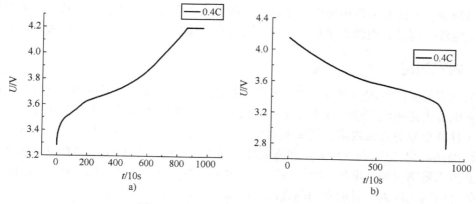

图 3-1　恒流恒压充电和恒流放电曲线

a）恒流恒压充电曲线　b）恒流放电曲线

电池内阻不是常数，它在放电过程中根据活性物质的组成、电解液浓度和电池温度以及放电时间而变化。电池内阻包括欧姆内阻（R_o）和电极在电化学反应时所表现出的极化内阻（R_p）。

欧姆内阻主要由电极材料、电解液、隔膜的内阻及各部分零件的接触电阻组成。它的阻值与电池的尺寸、结构、电极的成形方式以及装配的松紧度有关。欧姆内阻遵守欧姆定律。极化内阻是指化学电源的正极与负极在电化学反应进行时由于极化所引起的内阻。它是电化学极化和浓差极化所引起的电阻之和。极化内阻与活性物质的本性、电极的结构、电池的制造工艺有关，尤其是与电池的工作条件密切相关，放电电流和温度对其影响很大。在大电流密度下放电时，电化学极化和浓差极化均增加，甚至可能引起负极的钝化，极化内阻增大。低温对电化学极化、离子的扩散均有不利影响，故在低温条件下电池的极化内阻也增大。因此，极化内阻并非是一个常数，而是随放电率、温度等条件的改变而改变。

电池内阻较小，在许多工况下常常忽略不计，但新能源汽车用动力电池常常处于大电流、深放电工作状态，内阻引起的电压降较大，此时内阻对整个电路的影响不能忽略。根据电池内阻的构成，电池产生极化现象有三个方面的原因。

（1）欧姆极化　充放电过程中，为了克服欧姆内阻，外加电压就必须额外施加一定的电压以克服阻力，推动离子迁移。该电压以热的方式转化给环境，出现所谓的欧姆极化现象。随着充电电流急剧加大，欧姆极化将造成电池在充电过程中温度升高。

（2）浓度极化　电流流过电池时，为了维持正常的反应，最理想的情况是电极表面的反应物能及时得到补充，生成物能及时离去。实际上，生成物和反应物的扩散速度远远比不上化学反应速度，从而造成极板附近电解液浓度发生变化。也就是说，从电极表面到中部溶液，电解液浓度分布不均匀，这种现象称为浓度极化。

（3）电化学极化　这种极化是由于电极上进行的电化学反应的速度，落后于电极上电子运动的速度。例如，电池的负极在放电前，电极表面带有负电荷，其附近溶液带有正电荷，两者处于平衡状态。放电时，立即有电子释放给外电路，电极表面负电荷减少，而金属溶解的氧化反应（$Li-e^- \rightarrow Li^+$）进行缓慢，不能及时补充电极表面电子的减少，电极表面带电状态发生变化。这种表面负电荷减少的状态促进金属中电子离开电极，金属离子 Li^+ 转入溶液，加速 $Li-e^- \rightarrow Li^+$ 反应进行，以达到新的动态平衡。但与放电前相比，电极表面所带负

45

电荷数目减少，与此对应的电极电位变正。也就是电化学极化电压变高，从而严重阻碍了正常的充电电流。同理，电池正极放电时，电极表面所带正电荷数目减少，电极电位变负。

3.1.3　内阻测定

直流内阻的测试原理是通过对电池或电池组施加较大的电流（充电或放电），持续较短时间，在电池内部还没有达到完全极化的情况下，根据施加电流前后电池的电压变化和施加的电流，计算电池的直流内阻。测试直流内阻时必须选择好四个参数：电流（或采用的倍率）、脉冲时间、荷电状态（SOC）和测试环境温度。这些参数的变化对直流内阻有较大的影响。直流内阻不仅包括电池的欧姆内阻，还包括电池的一些极化电阻。而电池的极化受电流、时间等影响比较大。目前常用的直流内阻测试方法有以下三个：

1）美国《FreedomCAR 电池测试手册》中的 HPPC 测试方法。测试持续时间为 10 s，施加的放电电流为 5C 或更高，充电电流为放电电流的 75%，具体电流的选择根据电池的特性来制定。

2）日本 JEVSD7132003 的测试方法。原来主要针对 Ni/MH 电池，后也应用于锂离子电池：首先建立 0~100% SOC 下电池的电流-电压特性曲线，分别以 1C、2C、5C、10C 的电流对设定 SOC 下的电池进行交替充电或放电，充电或放电时间都为 10 s，计算电池的直流内阻。

3）我国"863"计划新能源汽车重大专项《HEV 用高功率锂离子动力电池性能测试规范》中提出的测试方法。测试持续时间为 5 s，充电测试电流为 3C，放电测试电流为 9C。

HPPC、JEVS 两种测试方法各有特点，JEVS 法采用 0~10C 系列电流，可以避免采用单一电流产生的结果偏差，其假定电池内阻的主要成分是近似恒定的欧姆阻抗，因此在放电倍率较低情况下，可靠性较高。实际上，在电池高倍率充放电时，整个电池反应的速率控制步骤由小倍率下的电荷转移过程控制变为传质过程控制，电池的内阻构成中不仅有电池本体欧姆内阻，还有极化反应内阻等，并且随电流和脉冲时间发生变化。

HPPC 法同时采用中低倍率、高倍率两个电流段，测试电池的输出功率能力，兼顾了电池在不同充放电电流下的电压响应特性，采用某一电流（5C、15C）分别代表中低倍率或高倍率电池功率能力的方法缺乏全面性，不同电池在某一电流下的电压响应不同，造成了测试结果的片面和偏差。"863"测试规范中采用不同的充电电流和放电电流（3C，9C），并且两者差距比较大。每种测试方法均可以作为一个基准方法来测试，对不同的电源系统进行比较。但每种电池均有一定的适应性，根据测试电流和时间的不同，其内阻的变化规律也会发生变化。

电池内阻一般随 SOC 的变化而改变，测定电池内阻时选取多个 SOC（从 0~100%）点，在每个点获取内阻值，得到一条 SOC 与内阻 R 的函数关系。单次 HPPC 实验流程如下：先搁置，以 5C 的电流进行放电 10 s，再搁置 40 s，以 5C 电流充电 10 s，再搁置，此次实验完成。单次 HPPC 电压变化曲线如图 3-2 所示。

U_1 到 U_2 的电压突降和 U_3 到 U_4 的电压突升，主要是由于欧姆内阻 R_o 的作用。故欧姆内阻 R_o 可以由此求得，即

$$R_o = \frac{(U_2 - U_1) + (U_4 - U_3)}{2I} \tag{3-1}$$

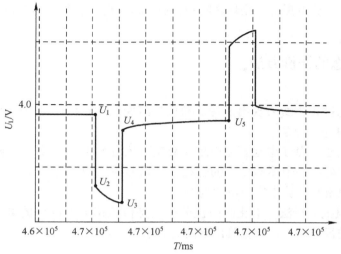

图 3-2　单次 HPPC 电压变化曲线

极化效应主要体现在 U_2 到 U_3 段和 U_4 到 U_5 段，根据需要，用一阶电阻-电容（Resistor-Capacitance，RC）并联电路或更高阶 RC 并联电路表征。将该段曲线用 MATLAB 等数学工具进行曲线拟合后，可以得到相应值。

3.2　电池健康状态评价

3.2.1　健康状态的定义

SOH 表征当前锂离子电池相对于新锂离子电池的存储电能的能力，以百分比的形式表示电池从寿命开始到寿命结束期间所处的状态，用来定量描述当前锂离子电池的性能状态。我国于 2006 年发布的汽车行业标准《电动汽车用锂离子蓄电池》（QC/T743-2006）中，明确规定了锂离子电池寿命终止的条件：可用容量衰减到标准容量的 80%。即锂离子电池 SOH 降低到 80% 的时间为电池寿命。目前，SOH 的定义主要体现在容量、电量、内阻、循环次数、峰值功率等几个方面，但业内普遍认可的 SOH 是从容量上去定义的，表达式为

$$SOH = \frac{Q_{aged}}{Q_{rate}} \times 100\% \tag{3-2}$$

式中，Q_{rate} 为电池出厂时的额定容量；Q_{aged} 为投入使用后的电池可用容量。

3.2.2　容量衰减的影响因素

近年来，国内外有很多学者研究了锂离子电池的老化机理和规律，普遍认为锂离子沉积 SEI 膜增厚和活性物质损失等是造成电池老化和容量衰减的主要原因。锂离子电池的滥用会加速电池老化，电池的正常充放电也会影响电池健康状态，加速电池老化。

总体来讲，对于电池负极，SEI 膜的形成与增长、电解液对负极的腐蚀、锂金属的沉积、黏结剂的分解以及集流体的腐蚀，是造成电极老化的主要原因。对于电池正极，内应力造成的正极材料晶格结构坍塌、活性物质粉化脱落、电解液对电极的腐蚀、副反应新相沉积、导电剂的反应、黏结剂分解以及集流体的腐蚀，是电极老化的主要因素。而电池运行的

温度、充放电倍率、放电深度、循环区间和充放电截止电压，都会对电池的健康状态和寿命产生影响。

3.2.3 健康状态的评价方法

1. 特征法

依据电池老化过程中所表现出的特征参量的演变，建立特征量与电池 SOH 之间的映射关系，进而对 SOH 进行估算。

（1）内阻分析法 基于电池直流内阻或交流阻抗对 SOH 进行分析。随着电池老化和容量的下降，电池内阻有一个逐渐增大的过程，所以要建立内阻与 SOH 的对应关系，进而通过对内阻的精确测量和估算来定位电池的 SOH。

（2）电化学阻抗分析法 电化学阻抗分析法是模拟出电池内部的电化学参数，通过对这些参数的变化进行监测，可以估算出电池的剩余寿命及 SOH。

2. 模型法

（1）老化机理模型法 即对电池内部微观的物理及电化学过程进行分析，且主要侧重对电池衰老过程的分析。对 SOH 进行估算，比较常用的为阿伦尼斯模型和逆幂律模型等。

（2）概率模型法 将电池等效电路模型与概率分析方法（如贝叶斯回归及分类算法）相结合，来描述电池的老化及容量衰减的过程，并通过实验对模型进行验证。

3. 数据驱动类方法

此类方法以电池的测试数据为原始样本，通过某种机制从中挖掘出电池性能在电池衰老过程中的演变规律，进而将这种规律用于 SOH 估算。目前，此类方法主要包括自回归（Autoreg Ressive，AR）模型、神经网络（Neural Network，NN）、支持向量机（Support Vector Machine，SVM）以及高斯过程回归等方法。

随着新能源汽车的推广应用和电网对电池储能的需求，锂离子电池的安全性和可靠性受到了广泛关注，锂离子电池健康状态评估和管理成为研究热点。目前，锂离子电池健康状态评估研究已取得一定成果，但是还缺少较为完善的理论体系，对电池实际应用帮助有限。电池健康影响因素（如循环区间和充放电倍率等对电池健康影响的观点）还不统一，健康状态的建模和估算方法需要进一步研究，锂离子电池健康状态评估和准确寿命预测需要更多的测试和数据支持。

第4章　锂离子电池的等效建模及其参数辨识

等效模型及其参数辨识与状态空间描述，在SOC估算过程中起着非常重要的作用。

4.1　电池模型概述

为了更直观地描述电池的影响因素和工作特性，可以建立电池等效模型，根据模型写出电池外部特征量与内部状态量关系的数学表达式，通过直接测量得到的电池电压、电流、温度等数据，求出电池的SOC、内阻、电动势等内部特性。

通常，模型的建立有理论分析和试验分析两种方法：理论分析方法是在了解研究对象内在规律的基础上，推导出对象的动态方程；试验分析方法需要采集对象的输入、输出信号，根据采集到的信号建立等效模型，并对所建立的模型进行参数辨识处理。

对于锂离子电池，其内部的物理和化学变化十分复杂，以电化学理论为基础推导出电池的动态方程难以应用于实际中，在这种情况下，往往采用试验分析的方法。为了预测电池的行为，目前已经建立了很多不同的模型，但还没有任何一个模型能够完全精确地模拟电池在各种工况下的动态行为。

根据电池模型建立的机理不同，可以将其划分为简单的电化学模型、智能数学模型和等效电路模型。电化学模型比较复杂，难以应用于实际产品中，其主要用来辅助电池的设计和制造；智能数学模型主要是神经网络模型，它从理论上适合电池的建模，但其由于需要大量实际数据进行训练，技术门槛高、处理时间长，这限制了它的应用；等效电路模型由于物理意义明确，数学表达式简单，目前应用较为广泛。

4.2　常用等效模型

针对锂离子电池工作过程模拟目标，目前所使用的等效模型的构建思路主要有经验方程建模和等效电路建模。等效电路建模的过程是以实验数据为依据，用电学模型构建的方法模拟电池的工作过程，基本不考虑内部的化学反应，具有较强的适用性。等效模型常被用来模拟电池的动力学特性，然而，简单的模型无法反映电池的动态变化，可能带来不正确的识别结果。复杂的模型由于具有过多的参数需要被确定，计算量大幅度增加，并可能带来参数发散问题。电池在充放电状态时，会表现出一些电阻、电容的特性，因此，等效电路模型通常会包含电阻、电容、二极管、恒压源等基本电路元器件，下面分别对几个典型的等效模型进行介绍。

4.2.1　电化学模型

通过对内部物理机理和电化学反应的分析，构建经验方程模型。为了降低电池等效模型的计算复杂度并提高模拟精度，简化的经验模型得到应用。进而通过经验方程的探索性应用和参数辨识，实现电池状态的等效表征。Shepherd 模型直接用电压和电流描述电池的电化学特性，构建简化的经验方程模型，进而由给定闭路电压求解电池 SOC 值，其数学描述方程为

$$U_{\mathrm{L}}(k) = E_0 - RI(k) - K_{\mathrm{I}}/SOC(k) \tag{4-1}$$

式中，$U_{\mathrm{L}}(k)$ 为 k 时刻的输出电压；E_0 为 $SOC = 100\%$ 时的开路电压；R 为电池的内阻；K_{I} 为电流为 I 时的不具有物理意义的 SOC 参数比例系数；$SOC(k)$ 为 k 时刻的 SOC 值。

通过反应过程的等效分析，构建锂离子电池的 Unnewhehr 模型：

$$U_{\mathrm{L}}(k) = E_0 - RI(k) - K_{\mathrm{I}}SOC(k) \tag{4-2}$$

进而，Nernst 在上述研究的基础上构建了 Nernst 模型，以对锂离子电池工作特性有更精确的描述，数学表达方程为

$$U_{\mathrm{L}}(k) = E_0 - RI(k) - K_2\ln\big[SOC(k)\big] + K_3\ln\big[1 - SOC(k)\big] \tag{4-3}$$

式中，K_2、K_3 为电流为 I 时不具有物理意义的 SOC 参数比例系数。

通过联合以上三种模型，相关研究工作者构建了组合模型，将上述表达式中关于 $SOC(k)$ 的部分叠加组合起来，获得其数学表达方程：

$$U_{\mathrm{L}}(k) = E_0 - RI(k) - K_{\mathrm{I}}/SOC(k) - K_2SOC(k) + K_3\ln\big[SOC(k)\big] + K_4\ln\big[1 - SOC(k)\big] \tag{4-4}$$

实验结果表明，组合模型在整个充放电过程中都能提供较好的拟合效果。针对锂离子电池成组工作所处的特殊工况，通过不同组合测试发现，去掉最后项 $K_4\ln\big[1 - SOC(k)\big]$ 可得到较好拟合效果。因此，将原组合模型进行优化处理，获得观测方程见式（4-5），实现原组合模型的曲线拟合优化处理：

$$U_{\mathrm{L}}(k) = E_0 - RI(k) - K_{\mathrm{I}}/SOC(k) - K_2SOC(k) + K_3\ln\big[SOC(k)\big] \tag{4-5}$$

根据实验结果数据构建集合 $\{SOC(k), U_{\mathrm{L}}(k)\}$（$k = 0, 1, 2, \cdots, m$），求取自变量 SOC 与因变量 U_{L} 的函数关系式 $U_{\mathrm{L}} = S(SOC; E_0, R, K_1, K_2, K_3)$。其中，$E_0$，$R$，$K_1$，$K_2$，$K_3$ 为重要的相关因子参量，同样也是计算过程中需要求取的参数。求取过程不要求 $U_{\mathrm{L}} = S(SOC) = S\{SOC; E_0, R, K_1, K_2, K_3\}$ 通过点 $\{SOC(k), U_{\mathrm{L}}(k)\}$（$k = 0, 1, 2, \cdots, m$），只要求在给定点 $SOC(k)$ 上误差的二次方和最小。

4.2.2　内阻模型

通过考虑电池的工作特性，构建电池的内阻模型。该模型不仅具有结构简单的特点，而且又成为其他等效模型的基础。在应用过程中，通过把电池等效为电压源与电阻的串联形式，对电池的工作特性进行表征。由于内阻的存在，充放电过程的能量消耗转化为内阻所消耗的电量，并且以产热的方式进行能量消耗。

进而分析其充放电效率，并进行工作特性的数学表达。内阻模型是最常用的电池模型，它由一个理想电压源和一个等效电阻组成。电压源代表电池的电动势，电阻代表电池的直流内阻。该方法通过把电池抽象成为参数 U_{OC} 和 R_{o} 串联，形成工作过程的模拟等效表达，其内部等效结构如图 4-1 所示。

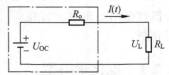

图 4-1　内阻等效结构图

在图 4-1 中，该内阻等效模型把锂离子电池组当成理想电源 U_{OC}，同时模型中的内阻参数 R_{o} 不随时间变化。其状态

空间描述通过式（4-6）进行表达。在应用此模型时，一般难以得到这些因素与电池内阻的关系式，所以通常会忽略这些因素对电池内阻的影响，认为它是一个常数。

$$R_o I(t) = U_{OC} - U_L \qquad (4-6)$$

由状态空间方程分析可知，在锂离子电池组的内阻模型等效模拟过程中，电池组开路电压（Open Circuit Voltage，OCV）与 SOC 的对应关系曲线是不重合的。模型中没有考虑到其电化学反应过程中的瞬态特性，无法精确表征其过程变化。U_{OC} 和 U_L 分别表示电池在充满电时的开路电压和负载电压，I 为此时的负载电流。在上述计算基础上，对电池等效电路模型的内阻求取方法进行改进，充分考虑电池的 SOC 和充放电倍率对内阻的影响，获得改进后的具体表达式为

$$R_o = \frac{R_0}{\left(1 - \dfrac{C}{C_{10}}\right)^k} \qquad (4-7)$$

式中，R_0 为电池在充满电时测得的电池内阻；C_{10} 为电池在参数温度下以 0.1C 倍率进行放电时所放出的电量（A·h）；C 为电池当前已放出的电量；k 为一个与放电倍率相关的系数，可以通过实验得到。

内阻模型是最基本的电池模型，它的电路简单，参数容易确定，但不能很好地模拟电池的动态特性，不适合用于复杂工况下的电池分析。

4.2.3 电池 Thevenin 模型

在内阻模型的基础上，通过在锂离子电池充放电过程中考虑内部极化效应，构建 Thevenin 模型。该模型在理想等效模型的基础上，通过考虑两个非线性参数，增强工作过程的表达效果。通过考虑极板等效电容（极化电容）C_P 和电解液与极板的非线性接触电阻（极化电阻）R_P，得到其等效模型结构，如图 4-2 所示。

在图 4-2 中，U_{OC} 为开路电压，R_o 为欧姆内阻，R_P 为极化电阻，C_P 为极化电容。R_P 和 C_P 的并联电路描述极化过程。U_L 为电池与外电路接通后的闭路电压。该模型考虑了电池的极化过程，构建的一阶模型计算比较简单。在状态空间方程求取过程中，首先根据电容元件的基本工作特性，获得流经电池极化电容 C_P 的电流与其两闭路电压之间的关系式：

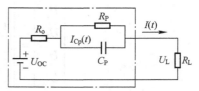

图 4-2 Thevenin 等效模型结构

$$I_{Cp}(t) = C_P \frac{dU_{Cp}(t)}{dt} \qquad (4-8)$$

在等效电路构成分析的基础上，通过应用电路学方面的知识，根据基尔霍夫电压定律（Kirchhoff Voltage Laws，KVL），可得图 4-2 等效电路中的电压关系为

$$R_o I_{Cp}(t) + R_o \frac{U_{Cp}(t)}{R_P} + U_{Cp}(t) = U_{OC} - U_L \qquad (4-9)$$

考虑以 $U_{Cp}(t)$ 为状态变量，联合式（4-8）和式（4-9）进行综合工作状态描述。设定等效电容两端的电压 $U_{Cp}(t)$ 为状态变量，进行计算过程分析，获得该等效模型的状态空间方程为

$$R_o C_P \frac{dU_{Cp}(t)}{dt} + \left(1 + \frac{R_o}{R_P}\right) U_{Cp}(t) = U_{OC} - U_L \qquad (4-10)$$

式中，U_{OC} 为开路电压；R_o 为欧姆内阻；R_P 为极化电阻；C_P 为极化电容；U_L 为与外电路接通后的闭路电压。

该等效模型中的参数都是定值，不具备参数修正和调节能力。该等效模型在内阻等效处理后，考虑了极化效应的影响，增加了具有动态特性的电容元件 C_P 的 RC 并联回路，具有较好的电池特性动态模拟特征。

4.2.4 电池 PNGV 模型

该模型的参数辨识结合混合动力脉冲能力特性测试（Hybrid Pulse Power Characterization Test，HPPC），是《PNGV Battery Test Manual》中的标准电池模型。增加电容 C_b 以描述开路电压变化，模型结构如图 4-3 所示。

在图 4-3 中，U_{OC} 为理想电压源，R_o 为欧姆内阻，R_P 为极化电阻，C_P 为极化电容。使用 R_P 和 C_P 的并联电路反映电池极化过程的产生，进而消除由生产过程的差异和工作环境造成的影响。单体之间存在诸如电压、容量和温度等差异，并且会随着电池的老化而变得严重。该模型没有考虑电池自放电效应和温度对电池的影响。通过对图中等效电路模型进行分析，可得到各参数的状态空间方程为

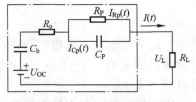

图 4-3　PNGV 等效模型结构

$$U_L = U_{OC} - C_b\left(\int i(t)\,dt\right) - R_o I_L - R_p I_p \tag{4-11}$$

在用于参数辨识的 HPPC 实验中，选择 a、b、c、d 四个不同的样本时间，用于状态空间方程的数学描述。在进行矩阵方式描述后，即可得到不同样本时间的关系：

$$\begin{bmatrix} U_{La} \\ U_{Lb} \\ U_{Lc} \\ U_{Ld} \end{bmatrix} = \begin{bmatrix} 1 & \int_0^a I_a(t)\,dt & I_a(t) & I_a(t) \\ 1 & \int_0^b I_b(t)\,dt & I_b(t) & I_b(t) \\ 1 & \int_0^c I_c(t)\,dt & I_c(t) & I_c(t) \\ 1 & \int_0^d I_d(t)\,dt & I_d(t) & I_d(t) \end{bmatrix} \begin{bmatrix} U_{OC} \\ -C_b \\ -R_o \\ -R_P \end{bmatrix} \tag{4-12}$$

式中，U_{OC} 为开路电压；R_o 为欧姆内阻；R_P 为极化电阻；C_P 为极化电容；I_L 为负载电流；I_P 为通过极化内阻的电流；U_L 为外接负载闭路电压；下标 a、b、c 和 d 分别表示四个不同样本时间，用于表征不同时刻参量的状态值。

4.2.5 电池 RC 等效模型

在内阻模型的基础上，考虑电池内阻在充放电时的不同，模型中有两个内阻，分别表示充电和放电过程中的电池内阻。如图 4-4 所示，R_c 和 R_d 已经模拟了所有形式的能量损失，包括电能量损失和非电能量损失。两个二极管用于表示在充电阶段或放电阶段，只有一个内阻（R_c 或 R_d）有作用，它们在模型中没有实际的意义，只是为了建模才引入的。虽然这个模型要优于内阻模型，但模型中没有考虑电池在瞬态电流下的电容效应，因此，电阻型 Thevenin 模型无法模拟电池的动态特性，不适用于电池电流变化较大的场合。

RC（Resistor-Capacitor，电阻-电容）模型在其状态描述中得到广泛应用。锂离子电池的RC等效模型通过增加串联有反向二极管的并联电阻模块，表征充放电过程中内阻值的差异。进而有效表征其不同工作过程中的工作特性变化。

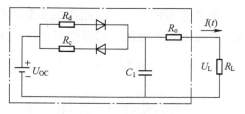

图 4-4　RC 等效模型结构

在图4-4分析基础上，设定 C_1 上的电压降为 U_{C1}，U_{OC} 为开路电压，当电池开路时，$U_{OC} = U_{C1} = U_L$。为了简化描述过程，使用 $R_{cd}(t)$ 表征充放电时的内阻 R_c 和 R_d。当处于放电过程时，$R_{cd}(t) = R_d$；当处于充电过程时，$R_{cd}(t) = R_c$。基于基尔霍夫定律电路分析，构建状态空间方程：

$$\begin{cases} 充电: \hat{U}_{C_1} = \dfrac{dU_{C_1}}{dt} = -U_{C_1}\dfrac{1}{R_{cd}(t)C_1} + U\dfrac{1}{R_{cd}(t)C_1} + \dfrac{U_L - U_{C_1}}{R_o C_1} \\[4mm] 放电: \hat{U}_{C_1} = \dfrac{dU_{C_1}}{dt} = -U_{C_1}\dfrac{1}{R_{cd}(t)C_1} + U\dfrac{1}{R_{cd}(t)C_1} + \dfrac{U_{C_1} - U_L}{R_o C_1} \end{cases} \tag{4-13}$$

由以上分析可知，电池RC模型与Thevenin等效模型相比，增加了对电池表面效应的表征。它能够更好地模拟电池动态特性，但是忽略了电池温度效应和极化效应所带来的影响。

4.2.6　二阶等效模型

为了能够更为精确地反映电池的变化规律，尝试通过二阶电路等效，进而实现工作过程的精确描述。该方法在理想等效模型基础上，增加了两个RC并联回路。通过以上改进思路的探索，获得等效模型结构如图4-5所示。

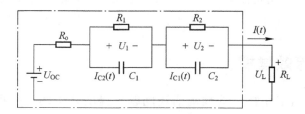

图 4-5　二阶等效模型结构

在图4-5中，U_{OC} 为开路电压，R_o 为欧姆内阻，R_1 为电池的极化电阻，C_1 为极化电容，R_2 为电池的表面效应电阻，C_2 为表面效应电容，$I(t)$ 为电路电流，U_L 为外接负载时的闭路电压。通过分析上述等效模型的电路结构，应用电路分析知识获得其状态方程和观测方程。根据基尔霍夫（Kirchhoff）电流定律，获得二阶微分网络的电路动态模型：

$$\begin{cases} \left[\dfrac{dU_1}{dt} = -\dfrac{U_1}{R_1 C_1} + \dfrac{I_L}{C_1} \right] \Leftarrow \left\langle I_L = C_1 \dfrac{dU_1}{dt} + \dfrac{U_1}{R_1} \right\rangle \\[4mm] \left[\dfrac{dU_2}{dt} = -\dfrac{U_2}{R_2 C_2} + \dfrac{I_L}{C_2} \right] \Leftarrow \left\langle I_L = C_2 \dfrac{dU_2}{dt} + \dfrac{U_2}{R_2} \right\rangle \end{cases} \tag{4-14}$$

把参数 SOC、U_1、U_2 组成的参数矩阵 $\begin{bmatrix} SOC & U_1 & U_2 \end{bmatrix}^T$ 作为状态变量，通过以上表达式可获得锂离子电池的状态空间方程，计算过程为

$$\begin{bmatrix} SOC(k+1) \\ U_1(k+1) \\ U_2(k+1) \end{bmatrix} = \begin{bmatrix} 1 & 0 & 0 \\ 0 & e^{-\frac{\Delta t}{R_1 C_1}} & 0 \\ 0 & 0 & e^{-\frac{\Delta t}{R_2 C_2}} \end{bmatrix} \begin{bmatrix} SOC(k) \\ U_1 \\ U_2 \end{bmatrix} + \begin{bmatrix} R_1\left(1-e^{-\frac{\Delta t}{R_1 C_1}}\right) \\ R_2\left(1-e^{-\frac{\Delta t}{R_2 C_2}}\right) \end{bmatrix} \begin{bmatrix} I_L \end{bmatrix} \quad (4-15)$$

针对图 4-5 所示等效模型，把锂离子电池组闭路电压 U_L 作为该非线性 SOC 估算模型的输出。进而，输出电流 I_L 作为该非线性系统的输入，获得参数 U_L 的观测方程 $H(*)$ 为

$$U_L = H(f(SOC), U_1, U_2) = f(SOC) - U_1 - U_2 - I_L R_o \quad (4-16)$$

为了估算参数 SOC、U_1 和 U_2 的值，等效电路模型的参数 R_o、R_1、R_2、C_1 和 C_2 需要已知。这些参数将通过 HPPC 实验数据分析获得。在参数识别过程中，通过设计并应用频域传递函数，实现模型参数的识别。通过上述方程的讨论与分析，闭路电压频域表征描述为

$$U_L(s) = U_{OC}(s) - I_L(s) R_o - \frac{R_1 I_L(s)}{1 + R_1 C_1 s} - \frac{R_2 I_L(s)}{1 + R_2 C_2 s} \quad (4-17)$$

通过把电压参数 $(U_L - U_{OC})$ 作为动态系统的输出，把电流参数 I_L 作为动态系统的输入。将式（4-17）进行变换，获得动态系统的传递函数 $G(s)$ 为

$$G(s) = \frac{U_L(s) - U_{OC}(s)}{I_L(s)} = -\frac{R_o s^2 + \left(\dfrac{R_o}{R_1 C_1} + \dfrac{R_o}{R_2 C_2} + \dfrac{1}{C_1} + \dfrac{1}{C_2}\right) s + \dfrac{R_o + R_1 + R_2}{R_1 C_1 R_2 C_2}}{s^2 + \left(\dfrac{R_o}{R_1 C_1} + \dfrac{R_o}{R_2 C_2}\right) s + \dfrac{1}{R_1 C_1 R_2 C_2}} \quad (4-18)$$

通过二阶等效模型分析可以看出，该等效模型能够更为精确地反映电池的变化规律，但计算量会有所增加。

4.3 电池成组等效建模

针对锂离子电池组工作特性的准确描述问题，提出并构建了一种复合等效电路模型（Splice-Equivalent Circuit Model，S-ECM），通过对充放电过程中不同内部效应的等效模拟，实现了锂离子电池组工作特性的准确数学表达。在此基础上，开展了锂离子电池组等效建模方法研究，创新性地构建了复合等效模型，并结合模型参数辨识实现了对锂离子电池组工作特性的状态空间数学描述。

4.3.1 复合等效模型构建

针对锂离子电池组工作状态准确描述的目标，综合考虑表征准确度和计算复杂度，结合不同等效模型的优点，使用电路等效方式提出并构建了锂离子电池组复合等效模型 S-ECM。S-ECM 模型通过对成组级联的锂离子电池组内部不同效应的模拟，实现锂离子电池组工况和工作过程的准确数学表达。该模型在一阶 RC 等效基础上增加了并联电阻，以表征自放电效应。该模型在 PNGV 等效基础上引入串有反向二极管的电阻并联回路，以表征充放电时

内阻的差异。在 Thevenin 等效基础上，该模型在电动势两端增添串联电源和电阻，以表征平衡状态的影响，全面准确地描述了锂离子电池组的工作过程。在充分考虑锂离子电池组成组工作特性的基础上，实现其等效模型的框架构建。利用工作特性实验分析和状态参数辨识，对模型进行有效状态空间数学描述。

所提出的 S-ECM 模型中，各部分等效机制如下：

1）该模型中的电动势来源于理想电压源 U_{OC}，两端增加并联大电阻 R_s，以表征自放电效应，进而通过串联内阻 R_o 表征欧姆效应。

2）利用一阶 RC 并联电路表征极化效应，改进并增加串有反向二极管的电阻 R_d 和 R_c 并联电路，以表征充放电时的内阻差异，进一步提高其工作状态描述的准确性。

3）考虑成组等效过程中的单体间一致性差异问题，进行平衡状态对工作状态描述影响的等效描述：

① 该现象将导致输出电压 $U_L(t)$ 的构成发生变化，使其工作电压的范围缩小。因此，使用与开路电压源 U_{OC} 反向串联的时变电压源 U_δ 进行表征。

② 该现象将导致欧姆内阻 R_o 的额外累积变大，使得发热现象逐渐加剧。因此，使用时变电阻参数 R_δ 描述该影响效果。

现有的 SOC 估算方法尚未充分考虑以上各因素影响，如果这些参数的综合影响效果能够在 SOC 估算过程中得到考虑，将对锂离子电池组现有问题的解决提供有效的解决方案。因此，提出了该等效模型 S-ECM，并探索性构建了其状态空间方程。

针对动力应用工况特点，结合前期工作特性的实验分析，在原有电池等效模型基础上进行改进，以提高其工作特性表达效果，构建 S-ECM 等效模型，如图 4-6 所示。

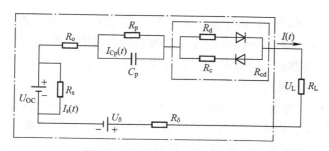

图 4-6　等效模型 S-ECM 结构

图 4-6 中，各参数意义如下所述：U_{OC} 为开路电压，表征锂离子电池组的 OCV 变化情况；R_s 为大电阻，表征锂离子电池组的自放电效应；R_o 为欧姆内阻，表征锂离子电池组在充放电过程中由欧姆效应引起的正负极两端电压降；使用一阶 RC 并联电路，来模拟表征工作过程中的松弛效应，进而实现对电池组瞬态响应的表达；R_p 为锂离子电池组的极化电阻，C_p 为锂离子电池组的极化电容，R_p 和 C_p 的并联电路表征锂离子电池组极化效应的产生和消除过程；R_d 为放电时的放电内阻，表征在放电时锂离子电池组所表现出的内阻差异；R_c 为充电时的充电内阻，表征在充电时锂离子电池组所表现出的内阻差异；U_δ 和 R_δ 用来表征内部互连单体间平衡状态的影响；$U_L(t)$ 为锂离子电池组与外电路接通后，在进行充放电工作时正负极两端的闭路电压；$I(t)$ 为流入或流出负载的电流值。

在模型参数辨识以后，根据系统动态建模分析，构建其动态仿真模型。并进行实验验证，分析所构建的 S-ECM 模型输出电压的跟踪效果。为了避免突发的电压降和电流脉冲，对总电压、单体电压、充放电电流和温度等参数进行实时检测，并有效应用于 SOC 的估算过程中。结合参数计算和所用参数向量的初始化表征，搭建模型参数辨识实验测试模块，如图 4-7 所示。

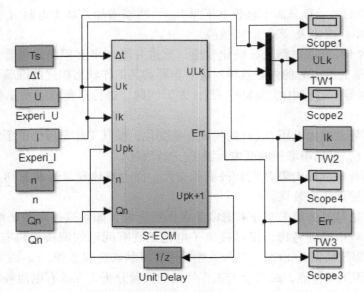

图 4-7　等效模型参数辨识实验测试模块结构

在图 4-7 中，模型 S-ECM 中的输入参数 Δt 为参数检测周期，进而通过实验过程中的开路电压、电流和 SOC 参数进行模型运算，获得其输出参数闭路电压 ULk 及其跟踪误差值 Err。针对模型参数的离散时间计算过程，设计模型计算子模块结构如图 4-8 所示。

图 4-8 中，各步骤计算过程如下：

1）在测试过程中，通过放电实验法获取放电过程的电压 Experi_U、电流 Experi_I 参数，并结合采样间隔参数 Δt，用于后续的基于模型计算的闭路电压输出跟踪效果分析。

2）根据所检测到的离散电流 $I(k)$，结合采样间隔时间 Δt，基于电流对时间的安时积分迭代计算过程，构建函数计算放电过程中的 SOC 变化参数值。

3）利用开路电压辨识结果函数关系式及其参数值计算其开路电压 U_{oc} 值，并结合欧姆内阻、极化内阻和极化电容等参数的获取和计算过程，构建模型参数计算子模块 Para。

4）通过极化电阻和极化电容值，根据 RC 并联回路时间常数的参数乘积计算方法，获得时间常数 τ 值，并根据表达式构建极化 RC 并联回路两闭路电压的计算函数。

5）根据表达式构建输出电压跟踪计算函数，将模块 Para 输出参数结合极化电压参数 Upk 用于 ULk 计算过程，进而与检测到的闭路电压值进行比较分析。

该参数辨识方法考虑了老化情况，通过联合求解的方式确定当前状态，并预测所能满足的能量供应动力需求。在 S-ECM 模型参数辨识过程中，预先开展了测试实验，用于建立锂离子电池组 SOC 与电压、电流和温度等参数之间的关系。锂离子电池组的 OCV 值使用 SOC 参数值的反馈运算计算获得，并将其输出作为辨识结果，使得模型参数辨识过程得到实现。

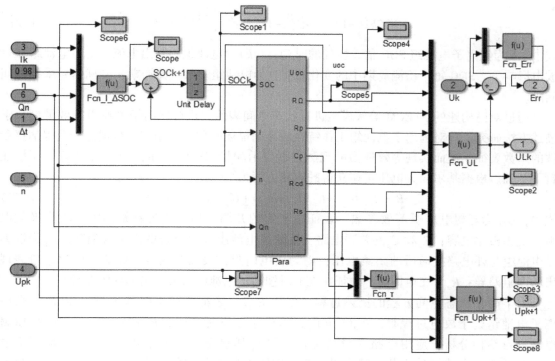

图 4-8　模型计算子模块结构

通过建模分析，对所提出的复合等效电路模型 S-ECM 进行效果验证和完善，使之成为锂离子电池组 SOC 估算过程实现的基础。

4.3.2　状态空间数学描述

锂离子电池组在充放电状态时，规定放电电流方向为正方向。根据 S-ECM 模型，描述 SOC 迭代计算中的函数关系，用于 SOC 估算过程的状态方程数学表达。考虑自放电内阻 R_s 的影响，构建连续时间状态空间方程中的状态方程，即

$$SOC(t) = SOC(0) - \int_0^t \frac{\eta_I \eta_T I(\tau)}{Q_n} d\tau - \int_0^t \frac{I_s(\tau)}{Q_n} d\tau \tag{4-19}$$

式中，$SOC(t)$ 为 t 时刻的 SOC 值；$SOC(0)$ 为初始时刻的 SOC 值；η_I 为不同电流 I 下的库仑效率；η_T 为不同温度 T 对库仑效率 η 的影响；Q_n 为电池组的额定容量。

使用电阻 R_s 表征锂离子电池组的自放电效应，则自放电电流 $I_s(t)$ 为

$$I_s(t) = U_{OC}(t)/R_s \tag{4-20}$$

通过使用所获得的充放电过程中的状态空间模型，结合模型参数的辨识过程，确立估算过程的基础方程构架，用于后续的 SOC 估算研究。在确定状态空间方程的基础上，进行模型参数辨识系统的设计。结合估算过程中的需求，建立锂离子电池组等效模型及其状态空间方程。针对实验获得的锂离子电池组闭路电压、各单体电压、电流和温度等参数，构建系统状态方程并完成模型参数辨识。由于实际计算过程中的数据采集和处理是离散时间形式，所以对状态方程进行离散化处理，即

$$SOC(k|k-1) = SOC(k-1) - \frac{\eta_1 \eta_T I(k) T_s}{Q_n} - K_s T_s \qquad (4-21)$$

式中，k 为锂离子电池组 SOC 估算所处的时刻；$I(k)$ 为电池组的输出电流；K_s 为电池组在自放电影响下，SOC 每个检测周期中的变化量；T_s 为电池组参数检测周期，又称信号采样时间间隔。

通过对已构建的 S-ECM 等效模型进行状态空间表示，进行锂离子电池组等效模型数学描述方法研究。针对锂离子电池组工作特性的准确描述问题，应用实验数据分析获得估算参数的系数表征。进而实现等效模型的观测方程表示和状态空间描述，为 SOC 估算模型构建打下基础。根据基尔霍夫电压定律获得的观测方程为

$$(R_o + R_\delta) I(t) + U_p + I(t) R_{cd} = (U_{OC} - U_\delta) - U_L(t) \qquad (4-22)$$

式中，U_{OC} 为理想电压源等效参数，表征电池组的开路电压；R_o 为欧姆内阻；R_p 为极化电阻；C_p 为极化电容；R_p 和 C_p 的并联电路，反映了电池组极化过程的产生和消除。U_L 为锂离子电池组与外电路接通后的闭路电压；R_d 为放电内阻，表征在放电时锂离子电池组所表现出的内阻差异；R_c 为充电内阻，表征在充电时锂离子电池组所表现出的内阻差异。

为了简化状态空间方程的描述过程，使用 $R_{cd}(t)$ 表征充放电时的内阻 R_c 和 R_d。当锂离子电池组处于放电过程时，$R_{cd}(t) = R_d$；当处于充电过程时，$R_{cd}(t) = R_c$。针对 S-ECM 电路进行结构分析，应用电路学分析方法，进行其状态空间的准确描述。U_{OC} 是开路电压，当锂离子电池组处于开路状态时，它和闭路电压参数间的关系为 $U_{OC} = U_L$。针对观测方程的获取目标，结合等效电路模型的分析，对观测方程进行分析变换。观测方程的变换表达式为

$$U_L(t) = (U_{OC} - U_\delta) - (R_o + R_\delta) I(t) - U_p - I(t) R_{cd} \qquad (4-23)$$

在锂离子电池组的 S-ECM 等效模型中，设定 τ 为等效电路模型中 RC 并联回路的时间常数，其计算表达式为 $\tau = R_p C_p$，R_p 为其极化电阻。RC 并联回路上电压的迭代计算表达式为

$$U_p(k) = I(k) R_p \left[1 - e^{-T_s / (R_p C_p)} \right] \qquad (4-24)$$

式中，$U_p(k)$ 为 k 时刻极化电阻两端的电压值；$I(k)$ 为 k 时刻的电流值；T_s 为采样时间间隔常数；R_p 为极化电阻；C_p 为极化电容。

将式（4-24）代入式（4-23）并进行离散化处理，可获得最终的观测方程表达式为

$$U_L(k) = (U_{OC} - U_\delta) - (R_o + R_\delta) I(k) - I(k) R_p \left[1 - e^{-T_s / (R_p C_p)} \right] - I(k) R_{cd} \qquad (4-25)$$

该数学描述实现过程无须引入复杂的数学模型，为辨识结果的快速误差分析提供了较大的可行性。观测方程描述了锂离子电池组输出电压信号的状态，从以 OCV 为基础的辨识过程可知，辨识结果与锂离子电池组的输出电压值密切相关。为了达到参数准确辨识的目标，使用锂离子电池组的输出电压作为输出参数。结合工作电流和温度的影响，分析辨识锂离子电池组的 S-ECM 模型参数。结合状态方程和观测方程，构建 SOC 估算所需的状态空间方程，即

$$\begin{cases} SOC(k|k-1) = SOC(k-1) - \dfrac{\eta_1 \eta_T I(k) T_s}{Q_n} - K_s T_s \\ U_L(k) = (U_{OC} - U_\delta) - (R_o + R_\delta) I(k) - I(k) R_p \left[1 - e^{-T_s / (R_p C_p)} \right] - I(k) R_{cd} \end{cases} \qquad (4-26)$$

式中，k 为锂离子电池组 SOC 估算所处的时刻；$U_L(k)$ 为电池组在 k 时刻的闭路电压值；R_o 为电池组的欧姆内阻；$I(k)$ 为电池组的输出电流；K_s 为电池组在自放电影响下，SOC 在每个检测周期中的变化量；T_s 为电池组参数检测周期，又称信号采样时间间隔；$U_p(k)$ 为 k 时刻极化电阻两端的电压值；$I(k)$ 为 k 时刻的电流值；R_p 为极化电阻；C_p 为极化电容；U_{oc} 为理想电压源等效参数，表征电池组的开路电压；R_o 为电池组欧姆内阻；R_p 和 C_p 的并联电路表征电池组极化过程的产生和消除；U_L 为锂离子电池组与外电路接通后的闭路电压。

基于对上述参数辨识原理与过程的分析，构建参数辨识模型。其中，协方差和噪声一般作为预先已知条件，并且在从属子模块中附加考虑。在确立状态方程结构以后，需要对方程中的各项系数进行实验确定，参数辨识方程和辨识过程在单独的模块中实现。

针对电池组 SOC 估算目标，构建模型并用于该模型的参数辨识。进而通过电压和电流等参数，计算模型参数值，实现电池组的应用特征描述和状态估算过程，并通过实验研究获得电池组工作特征信息，结合工况模拟展开对锂离子电池组的工作特性分析与参数辨识研究。通过模型参数识别过程，获得模型参数的各项系数及其变化规律，进而用于 SOC 估算中基本参数的初始化设置。

4.4 模型参数辨识

根据所构建的 S-ECM 等效电路模型及其状态空间方程，模型需要辨识的参数包含以下内容：表征开路电压的理想电压源 U_{oc}、自放电电阻 R_s、欧姆内阻 R_o、极化电阻 R_p、极化电容 C_p、放电内阻 R_d 和充电内阻 R_c。通过对锂离子电池组进行 HPPC 等实验测试，获得模型参数值及其变化规律，以表征其动态工作特性。同时需要考虑各项参数值的大小随 SOC 值、充放电电流倍率和温度等工作条件的变化而发生改变，进而获得动态描述模型的数学表达形式。

4.4.1 参数辨识的实验设计

针对锂离子电池组 S-ECM 模型参数的获取目标，开展多种充放电脉冲组合实验，同时针对不同 SOC 状态下的锂离子电池组，实时检测相对应的输出电压响应，进而通过实验分析和计算过程原理分析，获得等效模型中的各项模型系数及其随工作状态的变化规律。通过等效模型状态空间方程的具体实现，分析模型各项系数的变化及其总体工作状态的描述效果。在模型参数辨识过程中，结合模型的结果分析获得锂离子电池组 S-ECM 模型中各个参数的辨识内容和实验需求，见表 4-1。

表 4-1 等效模型参数辨识实验需求

序 号	参 数 名 称	符 号	实 验 需 求
[01]	开路电压	U_{oc}	充满电后间歇放电与搁置测量
[02]	自放电电阻	R_s	当前开路电压与搁置 30 天后开路电压测量
[03]	欧姆内阻	R_o	间歇放电过程中的 HPPC 测试

序　号	参数名称	符　号	实验需求
[04]	极化电阻	R_p	实验过程需求同欧姆内阻
[05]	极化电容	C_p	实验过程需求同欧姆内阻
[06]	放电内阻	R_d	脉冲放电过程结合欧姆内阻值求取
[07]	充电内阻	R_c	脉冲充电过程结合欧姆内阻值求取
[08]	平衡状态影响电压	U_8	结合平衡状态评价结果求取函数关系
[09]	平衡状态影响电阻	R_8	结合平衡状态评价结果求取函数关系

　　针对 S-ECM 模型状态空间方程中各参数辨识的实验需求，使用动力电池测试系统（公司：MACCOR；通道数：9；电压精度：0.020%；电流精度：0.020%；温度精度：1℃），开展间歇放电过程的 HPPC 测试，以获取各个模型参数及其变化规律。为了获得所需要的锂离子电池组闭路电压输出响应的变化规律，对锂离子电池组，首先通过 CC-CV 充电维护过程充满电，使其 SOC 值达到 100%，然后静置 0.5 h 使其内部电化学反应趋于稳定，进而展开实验测试。在测试过程中，通过 $1C_5A$ 间歇循环放电过程进行放电，并结合搁置环节进行 HPPC 实验分析。在 HPPC 测试过程中，恒流放电 3 min 后暂停放电，转为搁置状态，再经历 40 min 的充分静置后开展 HPPC 测试，记录测试过程中的电压和电流变化情况。在完成该次测试后，继续按照上述过程进行恒流放电和实验测试，直至放电至 SOC 值为零，循环间歇放电过程如图 4-9 所示。

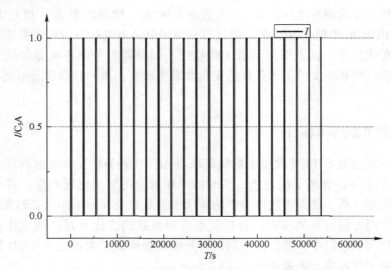

图 4-9　用于 S-ECM 参数辨识的循环间歇放电过程

　　在图 4-9 中，进行 40 min 的间隔放电，并在搁置的 40 min 末端展开一次 HPPC 测试。间歇放电过程中嵌入的 HPPC 测试，在图中所示的搁置末端进行，在搁置时间结束后，进行持续 5s 时间的电流充放电测试。针对所构建 S-ECM 模型及其状态空间方程的参数辨识问题，在室温条件下，基于 HPPC 测试，进行 $1C_5A$ 恒流脉冲充放电实验。通过脉冲充放电过程，结合电池组的工作原理分析，获得各项模型参数或者与其他参数间的相关关系。在实验分析的基础上，考虑不同 SOC 值对充放电差异的影响，获得锂离子电池组的动态工作特性，并用于等效模型中各项参数的辨识，设计 HPPC 测试过程如图 4-10 所示。

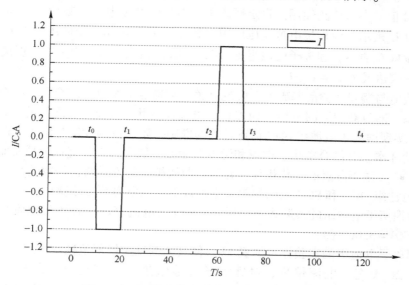

图 4-10　用于模型参数识别的 HPPC 测试过程

由图 4-10 可知，单次 HPPC 测试过程的实验步骤如下：

第一步，进行 $1C_5$ A 倍率恒流脉冲放电，时间为 10 s，如图中 $t_0 \sim t_1$ 时间段所示。

第二步，搁置 40 s，如图中 $t_1 \sim t_2$ 时间段所示。

第三步，进行 1C 倍率恒流脉冲充电，进行 10 s，如图中 $t_2 \sim t_3$ 时间段所示。

第四步，搁置 40 s，如图中 $t_3 \sim t_4$ 所示时间段。在整个参数辨识实验过程中，对同时间间隔的不同时刻 SOC 值分别展开 HPPC 测试。

1）对锂离子电池组采用串联充电转均衡充电的方式充电至满电量。分阶段过程中，分别使用恒流快充，进而转恒压补充模式，使其 SOC 值为 100%。静置 40 min 后对其进行 HPPC 测试并记录过程数据。

2）对电池组进行恒流放电，并放出 5%电量，使其 SOC 值降为 95%，进行该 SOC 值情况下的 HPPC 测试。

3）依次类推，实现对其 100%、95%、90%、…、10%、5% 和 0%时的 HPPC 测试，进而获得不同 SOC 情况下的模型参数，用于后续的参数辨识过程。

假定在这个短时持续时间过程中，参数 U_{oc} 保持稳定不变，电池组相对应的闭路电压响应与每个电流脉冲一起得到记录。该循环电流脉冲在每下降 5%SOC 时得到重复实验，直至锂离子电池组完全放电。在这些不同 SOC 情况下，通过嵌入式电流脉冲获得其闭路电压响应，进而用于其参数识别。函数方程的各项系数，通过电池组闭路电压响应结合其各项嵌入式电流脉冲获得，进而通过对这些系数进行处理得到 S-ECM 模型参数函数关系。

4.4.2　开路电压的参数辨识

进行开路电压与 SOC 特性的实验分析，通过锂离子电池组特性实验分析与表达，实现对等效模型 S-ECM 参数的有效辨识。进而，通过不同情况下的实验数据分析，对辨识结果进行验证。在锂离子电池组 BMS 的实时能量管理应用过程中，参数 SOC 和参数 OCV 之间的关系作为 SOC 值的参数修正使用。设定锂离子电池组的开路电压参数使用变量 U_0 表示，电动势使用参数 U_s 表示，电极过电位电压使用参数 U_g 表示，工作电压使用参数 U_L 表示，内阻电压降使用参数 U_r 表示，锂离子电池组的 OCV 求取表达式为 $U_0 = U_s - U_g$，锂离子电池组工作电压的求取表达式为 $U_L = U_0 - U_r$。

在间歇放电与搁置实验的基础上，实现其关系离散点的获取，结合曲线拟合获得二者之间的函数关系。通过获得开路电压（OCV）与电池荷电状态（SOC）之间的关系（即 OCV-SOC 曲线），实现锂离子电池组 SOC 估算过程的准确初始参数的设定与修正。通过选用锂离子电池组实验样本，并结合电压、电流和温度等参数，展开其工作特性模拟实验。通过实验获得 OCV-SOC 关系离散点的变化规律，并通过曲线拟合的方式获得函数关系。

锂离子电池组 OCV 和 SOC 之间的关系通过以下充放电实验方法获得：

1）选取锂离子电池组的实验样本，以 $1C_5A$ 放电电流倍率进行预放电维护，直至放电截止电压（$EOV = 3.000\,V$）。

2）对锂离子电池组的实验样本静置 1h，使其内部反应恢复至稳定状态。

3）以 $0.2C_5A$ 充电电流倍率，对锂离子电池组进行恒流充电，直至充电截止电压（$EOV = 4.150\,V$），然后进行恒压补充电，至电流降为充电截止电流（$EOC = 2.500\,A$）。

4）对锂离子电池组实验样本静置 1h，使其内部反应恢复至稳定状态。

5）以 $4.500\,A$ 放电电流（又称 $0.1C_5A$ 放电电流倍率），对锂离子电池组实验样本恒流放电 0.5h。

6）实验样本静置 1h 恢复稳定状态，然后记录其 OCV 值。

7）实验跳转至步骤 5），循环操作 20 次。

8）以 $0.2C_5A$ 充电电流倍率，对锂离子电池组进行恒流充电，直至充电截止电压（$EOV = 4.150\,V$），然后进行恒压补充电，至电流降为充电截止电流（$EOC = 2.500\,A$），使得电池电量充满。

通过选用典型锂离子电池组实验样本，对所构建的 S-ECM 模型进行参数辨识，并获得各项评价效果值。其中，开路电压参数 U_{OC} 在锂离子电池组等效模型中非常重要，要准确测量其值的大小。通常需要将工作状态的电池取下来搁置较长时间，用于去除极化现象及其所引入的滞后效应，这样需要耗费很长时间。在 HPPC 测试基础上，通过充放电过程影响互补的方式快速获得 OCV-SOC 函数关系，具体求取过程如下所述。

放电结束后的 40s 搁置时间内，在滞后效应影响下，电压会缓慢升高，选取搁置结束时刻 t_2 的电压值。充电结束后的 40s 搁置时间内，在滞后效应影响下，电压会缓慢降低，选取搁置结束时刻 t_4 的电压值。由于充放电时间很短且相等，可认为 SOC 值无变化，在滞后效应互相抵消的作用下，该状态值下的开路电压值可通过 t_2 和 t_4 两个时刻的电压平均值求得，即

$$U_{OC} = (U_2 + U_4)/2 \tag{4-27}$$

式中，U_2 和 U_4 分别为 t_2 和 t_4 两个时刻的电压值。

通过该阶段性 SOC 降低过程，获得开路电压和 SOC 值之间的关系，进而使用实验获得的原始数据，进行 OCV-SOC 曲线拟合，获得用于动态模拟的方程式。通过间歇式放电与搁置的方式，实现锂离子电池组 OCV-SOC 关系离散点的获取，并基于曲线拟合方法实现整体变化规律的获取。

通过 OCV 和 SOC 之间的关系，结合其 HPPC 测试和状态空间方程，获得锂离子电池组 S-ECM 模型参数。锂离子电池组的原始和实验 SOC 值分别通过使用百分数（%）数学描述进行估算，对合理时间间隔的结果进行表征。不同次数的拟合效果对比分析如图 4-11 所示。

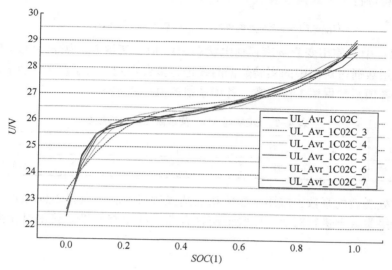

图 4-11　不同次数的拟合效果对比分析

在对比分析不同次数多项式的 OCV-SOC 函数关系拟合效果的基础上，结合以最小二乘法为基础的六次多项式拟合，获得良好的 OCV-SOC 函数关系动态拟合效果，所获得的 OCV-SOC 变化函数关系如图 4-12 所示。

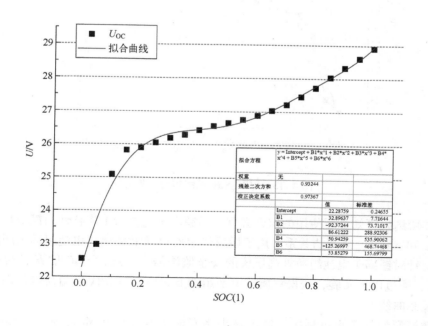

图 4-12　OCV-SOC 变化函数关系

图 4-12 中，横轴代表锂离子电池组所处的 SOC 值，纵轴代表所获得的开路电压 OCV 值。通过实验数据分析，获得关于 OCV-SOC 实验数据的最小二乘拟合曲线，并用于模型参数辨识。为了获得其数学方程形式以描述图中 OCV 和 SOC 之间的关系，使用曲线拟合的方式对其状态方程进行多项式拟合表达，对比分析拟合效果，选取所用的拟合方程为

$$U_{OC} = f(\varphi) = a_0 + a_1\varphi + a_2\varphi^2 + a_3\varphi^3 + a_4\varphi^4 + a_5\varphi^5 + a_6\varphi^6 \tag{4-28}$$

式（4-28）中，使用变量 φ 表征荷电状态 SOC 值，变量 U_{OC} 为开路电压 OCV 值。状态空间方程中的系数通过对图中的实验数据曲线进行拟合得到，为了便于计算和在微处理器上的程序实现，各项系数保留 1 位小数，各项系数的值见表 4-2。

表 4-2　OCV 与 SOC 关系曲线拟合系数表

系 数 名 称	a_0	a_1	a_2	a_3	a_4	a_5	a_6
系 数 值	22.3	32.9	−92.4	86.6	50.9	−125.3	53.9

针对简化处理后的系数，应用函数关系表达式进行计算，获得不同 SOC 下对应的 OCV 值，并与原始采集数据进行对比，以验证所拟合曲线的跟踪效果，获得对比曲线如图 4-13 所示。

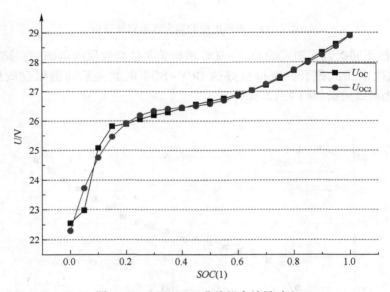

图 4-13　OCV-SOC 曲线拟合效果对比

根据实验结果可知，所使用的拟合方程，对锂离子电池组工作特性的模拟具有良好的效果。参数 φ 和参数 U_{OC} 之间的关系，用于后续的 SOC 估算和锂离子电池组输出闭路电压的跟踪过程中。针对锂离子电池组所处高压段的安全监测需求，进行 SOC 估算（对应于该特征段的描述），通过以上实验，获得锂离子电池组的开路电压（OCV）与荷电状态（SOC）之间的对应关系曲线。

在等效模型参数辨识过程中，使用最小均方根误差（Root Mean Square Error，RMSE）作为判断依据，通过这种方式达到最优估算目标。在锂离子电池组等效模型构建和 SOC 估

算过程中，RMSE 对微小误差非常敏感，可很好地反映测量精确度，计算过程为

$$RMSE = \sqrt{\frac{1}{n}\sum_{k=1}^{n}\left[\zeta(k)-\hat{\zeta}(k)\right]^2} \qquad (4-29)$$

通过最小均方误差的条件约束，使得所构建的 S-ECM 模型能够准确地反映其工作特性。根据放电过程曲线和等效模型的分析，采用偏最小二乘思想，实现等效模型参数辨识及其拟合效果描述：和方差参数（Sum Squared Error，SSE）的值是 0.050，表示放电电压数据序列的误差二次方和；参数 R-square（Regression-square）的拟合值为 0.998，表示确定系数；均方根误差（RMSE）的值为 0.062。由上述拟合曲线描述和拟合误差分析可知，基于最小二乘的多项式拟合能够实现对 OCV-SOC 估算的准确描述。

4.4.3　欧姆内阻的数学描述

锂离子电池组内阻的大小决定了其剩余可用容量，在使用过程中，该值随工作状态的变化而变化。通常的 SOC 估算方法研究中，往往忽略了电池内阻的影响，进而导致了 SOC 估算的误差增大。在锂离子电池组实验过程中，通过使用电池内阻测试仪 AT520B，实现了对锂离子电池组不同 SOC 状态下内阻的测定，该内阻测试设备的测量范围为 0.01 mΩ ~ 300.00 Ω，准确度为 0.50%。通过设计实验流程，实现锂离子电池组的内阻测试，具体测试流程如下：

1）通过恒流充电转恒压充电的方式把电池电量充满。

2）使用 $1C_5A$ 放电电流对锂离子电池组实验样本放电 6 min，再搁置 1 h 后测量内阻。

3）多次循环步骤 2），直至 SOC 值由 100% 变为 0%。通过测量不同 SOC 值下的内阻变化，获得锂离子电池组的内阻测试实验结果。

通过实验结果分析可知，内阻在放电过程中变化不明显，但是随着放电过程的持续，在放电后期会有微小变化。对内阻与 SOC 所处状态进行分析，由实验结果可知，锂离子电池组内阻基本稳定，不同状态下的内阻具有微小波动。使用曲线拟合的方式对其状态方程进行多项式拟合表达，通过对比分析不同次数多项式的拟合效果，选取 5 次多项式进行拟合，所用的拟合方程为

$$R_o = f(\varphi) = b_0 + b_1\varphi + b_2\varphi^2 + b_3\varphi^3 + b_4\varphi^4 + b_5\varphi^5 \qquad (4-30)$$

式（4-30）中，使用变量 φ 表征荷电状态 SOC 值，变量 R_o 为电池组的欧姆内阻。拟合方程中的系数通过对图 4-14 中实验数据曲线进行拟合得到。采样多项式的形式，便于计算和在微处理器上的程序实现，通过该 5 次多项式拟合，获得的各项系数值见表 4-3。

表 4-3　欧姆内阻与 SOC 函数关系曲线拟合系数表

系 数 名 称	b_0	b_1	b_2	b_3	b_4	b_5
系 数 值	0.09185	−0.16629	0.63834	−1.4141	1.41698	−0.50619

针对获得的系数，应用函数关系表达式进行计算，获得不同 SOC 值下对应的欧姆内阻值，并与原始采集数据进行对比，以验证所拟合曲线的跟踪效果，获得对比曲线如图 4-14 所示。

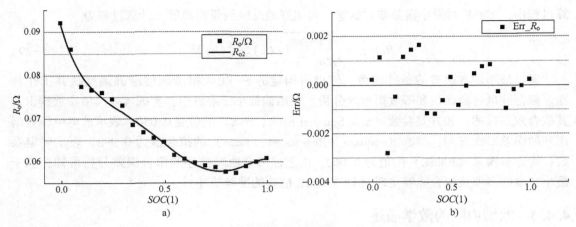

图 4-14　欧姆内阻曲线拟合效果对比

a）曲线拟合效果　b）曲线拟合误差

根据图 4-14 实验结果可知，所使用的拟合方程对欧姆内阻工作特性的模拟具有良好的效果。在参数辨识和后续 SOC 估算过程中，由于该内阻数值的函数关系基本稳定，把函数关系融入估算模型中进行处理。

4.4.4　充放电内阻

在 HPPC 测试过程中，锂离子电池组在脉冲放电和充电停止时，闭路电压会有瞬时上升和下降的现象。该现象就是由欧姆内阻的特性引起的。针对充放电内阻差异，去除公共欧姆内阻部分，可获得充放电过程中的内阻差异。实验过程中，闭路电压和电流变化如图 4-15 所示。

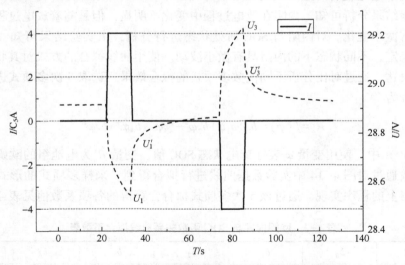

图 4-15　HPPC 测试过程中的电压和电流变化

设脉冲放电停止时刻的初始电压和快速上升后的电压分别为 U_1 和 U_1'，根据实验结果分析可知，在放电结束 5 s 内，电压将快速变化，之后将趋于平稳，因此选取 5 s 时刻的电压值作为 U_1'。结合欧姆内阻值的获取，求取放电内阻 R_d，求取表达式为

$$R_d = \frac{U_1 - U_1'}{I} - R_o \qquad (4-31)$$

设脉冲充电停止时刻的初始电压和快速下降后的电压分别为 U_3 和 U_3'，根据实验结果分析可知，在充电结束 5 s 内，电压将快速变化，之后将趋于平稳，因此选取 5 s 时刻的电压值作为 U_3'。结合欧姆内阻值的获取，求取充电内阻 R_c，求取方程式为

$$R_c = \frac{U_3 - U_3'}{I} - R_o \qquad (4-32)$$

通过以上计算与表达方式进行实验，获取相关数据。在锂离子电池组工作特性表征过程中，将通过实验获得的各电压参数绘制成图，如图 4-16 所示。

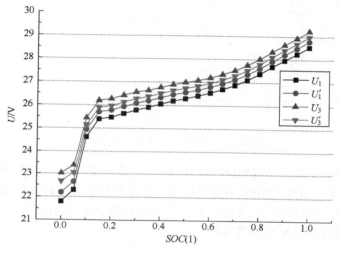

图 4-16　脉冲充/放电结束瞬间电压变化图

进而获得充放电内阻，并通过分析可知，充放电内阻随着 SOC 值的增大而逐渐减小，充放电过程中的内阻呈对称分布。使用曲线拟合的方式对其状态方程进行多项式拟合表达，通过对比分析不同次数多项式的拟合效果，选取 5 次多项式进行拟合，所用的拟合方程式为

$$R_{cd} = f(\varphi) = c_0 + c_1\varphi + c_2\varphi^2 + c_3\varphi^3 + c_4\varphi^4 + c_5\varphi^5 \qquad (4-33)$$

在式（4-33）中，使用变量 φ 表征荷电状态 SOC 值，变量 R_{cd} 表示电池组的充放电内阻值。拟合方程中的系数通过对图 4-16 中的实验数据曲线进行拟合得到，为了便于计算和在微处理器上的程序实现，进行多项式函数拟合。

同时，对比分析不同小数位数保留下的拟合效果。由于充放电内阻差异值本身较小，故小数位数截断会产生较大影响。因此，系数保留 4 位小数处理，见表 4-4。

表 4-4　充放电内阻与 SOC 关系曲线拟合系数表

系数名称	c_0	c_1	c_2	c_3	c_4	c_5
系数值 R_d	0.0033	-0.0206	0.0783	-0.1489	0.1347	-0.0459
系数值 R_c	-0.0033	0.0206	-0.0783	0.1489	-0.1347	0.0459

针对简化处理后的系数，应用函数关系表达式进行计算，获得不同 SOC 值下对应的充放电内阻值，并与原始采集数据进行对比，以验证所拟合曲线的跟踪效果，获得对比曲线如图 4-17 所示。

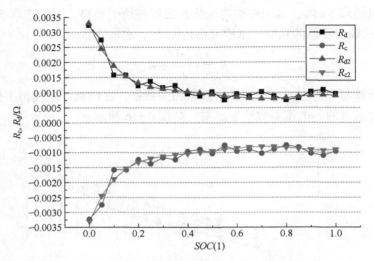

图 4-17　充放电内阻及其拟合曲线

图 4-17 中，R_d 和 R_{d2} 分别表示放电内阻的计算值和拟合值，R_c 和 R_{c2} 分别表示充电内阻的计算值和拟合值。根据图中实验结果可知，所使用的拟合方程针对充放电内阻差异的模拟具有良好的效果。通过嵌入充放电内阻，以应对其对 SOC 估算过程的影响，提高锂离子电池组在充放电过程中的 SOC 估算精度。

4.4.5　自放电效应的表征

采用串联充电转均衡充电的方式，结合恒流快充转至恒压补充模式，对锂离子电池组充电至满电量。搁置 1 h 后测量其开路电压 $U_{oc}(1)$，搁置 30 天后测量其开路电压 $U_{oc}(2)$，结合 OCV-SOC 曲线获得 SOC 变化量。由于该过程的开路电压变化较小，取两点的平均电压作为整个自放电过程的电压。整个自放电过程可认为是以电流 I_s 进行恒流放电的过程，结合额定容量与电量的关系"$1\,A \cdot h = 1\,A \times 3600\,s = 3600\,A \cdot s = 3600\,C$"，进而获得 S-ECM 模型在搁置时刻各参数之间的关系：

$$\begin{cases} R_s = \left[U_{oc}(2) + U_{oc}(1) \right] / (2I_s) \\ I_s = \Delta Q / \Delta t = 3600 \left[SOC(2) - SOC(1) \right] Q_n / \Delta t \end{cases} \tag{4-34}$$

通过对式（4-34）的联合分析，可实现自放电效应等效大电阻参数 R_s 的求取，得到 R_s 的计算表达式为

$$R_s = \frac{\left[\dfrac{U_{oc}(2) + U_{oc}(1)}{2} \right] \Delta t}{3600 \left[SOC(2) - SOC(1) \right] Q_n} \tag{4-35}$$

已知，$U_{oc}(2) = 28.637\,V$，$U_{oc}(1) = 28.293\,V$，$\Delta t = 30 \times 24 \times 3600\,s$，$SOC(2) = 100.00\%$，$SOC(1) = 97.37\%$，$Q_n = 45.00\,A \cdot h$。把获得的参数实验数据代入式（4-35），获得自放电效应表征电阻 R_s 的阻值为 $R_s \approx 1.732 \times 10^4\,\Omega$。进而，求取自放电效应的确定性系数 K_s 为

$$K_s = \frac{\Delta SOC}{\Delta t} = \frac{SOC(2) - SOC(1)}{\Delta t} \tag{4-36}$$

通过计算，获得表征自放电效应的系数为 $K_s \approx 1.015 \times 10^{-8}$。基于对自放电效应的数学描述方法的研究分析，在锂离子电池组的状态方程中融入自放电效应电阻参数，并应用于 SOC 估算的迭代计算过程中，对其在工作过程中的状态表征做进一步的修正，提高 SOC 估算的精确性。

4.4.6 等效 RC 参数辨识

在锂离子电池组进行 HPPC 脉冲放电时，由于极化效应的影响，闭路电压在快速下降之后有一个缓慢下降的过程。在脉冲放电之前，已经过 0.5 h 的搁置过程，这种情况下的极化效应影响已经变得很小。对 HPPC 测试过程进行细化，在电池组脉冲放电/充电停止时的电压缓慢上升和下降环节，极化内阻和极化电容是产生这种现象的原因。通过对这段变化进行分析，获得极化内阻和极化电容，细化后的 HPPC 分析过程如图 4-18 所示。

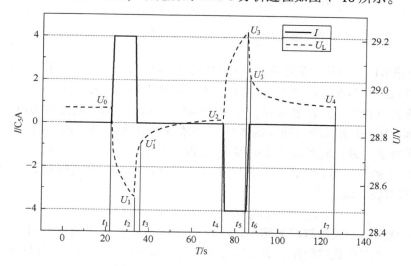

图 4-18　细化后的 HPPC 分析过程

图 4-18 中的各参数定义如下：参数 U_0 为不同 SOC 状态下，电池组经过 40 min 搁置后，开展 HPPC 测试前的电压值，对应的时刻为 t_1。参数 U_1 为脉冲放电结束时刻的电压值，对应时刻为 t_2。参数 U_1' 为脉冲放电结束后、电压快速回升后的电压值，对应时刻为 t_3。由实验结果可知，时刻 t_2 与 t_3 之间的时间间隔为 5s。参数 U_2 为脉冲放电后、电压缓慢上升后、开展脉冲充电之前的电压值，对应时刻为 t_4。参数 U_3 为脉冲充电结束时刻的电压值，对应时刻为 t_5。参数 U_3' 为脉冲充电结束后、电压快速下降后的电压，对应时刻为 t_6。参数 U_4 为脉冲放电后、电压缓慢下降后，阶段性放电之前的电压值，对应时刻为 t_7。

针对求取目标，实验获得的电压参数及其变化规律如图 4-19 所示。

在脉冲放电过程中，极化 RC 回路所处的状态看作是零状态响应，获得放电时的极化电阻 R_p。根据基尔霍夫电压定律，整个回路的电压函数关系为 $U_L = U_{OC} - IR_o - U_p - IR_{cd}$（式中，$U_p = IR_p(1 - e^{-t/\tau})$，参数开路电压 U_{OC}、欧姆内阻 R_o 和放电内阻 R_d 通过前面的计算过程获得），进而通过计算得到放电时的极化内阻 R_p。充电时的极化内阻 R_p 通过类似的方法获得，由于在脉冲充电之前仅有 40s 的搁置时间，故极化效应的影响尚未完全消除。因此，脉冲充

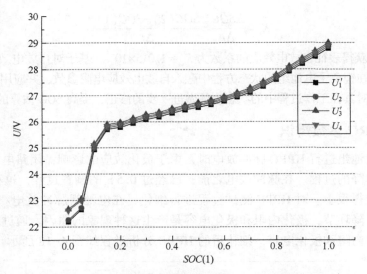

图 4-19　极化内阻求取所获得的电压参数及其变化规律

电时的 RC 回路响应，可认为是零输入响应和零状态响应共同作用的效果，参数 U_p 的求取表达式为 $U_p = U_p(0)e^{-t/\tau} + IR_p(1-e^{-t/\tau})$，进而计算获得该时刻的极化电阻。

在参数求取过程中，开路电压 U_{OC}、欧姆内阻 R_o 和放电内阻 R_d 通过 HPPC 脉冲充电测试得到。进而，RC 并联回路上的零输入响应等效为脉冲放电进入搁置时零输入响应的延续。因此，脉冲放电停止时刻的极化电容 C_p 上的电压作为参数 $U_p(0)$ 的值，进而计算出放电时极化内阻 R_p 的值。综合考虑脉冲充电和脉冲放电过程结束时的极化效应影响，获得极化内阻 R_p 的求取表达式：

$$R_p = \left[(U_2 - U_1')/I + (U_3' - U_4)/I \right]/2 \tag{4-37}$$

在求得极化内阻相关参数的基础上，通过式（4-37）计算出极化内阻。为了更方便地获得变化规律，将求得数值绘图，获得极化内阻及其随 SOC 变化规律，如图 4-20 所示。

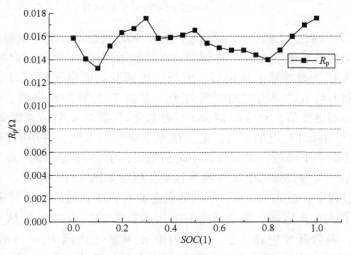

图 4-20　极化内阻及其随 SOC 变化规律

由图 4-20 可知，极化内阻随 SOC 的变化极小，且无明显增大或减小趋势，因此，选用其平均值作为极化内阻值，即

$$R_p = \left[(U_2 - U_1')/I + (U_3' - U_4)/I \right]/2 = 0.0156 \, \Omega \tag{4-38}$$

根据极化电阻 R_p、极化电容 C_p 和时间常数 τ 之间的关系 $(\tau = R_p C_p)$，在已求得极化电阻 R_p 的基础上，获得极化电容 C_p 的计算表达式为

$$C_p = \tau/R_p \tag{4-39}$$

时间常数 τ 可利用脉冲放电结束后的 $t_1 \sim t_2$ 期间的变化规律求取。在该时间段内，在极化效应的影响下，电池组的电压会逐渐升高。该现象通过 RC 回路进行描述，设 RC 回路的闭路电压为 U_p，时间常数 τ 与极化电阻 R_p、极化电容 C_p 的关系见式（4-39）。进而可得，RC 回路的零输入响应为 $U_p = U_p(0) e^{-t/\tau}$。其零状态响应为 $U_p = IR_p(1 - e^{-t/\tau})$。在锂离子电池组 HPPC 测试的脉冲放电结束的 40s 搁置时间内，回路中电流 I 的值等于 0。因此，RC 回路的状态变化过程是零输入响应，进而根据 $U_L = U_{OC} + U_p = U_{OC} + U_p(0) e^{-t/\tau}$，可计算出放电时的时间常数。

开路电压 U_{OC} 的值，通过 HPPC 测试之前的长时间搁置末尾时刻测量值获得，参数 $U_p(0)$ 是脉冲放电停止时刻的电压初始值。进而使用同样的方法，结合脉冲充电结束后 40s 搁置时间段的电压变化，获得充电时的时间常数 τ：

$$\tau = \left[(t_4 - t_3)/\ln\left(1 - \frac{U_2 - U_1'}{U_0 - U_1'}\right) + (t_7 - t_6)/\ln\left(1 - \frac{U_4 - U_3'}{U_2 - U_3'}\right) \right]/2 \tag{4-40}$$

通过对锂离子电池组 S-ECM 模型中的各项参数进行曲线拟合，类比开路电压 U_{OC} 与 SOC 关系表达式的获取过程，可获得各模型参数的变化规律，进而嵌入状态空间方程并用于后续的 SOC 估算。

实验获得极化电容的变化规律，并通过分析可知，极化电容随着 SOC 值的增大而呈现逐渐减小的趋势。使用曲线拟合的方式对其状态方程进行多项式拟合表达，通过对比分析不同次数多项式的拟合效果，选取 4 次多项式进行拟合，所用的拟合方程表达式为

$$C_p = f(\varphi) = d_0 + d_1 \varphi + d_2 \varphi^2 + d_3 \varphi^3 + d_4 \varphi^4 \tag{4-41}$$

在式（4-41）中，使用变量 φ 表征荷电状态 SOC 值，变量 C_p 表示电池组的极化电容。拟合方程中的系数，是对实验数据进行曲线拟合得到的。同时，通过对比分析不同小数位数保留下的拟合效果，得到其变化规律。由于充放电内阻差异值本身较大，小数点后面的数据位数截断产生的影响很小，所以对各项系数进行取整处理，获得极化电容与 SOC 关系拟合系数表，见表 4-5。

表 4-5 极化电容与 SOC 关系曲线拟合系数表

系 数 名 称	d_0	d_1	d_2	d_3	d_4
系 数 值	14130	-92697	235855	-237445	82804

针对简化处理后的系数，应用函数关系表达式（式（4-41））进行计算，获得不同 SOC 下对应的极化电容值，并与原始采集数据进行对比，以验证所拟合曲线的跟踪效果，获得极化电容随 SOC 变化规律及其拟合曲线如图 4-21 所示。

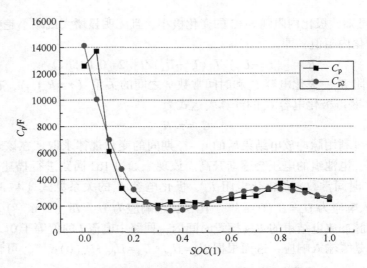

图 4-21　极化电容随 SOC 变化规律及其拟合曲线

由图 4-21 可知，所使用的拟合方程针对极化效应的模拟，具有良好的效果。通过嵌入极化效应对 SOC 估算过程的影响，可提高锂离子电池组在充放电过程中的 SOC 估算精度。

第5章　锂离子电池 SOC 估算方法

锂离子电池荷电状态（SOC）是描述电池剩余电量的指标，也是电池使用过程中最重要的参数之一。锂离子电池 SOC 会受到其内部电化学反应、充放电机理以及外部环境条件等因素的影响，具体包括充放电倍率、自放电、温度及老化等，这些因素都会让剩余电量发生一定的变化，因此很难精确估计电池的 SOC 值。目前，锂离子电池 SOC 的估算方法主要有开路电压法、安时积分法、内阻法、卡尔曼滤波法、粒子滤波法以及神经网络法等，本章将对 SOC 估算的传统算法及智能算法进行详细分析。

5.1　荷电状态估算

5.1.1　荷电状态

SOC 估算是电池管理系统研究的核心和难点，准确的 SOC 估算值可以作为锂离子电池能量管理的依据。对锂离子电池 SOC 的估算，需要建立锂离子电池的等效模型，基于相应的锂离子电池等效模型，匹配与之相适应的算法才能进行锂离子电池 SOC 的准确估算。常用的锂离子电池 SOC 估算算法有安时积分法、开路电压法、神经网络法、卡尔曼滤波法等。下面通过对各种锂离子电池 SOC 算法进行总结，分析各算法的优劣，提出 SOC 估算方法的研究方向。

锂离子电池的 SOC 不能直接测量得出，只能根据一些可测量的参数来估算，而且环境温度是影响电池 SOC 准确估算的一个关键因素。常用的锂离子电池 SOC 估算方法，一般是通过检测电池端的电压、电流、阻抗、温度等参数来预估的。针对锂离子电池在动力应用中的 SOC 估算问题，近年来相关科研工作者做了大量研究工作，这些研究有效地提高了其使用过程中的安全性和能量利用效率。随着研究的深入，迭代计算过程的改进、电池等效建模和关键因素的影响修正在 SOC 估算中起到了关键性作用。

对于锂离子电池组而言，可靠的 BMS 管理依靠准确的 SOC 值。在该值已知的情况下，不仅可对电池组进行可靠的能量管理和安全控制，而且还可避免锂离子电池组的提前损坏，延长其使用寿命。精确的 SOC 值对保障锂离子电池组的工作性能及其能量和安全管理至关重要。锂离子电池组的 SOC 估算模型构建和精确估算值的获取，已成为其能量和安全管理的核心问题。

锂离子电池组采用电池单体级联结构，满足了辅助动力供能过程中的容量和电压需求。然而，由于无法避免的材料和工艺差异，单体间的不一致现象客观存在，且无法避免。并且，该现象会随着循环次数的增加而越发明显，这就使得单体间不一致性的表达与修正成为成组 SOC 估算的重要组成部分，同时也给成组 SOC 精确估算带来了巨大的挑战。

由于受充放电电流、温度、内阻、自放电、老化和单体间差异等诸多因素的影响，锂离子电池组的 SOC 精确估算十分困难。锂离子电池组应用过程中，仍然缺少有效的系统化方法用于 SOC 估算的迭代计算过程中。由于锂离子电池组的工作特性具有非线性特征，同时还受到许多其他因素的影响，成组 SOC 估算精度的提高需要多因素的修正处理。锂离子电池组及其 BMS 的工作环境恶劣，数据采集受到干扰，SOC 估算结果的准确性受到考验。现行 SOC 估算不精确问题尤为突出，严重阻碍了其供能安全和推广应用。

锂离子电池组的 SOC 估算对社会效益的影响，主要体现在对续航能力的监测方面。精确的 SOC 估算是实现续航能力监测的基础，以确保关键仪器仪表的供能安全。在实际的使用过程中，由于 SOC 估算不精确，锂离子电池组的容量不能得到充分的利用。目前，锂离子电池组应用过程中存在的安全隐患尚未根除，仍处于探索性推广应用阶段。针对该问题，结合对特殊电池对象和复杂工况的分析，提高动力工况下锂离子电池组的 SOC 估算精度和电池管理的可靠性，具有显著的社会效益。

针对锂离子电池组 SOC 估算问题，国内外科研工作者提出了大量解决方案，这些研究为锂离子电池组 SOC 估算提供了重要参考依据。在 SOC 估算研究中，基于电池等效模型构建和具有自我修正能力的多元参数估算，成为研究趋势。通过不断优化和改进迭代计算方法，在提高精度和降低计算量间，寻求最佳平衡点。卡尔曼滤波估算所处的开放式处理模式，为迭代运算留下了较大的拓展空间，为锂离子电池组 SOC 估算提供了一条新途径。针对锂离子电池组等效模型构建问题，国内外的高等院校与科研机构已经进行了持续性研究，分别进行了参数检测、工作特性建模分析和等效模型构建等方法的探索，并取得了丰硕的研究成果。

相关高校和研究机构，如麻省理工学院、宾州州立大学、美国南卡大学、英国利兹大学、英国罗伯特高登大学、美国国家可再生能源室、美国莱登能源公司、德国英飞凌科技公司、清华大学、北京航空航天大学、北京理工大学、北京交通大学、重庆大学、中国科学技术大学和哈尔滨工业大学等，针对 SOC 估算展开了大量研究并进行了深入的探索。国内外很多期刊，如 Journal of Power Sources、Applied Energy、IEEE Transactions on Power Systems 和电源技术等，设立了针对性很强的栏目用于相关研究的成果展示。

针对锂离子电池的 SOC 估算问题，目前国内外相关研究工作者取得了巨大研究进展。在锂离子电池动力成组应用过程中，由于受充放电电流、温度、内阻、自放电和老化等诸多因素的影响，锂离子电池性能变化将会对 SOC 估算精度产生明显的影响，加上成组工作过程中单体间一致性的影响，以及动力工况的特殊要求，使得 SOC 值的精确估算很困难。上述估算方法的使用环境和估算精度不同，其基本情况见表 5-1。

表 5-1　SOC 估算方法与特点对比表

估算方法	基本原理	优　点	缺　点
放电实验法	恒流放电至截止电压，定义式	用于计测量定	需要离线测定，时间较长
安时积分法	电流对时间的积分，基本计算	计算简单易行，应用广泛	依赖于初始 SOC；受温度、自放电等因素影响；累积误差无法消除
开路电压法	充分静置，使用 OCV-SOC 曲线	计算简单，精度较好	测开路电压需要长时间搁置，耗时长；受温度、噪声影响较大
扩展卡尔曼滤波法	结合电池等效模型，使用预测、修正两环节	估算精度高，能实现实时预测修正功能	忽略高阶项，强制线性化产生误差；多次计算 Jacobian 矩阵，计算量大
无迹卡尔曼滤波法	线性化处理机制效果改进	克服了 EKF 缺陷，精度高，可适于复杂工况系统	算法相对复杂

估算方法	基本原理	优点	缺点
粒子滤波法	更新粒子权重逼近概率分布	适用于任何空间模型，应用范围广	需大量样本；系统环境越复杂，需样本数越多，算法越复杂；重采样易出现贫化现象
神经网络法	模拟人脑工作机制	强非线性、自学习能力，精度高	依赖大量数据；数据误差影响大
其他预测方法	探索性构建自学习估算模型	计算处理过程灵活，可针对性修改	适用性局限
参量直接检测	机械应力检测、磁化率检测等	计算简单	需外加检测部件，精度低

目前，动力应用的 SOC 估算通过基本的安时积分方法实现，但是估算误差较大，并且受到诸多因素的影响使得累积效应明显。针对锂离子电池组 SOC 估算的研究，上述相关研究提供了参考思路。在此基础上进行动力工况下的 SOC 估算方法探索，可实现对锂离子电池组的有效 SOC 估算。同时，针对动力成组应用，需要考虑组内各电池单体平衡状态的 SOC 估算，进而利用 BMS 进行有效的能量管理。构建具有参数修正和调节能力的 SOC 估算模型，运用基于等效电路模型的多元参数估算理论，将成为 SOC 估算的发展趋势。在提高精度和降低计算量间寻求最佳平衡点，不断优化和改进估算方法。

基础 SOC 估算方法主要包括放电实验法、安时积分（Ampere-hour，Ah）法和开路电压法，各方面的研究与应用现状如下所述。

放电实验法以恒流放电为前提，通过电流对时间的积分实现对剩余电量的计算。《军用航空蓄电池通用规范》（GJB4871—2003）中明确规定，电池的容量和放电性能通过放电实验法进行验证，并且《锂离子蓄电池组通用规范》（GJB4477—2002）中明确要求使用 $0.2C_5A$ 放电实验法验证电池的容量和放电性能。相关国家标准（GB8897.4—2008、GB19521.11—2005、GB/T 10077—2008 等）和行业标准（QB/T2502—2000、QC/T743—2006 等）中，均以放电实验法作为容量检查的标准方法。放电实验法是最常用的计量方法，适合用于离线测量、SOC 计量和蓄容能力检查等。

安时积分法由于计算过程简单易行，在工程上得到了广泛应用。该方法对 SOC 初值非常敏感，并且容易产生累积误差。由于是开环预测，其估算过程存在初始值无法确定、累积误差逐渐变大等问题。同时，该方法估算精度也不够高，需要做一些改进之后再进行使用，是其他估算方法的基础环节。该方法是 SOC 估算的基本方法，计算过程为

$$SOC(k) = SOC(k-1) + \int_{k-1}^{k} \eta I(t)\, \mathrm{d}t \tag{5-1}$$

开路电压法通过电动势与离线测定查表法寻找开路电压与 SOC 的对应关系，获得 OCV-SOC 函数关系曲线，进而构建状态空间方程并进行参数辨识。开路电压法根据实验获得 OCV-SOC 曲线，并使用该曲线实现 SOC 估算。由于需要长时间静置，该方法不能满足在线检测要求，需要进行改进或联合其他方法实现 SOC 的实时估算。

安时积分法存在累积误差，开路电压法需要长时间搁置，因此，这两种方法在 SOC 估算过程中都存在误差较大的问题。虽然这两种方法在产业化应用中非常广泛，但是由于对累积误差和平台效应没有相应的修正处理机制，无法彻底解决锂离子电池组 SOC 高精度估算难题。为了适应工况环境，在 SOC 估算过程中，引入基于卡尔曼滤波扩展算法的动态系统

模型，可以避免估算失败现象的发生。以卡尔曼滤波为基础的估算方法在 SOC 估算过程中得到推广应用，通过自学习动态跟踪，实现其误差修正。

扩展卡尔曼滤波算法将锂离子电池作为完备系统，通过泰勒级数展开对非线性系统进行线性化处理。进而，以 SOC 为状态变量，并利用观测电压值进行状态更新，不断修正 SOC 估算结果。基于电池等效建模，实现 SOC 估算并减弱极化效应的影响。该方法提高了 SOC 估算精度并降低了计算量，但是仍然存在高次项舍弃带来的估算误差问题。自适应卡尔曼滤波可通过降低最优性，抑制 SOC 估算过程中的发散现象。

目前，以卡尔曼滤波估计算法为基础，利用等效电路模型及其状态空间方程描述，结合应用环境特点进行算法改进成为研究热点。在 SOC 估算应用中，需要对基本卡尔曼滤波估算方法进行扩展，以适应其非线性特征。扩展卡尔曼滤波（EKF）舍弃高次项处理带来了不可避免的估算误差，自适应卡尔曼滤波精度高但计算量大，无迹卡尔曼滤波（UKF）解决了上述问题，但具有粒子发散的风险，两者均无法直接、有效应用于锂离子电池组 SOC 估算过程中。

粒子滤波算法基于蒙特卡罗抽样的方式实现，能够解决非线性和非高斯问题。其适用于锂离子电池 SOC 估算，并得到了探索性应用。该方法在 SOC 估算应用中能够很好地抑制波动性，并可有效提高 SOC 估算精度，但存在粒子匮乏和计算量大等缺点。

神经网络法具有较强的环境适用性和较高的估算精度。神经网络法能够获得较好的 SOC 估算效果，但其估算模型结构复杂，对处理器及训练数据具有较高的要求。基于动力应用高可靠性的需求，SOC 估算过程中的发散问题需要严格避免，因此，神经网络法等基于复杂运算方法的在线应用存在困难，但能够为锂离子电池组 SOC 估算的实现提供参考思路。

5.1.2　放电深度和容量

美国先进电池联合会（U. S. Advanced Battery Consortium，USABC）在其《新能源汽车电池试验手册》中定义 SOC 为，电池在一定放电倍率下，剩余电量与相同条件下额定容量的比值。其定义式为

$$SOC = \frac{Q_C}{Q_I} \times 100\% \tag{5-2}$$

式中，Q_C 为电池的剩余电量；Q_I 为电池以恒定电流 I 放电时所具有的容量；SOC 以百分数的形式表示，100% 表示荷电状态为满，0 表示荷电状态为空。

电池包中的每个单体电池都有其自身的 SOC，并且电池包本身有其独立的 SOC。电池放电电流的大小，会直接影响电池的实际容量：放电电流越大，电池容量相应减小。这表明电池在不同工况下，Q_I 会发生变化。因此，在实际工程中一般用电池标称容量 Q_N 来代替不同放电倍率下的额定容量 Q_I。以此为基础展开锂离子电池 SOC 估算。

单体电池或电池包的放电深度（Depth of Discharge，DOD）用来衡量已释放电荷量，以 A·h 形式表达。DOD 同样可以用百分比的形式表示，铅酸电池通常就是用百分比来表达其 DOD 的，将 DOD 以 A·h 形式表示更为有用，这样，SOC（%）和 DOD（A·h）组合与两项指标都用百分比表示相比，能够传递更多信息。这对于一个实际容量大于其标称容量的电池来说是明显的（例如，标称为 100 A·h，实际为 105 A·h）。当一个额定容量为 100 A·h 的电池释放了 100 A·h 的电荷量，SOC 将会变为 0。此时，电池的 DOD 可表示为 100% 或者

100 A·h。但是，如果将电池全部电荷量都释放出来，此时电池的 SOC 仍旧只是 0（因为 SOC 不能为负值），同时以百分比标注的电池 DOD 也只能为 100%（以百分比标注的 DOD 不能高于 100%）。然而，若以 A·h 表示，那么此时 DOD 将会变为正确的 105 A·h。知道电池的 DOD 为 105 A·h 比知道它达到 100% 更为有用，这是因为即使电池的 DOD 达到了 100%，也仍旧可以从中释放出电能。用 A·h 表达 DOD 的另一个重要原因是，电池的放电深度与其放电速率无关。

电池有效容量的一个重要限制，是充放电停止条件。电池生产商指导用户在电池电压降到指定阈值时停止放电，这导致电池可用容量会随着充放电电流的变化而变化。当以最小的放电电流对电池进行放电时，电池端电压与其内部电压或者开路电压相等，这是电池 SOC 最好的外部指标。当单体电池达到低关断电压时，单体电池真正满放。当以大电流进行放电时，单体电池的端电压则因 IR 跌落的原因而大大降低。不同放电倍率下的电压变化如图 5-1 所示。

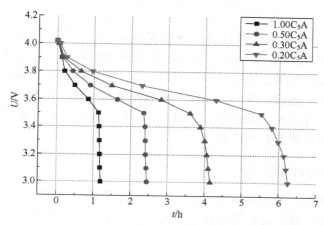

图 5-1　不同放电倍率下的电压变化

从图 5-1 可以看出，不同电流下放出的电量是不同的。因此，即使单体电池没有满放，端电压也会达到极限低关断电压。所以普通的观察人员会认为，电池的容量在大电流放电时会减小。但电池的实际容量并没有变化，只是其可用容量受到了大放电电流的影响。如果接着选用较低的放电电流对电池进行放电，那么电池仍可实现满放。

5.1.3　SOC 估算的数学描述

通过对相关研究内容的基本概念及计算过程分析、难点分析和影响因素修正方法的研究，从而展开对估算过程特点的研究，为后续 SOC 估算方法的研究与实现打下基础。锂离子电池组 SOC 的精确估算是表征其可用剩余电量的关键，计算表达式为

$$SOC = \frac{Q_t}{Q_0} \times 100\% \tag{5-3}$$

式中，Q_t 为电池的剩余电量；Q_0 为额定容量。

在实际测量过程中，回路中的电流参数容易被直接检测，因此，SOC 估算方法的计算表达式为

$$SOC_I = \frac{Q_{It}}{Q_{I0}} \times 100\% \qquad (5-4)$$

式中，SOC_I 为电流为 I 条件下的 SOC 值；Q_{It} 为剩余的电量；Q_{I0} 为额定容量。

式（5-4）是现用各种迭代计算方法的实现基础且便于计算，对于连续时间条件下的 SOC 估算过程，可用式（5-5）进行描述：

$$SOC(t) = SOC(0) - \int_0^t \frac{\eta_I I(\tau)}{Q_n} d\tau \qquad (5-5)$$

式（5-5）中，在连续时间条件下的 SOC 估算过程中，$SOC(t)$ 为 t 时刻的 SOC 值，$SOC(0)$ 为初始时刻的 SOC 值，η_I 为电流为 I 时的库仑效率，$I(\tau)$ 为 τ 时刻的电流值（规定放电时的电流方向为其正方向），Q_n 为额定容量值，积分项表示 $0 \sim t$ 时间段内的 SOC 变化量。离散化处理后用于离散时间条件下 SOC 估算过程的实现，可表示为

$$SOC(k) = SOC(k-1) - \left(\frac{\eta_I \Delta t}{Q_n} \right) I(k-1) \qquad (5-6)$$

式（5-6）中，在离散时间条件下的 SOC 估算过程中，$SOC(k-1)$ 为 $k-1$ 时刻的 SOC 值，$SOC(k)$ 为 k 时刻的 SOC 值，$I(k-1)$ 为 $k-1$ 时刻的电流值，Δt 为采样时间间隔（在计算过程中，认为该时间间隔中的电流恒定为 $I(k)$）。在整个生命周期中，锂离子电池组的 SOC 估算将影响动力供应的效果，在没有准确 SOC 估算和状态监测情况下，将会面临能量缺失等安全问题，因此需要对其进行实时监测，并围绕估算过程中的若干关键问题展开研究，实现锂离子电池组的精确 SOC 估算。

5.1.4 估算效果的评价方法

由于电流传感器噪声所引发的累积误差，SOC 估算精度将逐渐降低，需要在估算过程中进行修正。通过使用递归运算等数据驱动模型，对锂离子电池组 SOC 值进行估算和修正处理。为了有效评价 SOC 估算方法的效果，引入平均绝对误差（Mean Absolute Error，MAE）、均方误差（Mean Square Error，MSE）和平均绝对偏差（Mean Absolute Deviation，MAD）等指标对 SOC 估算效果进行评价。

平均绝对误差（MAE）的计算过程：首先求取所有观测值的平均值，接着求取所有观测值与均值之间的差值，然后对所有差值取绝对值，最后求取所有差值绝对值的平均值。其数学表达式为

$$MAE = \frac{1}{n} \sum_{k=1}^{n} |\zeta(k) - \hat{\zeta}(k)| \qquad (5-7)$$

在评价估算效果的过程中，使用均方误差（MSE）来获得 SOC 估算效果的实验验证。针对 n 组实验数据偏差，其求取方程式为

$$MSE = \frac{1}{n} \sum_{k=1}^{n} [x(k) - \hat{x}(k)]^2 \qquad (5-8)$$

平均绝对偏差（MAD）计算方程式为

$$MAD = \sum_{k=1}^{n} \frac{|x(k) - \hat{x}(k)|}{n} \times 100\% \qquad (5-9)$$

平均绝对百分比误差（Average Absolute Percentage Error，MAPE）通过式（5-10）进行

计算获得，通过比较两个表达式的计算过程可知，该过程为正常小数，而 MAD 为乘以 100 后的百分数值。*MAPE* 的计算方程式为

$$MAPE = \sum_{k=1}^{n} \left| \frac{x(k) - \hat{x}(k)}{x(k)} \right| \times \frac{100}{n} = \frac{1}{n} \sum_{k=1}^{n} \left| \frac{x(k) - \hat{x}(k)}{x(k)} \right| \qquad (5-10)$$

通过以上分析，可解决对于 SOC 估算效果的评价问题。基于以上误差评价方法，可实现对 SOC 估算过程中各个环节的效果分析，从而确定算法收敛依据。通过对锂离子电池组 SOC 估算的迭代计算实现方法的研究，确立了 SOC 估算过程的详细步骤，为其模型构建提供了理论基础。

5.2 传统的 SOC 估算方法

传统的锂离子电池 SOC 估算方法包括开路电压法、放电实验法、安时积分法和电导法。

5.2.1 开路电压法

开路电压（Open Circuit Voltage，OCV）是指外电路没有电流流过、电池达到平衡时，正负极之间的电位差。电池经过长时间的静置后，电池的端电压与 SOC 之间存在着相对固定的函数关系，如图 5-2 所示。

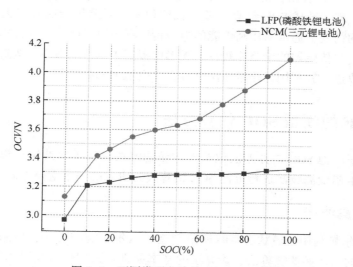

图 5-2　不同类型电池的 OCV-SOC 曲线

通过大量的实验数据，获得开路电压-电池剩余容量曲线（OCV-SOC 曲线），OCV 与 SOC 有着一定的对应关系，即

$$OCV = f(SOC) \qquad (5-11)$$

锂离子电池的开路电压与放电容量之间存在着某种线性关系，故而可以由开路电压（OCV）来估算荷电状态（SOC），但是只能用较短时间内测定的电池开路电压来评估电池的放电容量。

开路电压还受到温度的影响，在低 SOC 水平下，开路电压开始随温度的变化呈现出分叉现象，温度越低，开路电压的值也越低。开路电压法的一个明显缺点是，电池要经过很长

时间的静置后才可以测量，这样会在测量上耗费很多时间。静置所需时间是未知的，因此不能用于连续、动态、在线的电池 SOC 估算。通常情况下，开路电压法在充电初期和末期的 SOC 估计效果好，一般与其他方法结合起来使用，而不单独使用。

目前，大多数研究者都是研究室温环境下的 OCV-SOC 曲线，这将导致电池在其他环境温度下的 SOC 估算会产生很大的误差，而且锂离子电池的 OCV-SOC 曲线相对比较平坦，这意味着一点点差异就会使 SOC 估算产生较大的误差。

5.2.2　安时积分法

安时积分法不研究电池内部的电化学反应及各参数之间的关系，只是着眼于该系统的外部特征，通过实时监测电池充入和放出的电量，来给出电池在任意时刻的剩余电量，相比其他几种方法，这种方法实现起来更加简单，易于实现实时监测。所以，安时积分法是 SOC 估算方法中用得最多的方法。安时积分法的原理公式为

$$SOC(t) = SOC(0) - \frac{1}{Q_n} \int_0^t \eta I(\tau) \mathrm{d}t \tag{5-12}$$

式中，$SOC(0)$ 为电池的初始电量；Q_n 为电池的额定容量；I 为电池的充放电电流，充电时为负值，放电时为正值；η 为库仑效率系数，表示充放电过程中电池内部的电量耗散。

从式（5-12）可以看出，初始电量的确定对估算结果的准确性是至关重要的，如果电流采集值不精确，就会造成 SOC 计算误差，长期积累，误差将会越来越大。许多研究者为了提高电流测量的精度，通常采用高性能的电流传感器来测量电流，比如霍尔传感器、光纤传感器等，但是这些传感器的价格比较高，无形中提高了测量的成本。为此，许多学者对安时积分法进行了改进，并利用开路电压法来计算出电池的初始电量。

5.3　基于 KF 的新型 SOC 估算方法

新型的锂离子电池 SOC 估算方法包括卡尔曼滤波法、粒子滤波法、模糊逻辑法和神经网络法等，利用卡尔曼滤波法进行电池 SOC 估算成为研究的一个重要方向。

5.3.1　卡尔曼滤波法

1960 年，卡尔曼利用时域状态空间理论创立了卡尔曼滤波方法，后来提出了便于在计算机上递推实现的卡尔曼滤波算法，该算法的基本原理：采用信号与噪声的状态空间模型，利用前一时刻的估计值和当前时刻的观测值来更新对状态变量的估计。卡尔曼滤波法分为经典卡尔曼滤波（KF）法、扩展卡尔曼滤波（EKF）法和无迹卡尔曼滤波（UKF）法。卡尔曼滤波算法估算锂离子电池 SOC 的实质是用安时积分法来计算 SOC，同时用测量的电压值来修正安时积分法得到的 SOC 值。在利用卡尔曼滤波法估算电池 SOC 时，需要建立合适的等效电池模型，且卡尔曼滤波算法的精度依赖于电池模型的准确性。

卡尔曼滤波法的核心思想是对动力系统的状态做出方差最小的最优估计，是一种自回归数据的处理算法，电池被看成动力系统，而 SOC 是该系统的一个状态。用 KF 法来对电池 SOC 进行估算，将电池充放电的电流作为系统的输入，端电压作为输出，通过端电压的观测值和 SOC 预估值的误差来不断更新系统的状态，以此得到最小方差估算 SOC 值。卡尔曼

滤波是在线性高斯情况下，利用最小均方误差准则获得目标的动态估计，其流程框图如图5-3所示。

因此，经典卡尔曼滤波法是以最小方差为准则实现的，成为目前使用最为广泛的一种最优估计算法。该算法根据前一时刻状态变量的最优值以及观测变量真实值与估计值的差值来估算当前时刻状态变量的估计值，所以算法是递推的，可靠性得到了保障。同时，卡尔曼滤波法不仅适用于平稳过程，对非平稳过程同样适用，其实时性能良好且易于实现。线性系统离散化后的状态方程和观测方程的一般形式为

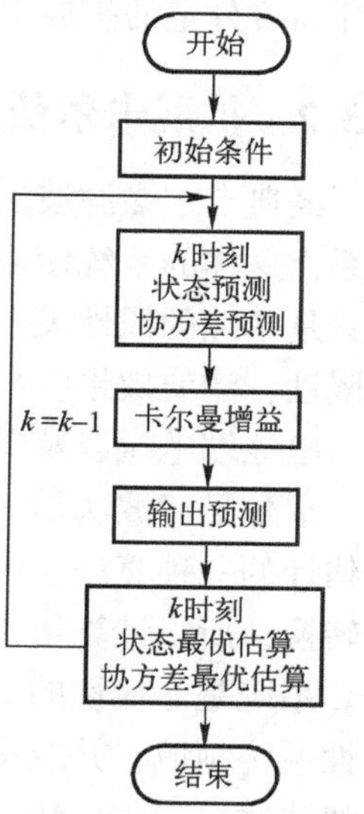

$$\begin{cases} \boldsymbol{x}_k = \boldsymbol{A}_{k-1}\boldsymbol{x}_{k-1} + \boldsymbol{B}_{k-1}\boldsymbol{u}_{k-1} + \boldsymbol{w}_{k-1} \\ \boldsymbol{y}_k = \boldsymbol{C}_k\boldsymbol{x}_k + \boldsymbol{D}_k\boldsymbol{u}_k + \boldsymbol{v}_k \end{cases} \tag{5-13}$$

卡尔曼滤波法具体的算法流程如下所示。

初始状态变量及其协方差：

$$\hat{\boldsymbol{x}}_{0|0} = E(\boldsymbol{x}_0), \quad \boldsymbol{P}_{0|0} = \mathrm{var}(\boldsymbol{x}_0) \tag{5-14}$$

图5-3 卡尔曼滤波流程框图

状态变量时间更新：

$$\hat{\boldsymbol{x}}_{k|k-1} = \boldsymbol{A}_{k-1}\hat{\boldsymbol{x}}_{k-1|k-1} + \boldsymbol{B}_{k-1}\boldsymbol{u}_{k-1} \tag{5-15}$$

误差协方差时间更新：

$$\boldsymbol{P}_{k|k-1} = E\left[(\boldsymbol{x}_k - \hat{\boldsymbol{x}}_{k|k-1})(\boldsymbol{x}_k - \hat{\boldsymbol{x}}_{k|k-1})^{\mathrm{T}} \right] = \boldsymbol{A}_{k-1}\boldsymbol{P}_{k-1|k-1}\boldsymbol{A}_{k-1}^{\mathrm{T}} + \boldsymbol{Q}_{k-1} \tag{5-16}$$

增益矩阵：

$$\boldsymbol{K}_k = \boldsymbol{P}_{k|k-1}\boldsymbol{C}_k^{\mathrm{T}}(\boldsymbol{C}_k\boldsymbol{P}_{k|k-1}\boldsymbol{C}_k^{\mathrm{T}} + \boldsymbol{R}_k)^{-1} \tag{5-17}$$

状态变量测量更新：

$$\hat{\boldsymbol{x}}_{k|k} = \hat{\boldsymbol{x}}_{k|k-1} + \boldsymbol{K}_k(\boldsymbol{y}_k - \boldsymbol{C}_k\hat{\boldsymbol{x}}_{k|k-1} - \boldsymbol{D}_k\boldsymbol{u}_k) \tag{5-18}$$

误差协方差测量更新：

$$\boldsymbol{P}_{k|k} = (\boldsymbol{E} - \boldsymbol{K}_k\boldsymbol{C}_k)\boldsymbol{P}_{k|k-1} \tag{5-19}$$

式中，$\hat{\boldsymbol{x}}_{k-1|k-1}$ 为 $k-1$ 时刻状态变量的最优估计；$\hat{\boldsymbol{x}}_{k|k-1}$ 为根据 $k-1$ 时刻状态变量的最优值得到的 k 时刻的状态变量预测值；$\boldsymbol{P}_{k-1|k-1}$ 为 $k-1$ 时刻状态变量误差协方差；$\boldsymbol{P}_{k|k-1}$ 为根据 $k-1$ 时刻误差协方差得到的 k 时刻的误差协方差预测值；$\boldsymbol{Q}_k$ 和 $\boldsymbol{R}_k$ 分别表示过程噪声 $\boldsymbol{\omega}_k$ 和观测噪声 $\boldsymbol{v}_k$ 的期望值；$\boldsymbol{y}_k$ 为 k 时刻系统观测变量的真实值；$\boldsymbol{K}_k$ 为卡尔曼增益；$\boldsymbol{E}$ 为单位矩阵。

KF法只能用于线性系统，所以，非线性系统需要进行一定的线性化预处理，以便使用KF法。KF法的优点是精度高，适合用在电流波动较剧烈的环境下，即使在有噪声的情况下，也对初始值有着很好的修正效果。但缺点是需要建立精确的动力电池模型，对算法本身要求较高，因为用KF法来估计状态量需要不断预测、更新模型的空间状态方程。目前常用的改进KF法有扩展卡尔曼滤波（EKF）法、无迹卡尔曼滤波（UKF）法、中心差分卡尔曼滤波（CDKF）法等。UKF法弥补了EKF法在非线性系统处理上的缺陷，UKF法采用概率分布的思路处理非线性问题，无迹变换（UT）是UKF法的核心。UKF法是通过计算非线性随机变量的统计值，对非线性函数实行变化的一种算法。

KF法根据上一时刻的状态变量与协方差的最优估算值，预测相邻时刻的状态值以及协方差，通过计算卡尔曼增益，对以上两个值进行进一步修正。但KF法主要用来解决线性问题，对于实际应用中常见的大型高度非线性的工作系统，编著者提出了进行泰勒级数展开并

舍弃高阶分量的扩展卡尔曼滤波法，实现将非线性关系线性近似。

5.3.2　扩展卡尔曼滤波法

经典卡尔曼滤波法要求系统必须是线性系统，即系统输入变量和输出变量之间存在线性关系，这样的系统使用卡尔曼滤波法将得到很好的滤波效果。但是在实际应用中，许多系统不只是单纯的线性关系，而呈现出十分强烈的非线性，此时使用卡尔曼滤波法将存在很大的局限性，滤波效果将会变差。电池系统就是一个典型的非线性系统，电池开路电压、电池内阻、电池端电压以及电池荷电状态等在电池工作状态下，都呈现出强烈的非线性变化。

卡尔曼滤波法是一种利用线性状态方程，通过系统输入、输出数据，对系统当前状态进行估计的一种算法。因为卡尔曼滤波法完全是在时域进行估算的，没有进行时域和频域的相互转换，所以计算量小、实时估计效果好。经典卡尔曼滤波法适用于线性系统，而锂电池SOC系统是非线性的。为了拓展卡尔曼滤波法的应用范围，使卡尔曼滤波法也能应用到非线性系统领域，并取得不错的滤波效果，Sunahara等学者经过不断的研究，提出了扩展卡尔曼滤波法（EKF）法。

EKF法在经典卡尔曼滤波法的基础上，将非线性系统线性化，在测量结果和估计结果附近，进行一阶泰勒展开，但是，将非线性系统强制转化成线性系统会引起泰勒截断误差，二阶及以上高阶项被忽视，有可能导致滤波发散；并且，EKF法在每一次循环估算时都需要重复计算Jacobian矩阵，极大地增加了系统计算复杂度；最后，EKF法将非线性系统局部线性化后得到的并不是全局最优解，而仅仅只是局部最优解，当且仅当状态方程和观测方程都是连续方程并且非线性程度较低时，最终才能较好地收敛于全局最优。EKF法的基本思想就是对上述非线性系统的状态方程进行线性化，利用泰勒公式，将非线性离散函数展开，使公式线性化再用卡尔曼滤波法进行处理。一般非线性系统的离散化状态方程表示如下：

系统的状态方程为

$$X_k = f(X_{k-1}) + \boldsymbol{\Gamma}_{k-1} W_{k-1} \tag{5-20}$$

观测方程为

$$Z_k = h(X_k) + V_{k-1} \tag{5-21}$$

式中，W_{k-1} 和 V_{k-1} 为相互独立的高斯白噪声，即其满足条件与KF法是一致的。

对于 Thevenin 模型来说，上述方程可以转化如下：

系统的状态方程为

$$SOC_k = SOC_{k-1} + \frac{\eta_C T_S}{C_N} I_k + W_{k-1} \tag{5-22}$$

观测方程为

$$U_{Lk} = U_{OC(soc_k)} + U_k + R_0 I_k + V_k \tag{5-23}$$

式中，U_k 为

$$U_k = e^{-T_S/\tau} U_{k-1} + R_p(1 - e^{-T_S/\tau}) I_k \tag{5-24}$$

EKF法是把非线性空间方程通过泰勒展开，舍去二阶等高次项，得到近似的线性空间方程，然后对线性空间方程应用卡尔曼滤波法，从而估算当前空间状态的一种算法。它适用于离散非线性系统，其离散非线性系统空间可表示为

$$\begin{cases} \boldsymbol{X}_{k+1} = f(\boldsymbol{X}_k, k) + \boldsymbol{w}_k \\ \boldsymbol{Z}_k = h(\boldsymbol{X}_k, k) + \boldsymbol{v}_k \end{cases} \tag{5-25}$$

式中，第一部分表示状态方程；第二部分表示观测方程；k 为离散时间；$\boldsymbol{X}_{k+1}$ 为 n 维状态向量；$\boldsymbol{Z}_k$ 为 m 维观测向量；$\boldsymbol{w}_k$ 和 $\boldsymbol{v}_k$ 为相互独立的高斯白噪声。

为了应用卡尔曼滤波，对非线性函数 $f(\ast)$ 和 $h(\ast)$ 围绕 $\hat{\boldsymbol{X}}_k$ 进行一阶泰勒级数展开，展开结果为

$$\begin{cases} f(\boldsymbol{X}_k, k) \approx f(\overline{\boldsymbol{X}}_k, k) + \dfrac{\partial f(\boldsymbol{X}_k, k)}{\partial \boldsymbol{X}_k}\bigg|_{\boldsymbol{X}_k = \overline{\boldsymbol{X}}_k} (\boldsymbol{X}_k - \overline{\boldsymbol{X}}_k) \\ h(\boldsymbol{X}_k, k) \approx h(\overline{\boldsymbol{X}}_k, k) + \dfrac{\partial h(\boldsymbol{X}_k, k)}{\partial \boldsymbol{X}_k}\bigg|_{\boldsymbol{X}_k = \overline{\boldsymbol{X}}_k} (\boldsymbol{X}_k - \overline{\boldsymbol{X}}_k) \end{cases} \tag{5-26}$$

对上述表达式，令

$$\begin{cases} \boldsymbol{A}_k = \dfrac{\partial f(\boldsymbol{X}_k, k)}{\partial \boldsymbol{X}_k}\bigg|_{\boldsymbol{X}_k = \overline{\boldsymbol{X}}_k} \\ \boldsymbol{B}_k = f(\overline{\boldsymbol{X}}_k, k) - \boldsymbol{A}_k \overline{\boldsymbol{X}}_k \\ \boldsymbol{C}_k = \dfrac{\partial h(\boldsymbol{X}_k, k)}{\partial \boldsymbol{X}_k}\bigg|_{\boldsymbol{X}_k = \overline{\boldsymbol{X}}_k} \\ \boldsymbol{D}_k = h(\overline{\boldsymbol{X}}_k, k) - \boldsymbol{C}_k \overline{\boldsymbol{X}}_k \end{cases} \tag{5-27}$$

则表达式可以线性化为

$$\begin{cases} \boldsymbol{X}_{k+1} = \boldsymbol{A}_k \boldsymbol{X}_k + \boldsymbol{B}_k + \boldsymbol{w}_k \\ \boldsymbol{Z}_k = \boldsymbol{C}_k \boldsymbol{X}_k + \boldsymbol{D}_k + \boldsymbol{v}_k \end{cases} \tag{5-28}$$

对线性化后的模型，应用卡尔曼滤波基本方程便得到扩展卡尔曼滤波的递推过程，即

$$\begin{cases} \overline{\boldsymbol{X}}_{k+1}^- = f(\boldsymbol{X}_k) \\ \overline{\boldsymbol{P}}_{k+1}^- = \boldsymbol{A}_k \overline{\boldsymbol{P}}_k \boldsymbol{A}_k^{\mathrm{T}} + \boldsymbol{Q}_{k+1} \\ \boldsymbol{K}_{k+1} = \overline{\boldsymbol{P}}_{k+1}^- \boldsymbol{C}_{k+1}^{\mathrm{T}} (\boldsymbol{C}_{k+1} \overline{\boldsymbol{P}}_{k+1}^- \boldsymbol{C}_{k+1}^{\mathrm{T}} + \boldsymbol{R}_{k+1})^{-1} \\ \overline{\boldsymbol{X}}_{k+1} = \boldsymbol{X}_{k+1}^- + \boldsymbol{K}_{k+1} [\boldsymbol{Z}_{k+1} - h(\boldsymbol{X}_{k+1}^-)] \\ \overline{\boldsymbol{P}}_{k+1} = [\boldsymbol{I} + \boldsymbol{K}_{k+1} \boldsymbol{C}_{k+1}] \boldsymbol{P}_{k+1}^- \end{cases} \tag{5-29}$$

式中，$\boldsymbol{P}$ 为均方误差；$\boldsymbol{K}$ 为卡尔曼增益；$\boldsymbol{I}$ 为 $n \times m$ 单位矩阵；$\boldsymbol{Q}$ 和 $\boldsymbol{R}$ 分别为 w 和 v 的方差，一般不随系统变化。滤波初值和滤波方差分别为 $\boldsymbol{X}(0) = E[\boldsymbol{X}(0)]$，$\boldsymbol{P}(0) = \mathrm{var}[\boldsymbol{X}(0)]$。计算步骤如下：先由 k 时刻的状态 $\hat{\boldsymbol{X}}_k$ 和均方误差 $\hat{\boldsymbol{P}}_k$ 估算当前时刻的状态和均方误差，得到先验状态 $\hat{\boldsymbol{X}}_{k+1}^-$ 和先验均方误差 $\boldsymbol{P}_{k+1}^-$，然后计算当前时刻的卡尔曼增益 $\boldsymbol{K}_{k+1}$，最后用 $\boldsymbol{K}_{k+1}$ 修正先验状态得到当前时刻的状态 $\hat{\boldsymbol{X}}_{k+1}$，并且修正先验均方误差得到当前时刻的均方误差 $\hat{\boldsymbol{P}}_{k+1}$。

5.3.3　无迹卡尔曼滤波法

为了克服 EKF 法上述缺点所带来的一系列问题，避免介于卡尔曼的二阶及二阶以上高

阶截断误差存在，Julier 等人基于卡尔曼滤波法提出了一种衍生的新型算法，该算法将 EKF 法使用的将非线性系统强制线性化的方式转换为对系统状态变量的概率密度分布的近似，这种新型算法称为无迹卡尔曼滤波（UKF）法。

UKF 法将无迹变换（Unscented Transform，UT）和卡尔曼滤波法相结合，以无迹变换为前提和基础，采用合适的采样策略来逼近状态变量分布。因为 UKF 法不用将非线性系统强制线性化，避免了 EKF 法忽略高阶项而引入的误差，也不需重复计算复杂的 Jacobian 矩阵，使得计算难度大大降低。经过大量试验验证，UKF 法在预测和估算误差方面始终都优于 EKF 法，这使得 UKF 法的使用范围更加广泛。

UKF 法采用卡尔曼滤波法的框架，利用无迹变换在估计点附近确定采样，将一个状态估计点转换为多个估计点，根据权值的不同将状态估计点的值传递给后面的观测值，按照观测值以及真实测量值的误差，通过反馈迭代计算相应的量，在提高系统稳定性、准确度及滤波的性能的同时，实时在线估计电池 SOC 值，并通过卡尔曼增益对估算结果做出修正，以此逼近函数的概率密度分布。

因此，无迹变换是 UKF 法最关键的部分，也是 UKF 法区别于 EKF 法最主要的部分。无迹变换通过计算非线性变量的统计特性，得到具有相同统计特性的多个变量值。其基本原理是根据状态变量的统计特性，按照一定的采样方法选取相应有限数目的采样点，使得采样点的概率分布特性和已知变量的概率分布特性相同或相近，从而使用变换后的采样点来进行后面的估算。

无迹变换中，采样策略的选取对估算效果有重要影响，一般包括对称采样、最小偏度单形采样和超球体单形采样，采用的是计算方便且效果较好的对称采样策略，将 n 个采样点通过无迹变换转换成 $2n+1$ 个采样点（后文中，n 代表的是状态变量的维数），这 $2n+1$ 个采样点与原来 n 个采样点具有相同的期望和方差，每个点拥有对应的均值权值和方差权值，这个过程也称作 sigma 化，这些点也被称为 sigma 点。

无迹变换的目标是构造一定数目的 sigma 点及其对应的权值，尽量保证变换前后非线性变量的特征分布不发生改变，尽可能地逼近性能指标。设状态变量 x 的维数为 n，$\hat{x}$ 和 P_x 分别为其均值和协方差矩阵，y 为观测变量，状态变量和观测变量的关系表达式为 $y=f(x)$。利用对称采样策略，可以得到 $2n+1$ 个采样点 $x^i(i=0,1,2,\cdots,2n)$，经状态变量和观测变量之间的关系以及加权计算，可得到 y 的均值 $\hat{y}$ 与协方差矩阵 P_y。无迹变换方法的具体步骤如下：

（1）构造 sigma 点及相应的权值　构造 sigma 点集为

$$x^i = \begin{cases} \hat{x} & (i=0) \\ \hat{x}+\left(\sqrt{(n+\lambda)P_x}\right)_i & (i=1,\cdots,n) \\ \hat{x}-\left(\sqrt{(n+\lambda)P_x}\right)_{i-n} & (i=n+1,\cdots,2n) \end{cases} \tag{5-30}$$

权值计算为

$$\begin{cases} \omega_m^0 = \dfrac{\lambda}{n+\lambda} \\ \omega_c^0 = \dfrac{\lambda}{n+\lambda}+1-\alpha^2+\beta \\ \omega_m^i = \omega_c^i = \dfrac{1}{2(n+\lambda)} & (i=1,\cdots,2n) \end{cases} \tag{5-31}$$

式中，n 为状态变量的维数；α 为散布程度因子，α 的选取决定了采样点与均值之间的接近程度，通常取 $10^{-6} \sim 1$ 之间的正数；β 为校验前分布因子，高斯分布时，$\beta = 2$ 为最优；k 为满足 $k+n \neq 0$ 的辅助尺度因子；λ 为缩放比例参数，$\lambda = \alpha^2(n+k) - n$。合理调节 α 和 k 可以提高算法估算精度。

（2）sigma 点集的非线性传递　　sigma 点集的非线性传递为

$$\boldsymbol{y}^i = f(\boldsymbol{x}^i) \quad (i = 0,1,\cdots,2n) \tag{5-32}$$

$\boldsymbol{y}$ 的均值 $\hat{\boldsymbol{y}}$ 为

$$\hat{\boldsymbol{y}} = \sum_{i=0}^{2n} \omega_m^i \boldsymbol{y}^i \tag{5-33}$$

协方差 $\boldsymbol{P}_y$ 的计算过程为

$$\boldsymbol{P}_y = \sum_{i=0}^{2n} \omega_c^i (\boldsymbol{y}^i - \hat{\boldsymbol{y}})(\boldsymbol{y}^i - \hat{\boldsymbol{y}})^T \tag{5-34}$$

根据锂电池 PNGV 等效电路模型，选取一维 SOC 作为系统的状态变量，电池端电压 U_L 作为系统的观测变量，与其他选取的三维参数作为系统状态变量的方式相比，将三维降低至一维，大大减小了运算量和计算复杂度，建立的电池状态空间方程如式（5-35）所示（以放电方向为正）：

$$\begin{cases} SOC_k = SOC_{k-1} - \dfrac{\eta_k T_S}{Q_N} I_{k-1} + w_{k-1} \\ U_{L,k} = U_{OC}(SOC_k) - R_o I_{k-1} - \dfrac{T_S}{C_b} I_{k-1} - R_p(1 - e^{-\frac{T_S}{C_p R_p}}) I_{k-1} + v_k \end{cases} \tag{5-35}$$

式中，Q_N 为电池额定容量；T_S 为采样周期。

将 SOC_k 作为状态变量 $\boldsymbol{x}_k$，k 时刻电池的端电压 $U_{L,k}$ 作为观测变量 $\boldsymbol{y}_k$，电池的工作电流 I_k 作为系统的输入变量 $\boldsymbol{u}_k$，可将式（5-35）化为典型的非线性系统模型方程：

$$\begin{cases} \boldsymbol{x}_k = f(\boldsymbol{x}_{k-1}, \boldsymbol{u}_{k-1}) + \boldsymbol{w}_{k-1} \\ \boldsymbol{y}_k = h(\boldsymbol{x}_k, \boldsymbol{u}_k) + \boldsymbol{v}_k \end{cases} \tag{5-36}$$

由上述分析可知，UKF 法是一种循环迭代的估计算法，根据参考点的特征分布来选择 sigma 点，尽量保证 sigma 点与 $\boldsymbol{x}_k$ 具有相同的均值和协方差。这些 sigma 点经过系统状态方程进行传递，便可得出预测值点群。再通过卡尔曼增益以及观测变量真实值与预测之间的误差来对预测值进行不断地修正，最终可得出系统状态变量的最优估计值。其详细的估算流程如图 5-4 所示。

UKF 法估算锂电池 SOC 的具体过程如下：

1）初始化。初始参数的求取表达式为

$$\hat{\boldsymbol{x}}_0 = E(\boldsymbol{x}_0), \quad \boldsymbol{P}_0 = \text{var}(\boldsymbol{x}_0) \tag{5-37}$$

2）状态预测。将 $k-1$ 时刻系统状态变量的最优值通过无迹变换得到 $2n+1$ 个 sigma 点，将 sigma 点代入状态方程，求取状态变量的一步预测，构造 sigma 点的集合，并根据均值和权重对状态变量进行时间更新，即

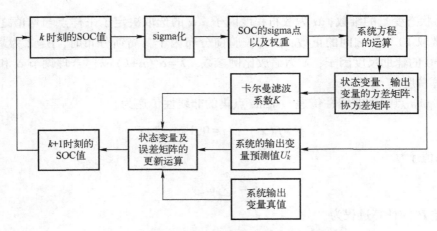

图 5-4 基于 UKF 法的 SOC 估算结构框图

$$\begin{cases} \boldsymbol{x}^i_{k|k-1} = f(\boldsymbol{x}^i_{k-1}, \boldsymbol{u}_{k-1}) \\ \hat{\boldsymbol{x}}_{k|k-1} = \sum_{i=0}^{2n} \omega^i_m \boldsymbol{x}^i_{k|k-1} \end{cases} \tag{5-38}$$

式中，i 为状态变量协方差矩阵的第 i 列，结合均值权值 ω_m 和方差权值 ω_c 的求取，经过反复调试与验证之后，取参数 $k=2$，$\alpha=0.01$，$\beta=2$。

3）状态变量协方差更新。状态变量协方差更新计算过程为

$$\begin{cases} \boldsymbol{y}^i_{k|k-1} = h(\boldsymbol{x}^i_{k|k-1}, \boldsymbol{u}_k) \\ \hat{\boldsymbol{y}}_{k|k-1} = \sum_{i=0}^{2n} \omega^i_m \boldsymbol{y}^i_{k|k-1} \end{cases} \tag{5-39}$$

4）误差协方差更新。误差协方差更新计算过程为

$$\begin{cases} \boldsymbol{P}_{yy,k} = \sum_{i=0}^{2n} \omega^i_c \left[\boldsymbol{y}^i_{k|k-1} - \hat{\boldsymbol{y}}_{k|k-1} \right] \left[\boldsymbol{y}^i_{k|k-1} - \hat{\boldsymbol{y}}_{k|k-1} \right]^{\mathrm{T}} + \boldsymbol{R}_k \\ \boldsymbol{P}_{xy,k} = \sum_{i=0}^{2n} \omega^i_c \left[\boldsymbol{x}^i_{k|k-1} - \hat{\boldsymbol{x}}_{k|k-1} \right] \left[\boldsymbol{y}^i_{k|k-1} - \hat{\boldsymbol{y}}_{k|k-1} \right]^{\mathrm{T}} \end{cases} \tag{5-40}$$

5）卡尔曼增益更新。卡尔曼增益更新计算过程为

$$\boldsymbol{K}_k = \boldsymbol{P}_{xy,k} / \boldsymbol{P}_{yy,k} \tag{5-41}$$

6）状态更新及最优协方差矩阵。状态更新及最优协方差矩阵为

$$\begin{cases} \hat{\boldsymbol{x}}_{k|k} = \hat{\boldsymbol{x}}_{k|k-1} + \boldsymbol{K}_k(\boldsymbol{y}_k - \hat{\boldsymbol{y}}_{k|k-1}) \\ \boldsymbol{P}_{x,k|k} = \boldsymbol{P}_{x,k|k-1} - \boldsymbol{K}_k \boldsymbol{P}_{yy,k} \boldsymbol{K}_k^{\mathrm{T}} \end{cases} \tag{5-42}$$

使用 UKF 法估算锂离子电池 SOC 值时，一般将 SOC、U_P 选为状态变量，对状态变量初始化后，算法在每一个采样周期内对电池 SOC 进行预测和更新，同时，根据误差协方差的大小，卡尔曼增益会不断调节，反馈回来修正估算误差。随着时间累积，算法循环次数增加，SOC 估算值不断向真实值靠近。因此，UKF 法在预测估算时具有校正能力，即使初始值设定得与真值相差较远，随着算法的进行，估算值也能逐渐逼近真实值。

5.3.4 双卡尔曼滤波法

使用安时积分法，可以在短时间内较为精确地计算出 SOC 的变化量，但无法确定积分初值，电流误差也会随着时间逐渐累积。使用开路电压法，可以查表得到 SOC，但需要将电池静置一段时间才能得到稳定的开路电压，不适用于 SOC 实时估计。使用卡尔曼滤波进行 SOC 估计的主要思想就是结合安时积分法和开路电压法这两种方法。系统状态的估计使用安时积分法，然后用电压进行反馈，得到最优的估计结果。在估计的过程中，需要用到电池的电阻、电容等参数，也会用到开路电压。但是即使是同一种型号的电池，其内参也会有一定的差异，而且这些参数还和电池的温度有关，相差 10℃ 的情况下，参数就可能相差 2 倍之多。

双卡尔曼滤波法的总体思想是使用两条卡尔曼滤波的线路，模型估计和系统状态估计交替进行。在电池的所有参数中，欧姆内阻（即 R_0）对电池的外特性影响最大，而其他四个参数的影响较小，也不方便建模，所以就认为其是常数。整个系统由相关的两个卡尔曼滤波构成，SOC 估计的卡尔曼滤波使用 SOC 和 RC 环节上的电压为状态变量，其数学表达式为

$$\boldsymbol{X}(k)=\begin{bmatrix} S(k) \\ U_{\mathrm{RC1}}(k) \\ U_{\mathrm{RC2}}(k) \end{bmatrix} \tag{5-43}$$

式中，$S(k)$ 为第 k 步的 SOC；$U_{\mathrm{RC}k}(k)$ 为 RC 环节中第 k 步的电压。

双卡尔曼滤波法具体步骤如下：

（1）初始值给定　为使迭代能够快速收敛，应当将 SOC 的初始值设定得比较接近真实值。R_0 的初始值则通过当前 SOC 查表给出。另外两个状态可以设为 0。由此就得到了 $\boldsymbol{X}(0)$ 和 $R(0)$。

（2）SOC 估计　使用第 $k-1$ 步的系统参数来估计第 k 步的系统状态；然后再用第 k 步的系统状态，估计第 k 步的系统参数。

首先，使用电流积分对第 k 步的系统状态进行估计，即

$$\boldsymbol{X}(k|k-1)=\boldsymbol{A}_{\mathrm{S}}(k)\boldsymbol{X}(k-1)+\boldsymbol{B}_{\mathrm{S}}(k)\boldsymbol{I}(k)+\boldsymbol{w}_{\mathrm{s}} \tag{5-44}$$

式（5-44）中，各系数的求取过程如下：

$$\boldsymbol{A}_{\mathrm{S}}(k)=\begin{bmatrix} 1 & 0 & 0 \\ 0 & \exp(-t/T_1(k-1)) & 0 \\ 0 & 0 & \exp(-t/T_2(k-1)) \end{bmatrix} \tag{5-45}$$

$$\boldsymbol{B}_{\mathrm{S}}(k)=\begin{bmatrix} -t/Q_0 \\ R_1(k-1)(1-\exp(-t/T_1(k-1))) \\ R_2(k-1)(1-\exp(-t/T_2(k-1))) \end{bmatrix} \tag{5-46}$$

$\boldsymbol{w}_{\mathrm{s}}$ 为系统的过程噪声，基本由电流的噪声决定。

然后是系统状态的最优估计，即

$$\boldsymbol{X}(k)=\boldsymbol{X}(k|k-1)+\boldsymbol{K}_{\mathrm{S}}(k)[U(k)-U'(k)] \tag{5-47}$$

式中，$U(k)$ 为测得的电池两端电压；$U'(k)$ 为使用电池模型估计的端电压，其计算方程式为

$$U'(k)=f(S(k))-R_0(k)I(k)-U_{\mathrm{RC1}}(k)-U_{\mathrm{RC2}}(k)+v \tag{5-48}$$

为求 $K_S(k)$（卡尔曼增益），需要计算方差矩阵，即

$$P_S(k|k-1)=A_S(k)P_S(k-1)A_S^T(k)+Q_S \qquad (5\text{-}49)$$

进而，$K_S(k)$ 的计算方程式为

$$K_S(k)=P_S(k|k-1)C_S^T(k)[C_S(k)P_S(k|k-1)C_S^T(k)+r_S]^{-1} \qquad (5\text{-}50)$$

式中，$C_S(k)$ 为

$$C_S(k)=\left[\frac{\partial F_U(S)}{\partial S}\bigg|_{S(k)},-1,-1\right] \qquad (5\text{-}51)$$

Q_S 为系统过程噪声的协方差矩阵；r_S 为电压的测量噪声的方差；$F_U(S)$ 为开路电压关于 SOC 的函数。

最后，更新方差矩阵 P_S，即可实现这一步 SOC 的卡尔曼滤波。

（3）内阻估计　首先，使用内阻和 SOC 的关系对第 k 步的内阻进行估计，即

$$R(k|k-1)=R(k-1)+\frac{\partial F_R(S(k))}{\partial S(k)}\frac{\Delta t}{Q_0}I(k) \qquad (5\text{-}52)$$

然后，利用电压的误差得到 R 的最优估计，即

$$R(k)=R(k|k-1)+K_R(k)(U(k)-U'(k)) \qquad (5\text{-}53)$$

式中，$K_R(k)$ 的计算过程如下：

$$\begin{cases} P_R(k|k-1)=P_R(k-1)+Q_R \\ K_R(k)=P_R(k|k-1)C_R(k)[C_R(k)P_R(k|k-1)C_R(k)+r_R]^{-1} \\ C_R(k)=-I(k) \end{cases}$$

$$(5\text{-}54)$$

式中，Q_R 为电阻的噪声方差；r_R 为电压的测量噪声方差。

最后，更新 P_R，即

$$P_R(k)=[1-K_R(k)C_R(k)]P_R(k|k-1) \qquad (5\text{-}55)$$

双卡尔曼滤波法的计算流程如图 5-5 所示。

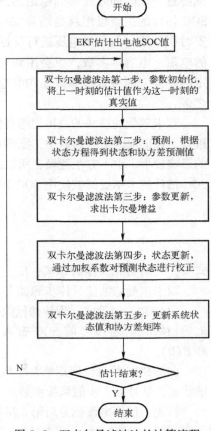

图 5-5　双卡尔曼滤波法的计算流程

5.3.5　自适应卡尔曼滤波法

针对目前锂离子电池的 SOC 估算方法精度较低、实用性不强等缺点，在改进的 PNGV 模型的基础上，采用自适应卡尔曼滤波法在线估计噪声的统计特性，以提高估算精度。通过仿真试验表明，采用自适应卡尔曼滤波法的 SOC 估算精度，明显高于扩展卡尔曼滤波法的估算精度，其有效地降低了 SOC 估算过程中的噪声干扰，具有一定的可靠性和实用性。

1. 锂离子电池等效电路模型

等效电路模型通过利用电源、电阻、电容等电气元件构建成的电路网络来模拟锂离子电池的充放电特性。因为模型都是由电气元件组成的，所以能够表示成具体的数学方程，十分直观且便于分析。目前，等效电路模型的种类很多，PNGV 模型与内阻模型、RC 模型以及 Thevenin 模型相比，具有更好的动态适应性，在此基础上，通过增加一个 RC 回路以更好地模拟锂离子电池的动态特性，等效电路模型如图 5-6 所示。

图 5-6 中，E 为理想电压源，电容 C_b 用来描述开路电压随电流积累而变化的过程，两者串联用以表示开路电压 U_{OCV}；R_o 表示电池的欧姆内阻；R_{d1} 和 R_{d2} 表示电池的极化电阻；C_{d1} 和 C_{d2} 表示电池的极化电容，两个 RC 回路组成的串联环节共同模拟锂离子电池的极化特性；U_L 为锂电池的外电压，I_L 为锂离子电池内部的环路电流。因此，模型的端电压与电流的关系式可以表示为

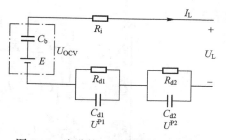

图 5-6　改进的 PNGV 等效电路模型

$$U_L = U_{OCV} - I_L R_o - U^{P1} - U^{P2} \tag{5-56}$$

通过安时积分法，得到 SOC 的计算表达式为

$$SOC = SOC_0 - \frac{1}{Q}\int \eta I_L dt \tag{5-57}$$

式中，Q 为电池的额定容量；SOC_0 为初始 SOC 值。

根据上述表达式，可以得到电池 SOC 估算的状态空间模型，即

$$\begin{bmatrix} SOC_{k+\Delta t} \\ U^{P1}_{k+\Delta t} \\ U^{P2}_{k+\Delta t} \end{bmatrix} = \begin{bmatrix} 1 & 0 & 0 \\ 0 & e^{-\frac{\Delta t}{\tau_1}} & 0 \\ 0 & 0 & e^{-\frac{\Delta t}{\tau_2}} \end{bmatrix} \begin{bmatrix} SOC_k \\ U^{P1}_k \\ U^{P2}_k \end{bmatrix} + \begin{bmatrix} -\dfrac{\Delta t}{Q_n} \\ R_{d1}(1 - e^{-\frac{\Delta t}{R_{d1}C_{d1}}}) \\ R_{d2}(1 - e^{-\frac{\Delta t}{R_{d2}C_{d2}}}) \end{bmatrix} i_k \tag{5-58}$$

$$U_k = \begin{bmatrix} \dfrac{dU_{OCV}}{dSOC} & -1 & -1 \end{bmatrix} \begin{bmatrix} SOC_k \\ U^{P1}_k \\ U^{P2}_k \end{bmatrix} - i_k R_o \tag{5-59}$$

进而，可在此状态空间模型的基础上，对锂离子电池 SOC 进行估算。

2. 基于 AEKF 法的锂离子电池 SOC 估算

采用 EKF 法估算电池 SOC 时，其噪声特性均假设为高斯白噪声，然而在实际使用过程中，其特性往往无法统计。如果仍然假设为高斯白噪声，会使系统状态的实际估计误差值与理论上计算出的误差值相差很大，随着数据的不断迭代，两者的误差会越来越大。这会使卡尔曼滤波法的估算精度降低甚至失效。针对这一问题，AEKF 法在 EKF 法的基础上，通过测量数据，不断地估计和修正噪声的统计特性以提高估计系统状态的精度，其状态方程和观测方程为

$$\begin{cases} \boldsymbol{x}_{k+1} = \boldsymbol{A}\boldsymbol{x}_k + \boldsymbol{B}\boldsymbol{u}_k + \boldsymbol{\Gamma}\boldsymbol{w}_k \\ \boldsymbol{y}_k = \boldsymbol{C}\boldsymbol{x}_k + \boldsymbol{D}\boldsymbol{u}_k + \boldsymbol{v}_k \\ \boldsymbol{w}_k \sim N(q_k, \boldsymbol{Q}_k) \\ \boldsymbol{v}_k \sim N(r_k, \boldsymbol{R}_k) \end{cases} \tag{5-60}$$

式中，k 为离散时间，系统在 k 时刻的状态为 $\boldsymbol{x}_k$；$\boldsymbol{y}_k$ 为对应状态的观测信号；$\boldsymbol{u}$ 为系统的输入矩阵；$\boldsymbol{A}$ 为传递矩阵；$\boldsymbol{B}$ 为系统控制矩阵；$\boldsymbol{C}$ 为观测矩阵；$\boldsymbol{w}$ 为均值 q、协方差 $\boldsymbol{Q}$ 的输入过程噪声；$\boldsymbol{v}$ 为均值 r、协方差 $\boldsymbol{R}$ 的观测噪声；$\boldsymbol{\Gamma}$ 为噪声驱动矩阵。

基于测量值的噪声统计极大后验次优无偏估计器，其系统噪声估计器如式（5-61）

所示：

$$
\begin{cases}
\hat{\boldsymbol{q}}_{k+1} = \dfrac{1}{k+1} \boldsymbol{G} \sum_{i=0}^{k} (\hat{\boldsymbol{x}}_{k+1} - \boldsymbol{A}\hat{\boldsymbol{x}}_k - \boldsymbol{B}\boldsymbol{u}_k) \\[2mm]
\hat{\boldsymbol{Q}}_{k+1} = \dfrac{1}{k+1} \boldsymbol{G} \Big(\sum_{i=0}^{k} \boldsymbol{L}_{k+1} \widetilde{\boldsymbol{y}}_{k+1} \widetilde{\boldsymbol{y}}_{k+1}^{\mathrm{T}} \boldsymbol{L}_{k+1}^{\mathrm{T}} + \boldsymbol{P}_{k+1} - \boldsymbol{A}\boldsymbol{P}_{k+1\,|\,k}\boldsymbol{A}^{\mathrm{T}} \Big) \boldsymbol{G}^{\mathrm{T}} \\[2mm]
\hat{\boldsymbol{r}}_{k+1} = \dfrac{1}{k+1} \sum_{i=0}^{k} (\boldsymbol{y}_{k+1} - \boldsymbol{C}\hat{\boldsymbol{x}}_{k+1\,|\,k}) \\[2mm]
\hat{\boldsymbol{R}}_{k+1} = \dfrac{1}{k+1} \sum_{i=0}^{k} (\widetilde{\boldsymbol{y}}_{k+1}\widetilde{\boldsymbol{y}}_{k+1}^{\mathrm{T}} - \boldsymbol{C}\boldsymbol{P}_{k+1\,|\,k}\boldsymbol{C}^{\mathrm{T}})
\end{cases}
\tag{5-61}
$$

其中 $\boldsymbol{G} = (\boldsymbol{\Gamma}^{\mathrm{T}}\boldsymbol{\Gamma})\boldsymbol{\Gamma}^{\mathrm{T}}$，以上四式均为算术平均，$(k+1)^{-1}$ 为每一项的加权系数，然而在时变系统中，新近数据对系统的影响较大，因此采用指数加权法对估计器做一定的改进，在式中每部分乘以一个不同的指数加权系数 β，使其满足

$$
\beta_i = \beta_{i-1} b \quad (0 < b < 1, \sum_{i=0}^{k} \beta_i = 1)
\tag{5-62}
$$

其中，b 为遗忘因子，把原估计器中每项的 $(k+1)^{-1}$ 替换成 β_{k-1}，得到改进后的时变系统的噪声估计器。在线性卡尔曼滤波器的基础上，设计自适应卡尔曼滤波器的具体步骤如下：

1）初始化。令系统状态的初始值为 $\hat{\boldsymbol{x}}_0$、初始状态误差的协方差矩阵 $\boldsymbol{P}_0$ 的求取过程如下：

$$
\hat{\boldsymbol{x}}_0 = E[\boldsymbol{x}_0], \ \boldsymbol{P}_0 = E[(\boldsymbol{x}_0 - \hat{\boldsymbol{x}}_0)(\boldsymbol{x}_0 - \hat{\boldsymbol{x}}_0)^{\mathrm{T}}]
\tag{5-63}
$$

2）状态更新。更新系统 $(k+1)$ 时刻的状态和误差协方差矩阵，即

$$
\begin{cases}
\hat{\boldsymbol{x}}_{k+1\,|\,k} = \boldsymbol{A}\hat{\boldsymbol{x}}_k + \boldsymbol{B}\boldsymbol{u}_k + \boldsymbol{\Gamma}\hat{\boldsymbol{q}}_k \\[2mm]
\boldsymbol{P}_{k+1\,|\,k} = \boldsymbol{A}\boldsymbol{P}_k\boldsymbol{A}^{\mathrm{T}} + \boldsymbol{\Gamma}\hat{\boldsymbol{Q}}_k\boldsymbol{\Gamma}^{\mathrm{T}}
\end{cases}
\tag{5-64}
$$

3）卡尔曼增益计算。根据上一步得到的当前状态的误差协方差，进而计算卡尔曼增益 $\boldsymbol{L}_k$ 为

$$
\boldsymbol{L}_k = \boldsymbol{P}_{k+1\,|\,k}\boldsymbol{C}^{\mathrm{T}} (\boldsymbol{C}\boldsymbol{P}_{k+1\,|\,k}\boldsymbol{C}^{\mathrm{T}} + \hat{\boldsymbol{R}}_k)^{-1}
\tag{5-65}
$$

4）状态和误差协方差矩阵更新。根据系统的观测值 $\boldsymbol{y}_{k+1}$，对下个时刻的状态估计值和误差协方差矩阵进行更新，计算过程为

$$
\begin{cases}
\hat{\boldsymbol{x}}_{k+1} = \hat{\boldsymbol{x}}_{k+1\,|\,k} + \boldsymbol{L}_k\widetilde{\boldsymbol{y}}_{k+1} \\[2mm]
\boldsymbol{P}_{k+1} = (\boldsymbol{E} - \boldsymbol{L}_k\boldsymbol{C})\boldsymbol{P}_{k+1\,|\,k}
\end{cases}
\tag{5-66}
$$

5）对 $\boldsymbol{q}_k$、$\boldsymbol{r}_k$、$\boldsymbol{Q}_k$、$\boldsymbol{R}_k$ 进行更新。参数更新的计算过程为

$$
\begin{cases}
\hat{\boldsymbol{q}}_{k+1} = (1-d_k)\hat{\boldsymbol{q}}_k + d_k\boldsymbol{G}(\hat{\boldsymbol{x}}_{k+1} - \boldsymbol{A}\hat{\boldsymbol{x}}_k - \boldsymbol{B}\boldsymbol{u}_k) \\[2mm]
\hat{\boldsymbol{Q}}_{k+1} = (1-d_k)\hat{\boldsymbol{Q}}_k + d_k\boldsymbol{G}(\boldsymbol{L}_k\widetilde{\boldsymbol{y}}_{k+1}\widetilde{\boldsymbol{y}}_{k+1}^{\mathrm{T}}\boldsymbol{L}_k^{\mathrm{T}} + \boldsymbol{P}_{k+1} - \boldsymbol{A}\boldsymbol{P}_{k+1\,|\,k}\boldsymbol{A}^{\mathrm{T}})\boldsymbol{G}^{\mathrm{T}} \\[2mm]
\hat{\boldsymbol{r}}_{k+1} = (1-d_k)\hat{\boldsymbol{r}}_k + d_k(\boldsymbol{y}_{k+1} - \boldsymbol{C}\hat{\boldsymbol{x}}_{k+1\,|\,k}) \\[2mm]
\hat{\boldsymbol{R}}_{k+1} = (1-d_k)\hat{\boldsymbol{R}}_k + d_k\widetilde{\boldsymbol{y}}_{k+1}\widetilde{\boldsymbol{y}}_{k+1}^{T} - \boldsymbol{C}\boldsymbol{P}_{k+1\,|\,k}\boldsymbol{C}^{\mathrm{T}}
\end{cases}
\tag{5-67}
$$

6）返回到第一步继续进行迭代计算，直到满足要求。综合上述内容，获得系统状态方程和观测方程，其系数为

$$
\begin{cases}
\boldsymbol{A}=\begin{bmatrix} 1 & 0 & 0 \\ 0 & \mathrm{e}^{-\frac{\Delta t}{R_{d1}C_{d1}}} & 0 \\ 0 & 0 & \mathrm{e}^{-\frac{\Delta t}{R_{d2}C_{d2}}} \end{bmatrix}, & \boldsymbol{B}=\begin{bmatrix} -\dfrac{\Delta t}{Q} \\ R_{d1}\left(1-\mathrm{e}^{-\frac{\Delta t}{R_{d1}C_{d1}}}\right) \\ R_{d2}\left(1-\mathrm{e}^{-\frac{\Delta t}{R_{d2}C_{d2}}}\right) \end{bmatrix} \\
\boldsymbol{C}=\begin{bmatrix} \dfrac{\mathrm{d}U_{\mathrm{OCV}}}{\mathrm{d}SOC} & -1 & -1 \end{bmatrix}, & \boldsymbol{D}=R_{\mathrm{o}}
\end{cases}
\tag{5-68}
$$

5.3.6　二次方根无迹卡尔曼滤波法

虽然 UKF 法较 KF 法和 EKF 法有更高的估计精度和更强的鲁棒性及稳定性，但是 UKF 法和 KF 法一样，也是以准确的数学模型和系统过程噪声及观测噪声统计特性已知为基础的。而当载体周围环境变化或者运动状态剧烈变化时，系统的过程噪声统计特性和观测噪声统计特性将会发生较大变化，此时标准 UKF 法滤波的精度和稳定性都会大大降低。

标准 UKF 法对锂离子电池 SOC 进行估计时，如果电池工作电流剧烈变化，则随着时间的推进，在运行后期可能会遇到协方差值负定的问题。在计算过程中，状态变量 SOC 的协方差 P_k 变成了负值，而 Cholesky 分解要求矩阵必须具有半正定性，否则算法无法继续进行，滤波器失效。滤波器失效原因是数值计算中存在着舍入误差。针对这个问题，一种由 UKF 法衍生出的新的滤波算法——二次方根无迹卡尔曼滤波（Square Root Unscented Kalman Filter, SR-UKF）法得到应用，利用状态变量协方差的二次方根来代替协方差参与迭代运算，该方法能够保证状态变量协方差矩阵的半正定性和数值的稳定性，从而克服滤波发散。在 UKF 法中，计算开销最大的操作是每次更新时都需要重新计算新的 sigma 点集。

SR-UKF 法区别于 UKF 法的地方在于，SR-UKF 法用状态变量误差协方差的二次方根来代替状态变量的误差协方差，直接将协方差的二次方根值进行传递，避免在每一步中都需要进行再分解。虽然协方差的二次方根是 UKF 法的一个组成部分，但它仍然是递归更新的协方差。当 $\boldsymbol{S}$ 为协方差矩阵 $\boldsymbol{P}$ 的二次方根（即 $\boldsymbol{SS}^{\mathrm{T}}=\boldsymbol{P}$）时，只要 $\boldsymbol{S}\neq 0$，就可以保证 $\boldsymbol{P}$ 一定非负定。SR-UKF 法使用了三种强大的线性代数技术，包括 QR 分解、Cholesky 因子更新和高效最小二乘法。

1. Cholesky 分解与 QR 分解

Cholesky 分解定理：若 $\boldsymbol{P}\in R^{n\times n}$ 对称且正定，则存在唯一符合要求的下三角矩阵 $\boldsymbol{S}\in R^{n\times n}$，使得 $\boldsymbol{SS}^{\mathrm{T}}=\boldsymbol{P}$ 成立，该矩阵 $\boldsymbol{S}$ 的对角元素全为正数，$\boldsymbol{S}$ 称作 $\boldsymbol{P}$ 的 Cholesky 因子。

QR 分解：若 $\boldsymbol{A}\in R^{m\times n}$（$m>n$），则 $\boldsymbol{A}$ 的 QR 分解表示为 $\boldsymbol{A}=\boldsymbol{QR}$，其中 $\boldsymbol{Q}$ 是一个 $m\times m$ 的酉矩阵，$\boldsymbol{R}$ 是一个 $m\times n$ 上三角矩阵，其上三角部分是 $\boldsymbol{P}$ 的 Cholesky 因子的转置。

Cholesky 因子更新：如果 $\boldsymbol{S}=\mathrm{chol}(\boldsymbol{P})$，则矩阵 $\boldsymbol{P}\pm\sqrt{v}\,\boldsymbol{v}\boldsymbol{v}^{\mathrm{T}}$ 的 Cholesky 分解一次更新记为 $\boldsymbol{S}=\mathrm{cholupdate}(\boldsymbol{S},v,\pm\boldsymbol{v})$，cholupdate( ) 函数为 Cholesky 分解的更新函数，在 SR-UKF 法中，由二次方根 $\boldsymbol{S}$ 代替原来的协方差 $\boldsymbol{P}$ 进行传递。

2. SR-UKF 法的流程

SR-UKF 法主要包括初始化、sigma 点采集、时间更新和状态更新四部分，具体描述如下。

（1）初始化

确定状态变量初始值 $\hat{\boldsymbol{x}}_0$ 和误差协方差的初始值 $\boldsymbol{P}_0$，$\boldsymbol{S}_0$ 是协方差 $\boldsymbol{P}_0$ 的 Cholesky 分解因子，初始值为

$$\begin{cases} \hat{\boldsymbol{x}}_0 = E(\boldsymbol{x}_0) \\ \boldsymbol{P}_0 = E\left[(\boldsymbol{x}_0 - \hat{\boldsymbol{x}}_0)(\boldsymbol{x}_0 - \hat{\boldsymbol{x}}_0)^{\mathrm{T}}\right] \\ \boldsymbol{S}_0 = \mathrm{chol}(\boldsymbol{P}_0) \end{cases} \tag{5-69}$$

（2）sigma 点采集

sigma 点采集的初始化如式（5-70）所示：

$$\begin{cases} \boldsymbol{x}_{k-1}^i = \hat{\boldsymbol{x}}_{k-1} & (i=0) \\ \boldsymbol{x}_{k-1}^i = \hat{\boldsymbol{x}}_{k-1} + \sqrt{(n+\lambda)}\,\boldsymbol{S}_{k-1}^i & (i=1,\cdots,n) \\ \boldsymbol{x}_{k-1}^i = \hat{\boldsymbol{x}}_{k-1} - \sqrt{(n+\lambda)}\,\boldsymbol{S}_{k-1}^{i-n} & (i=n+1,\cdots,2n) \end{cases} \tag{5-70}$$

式中，$\boldsymbol{S}_k^i$ 为 k 时刻状态变量协方差 Cholesky 因子的第 i 列，通过均值权值 ω_{m} 和方差权值 ω_{c} 的求取实现。

（3）时间更新

根据 $k-1$ 时刻的状态变量及输入变量的值，通过状态方程对状态变量进行一步预测，计算表达式为

$$\begin{cases} \boldsymbol{x}_{k\mid k-1}^i = f(\boldsymbol{x}_{k-1\mid k-1}^i, \boldsymbol{u}_{k-1}) \\ \hat{\boldsymbol{x}}_{k\mid k-1} = \displaystyle\sum_{i=0}^{2n} \omega_{\mathrm{m}}^i \boldsymbol{x}_{k\mid k-1}^i \end{cases} \tag{5-71}$$

根据采样点的一步预测，对状态变量的误差协方差进行 QR 分解，考虑到 α 和 k 的取值不同可能导致 ω_{c}^0 出现负值，故用式（5-72）来保证矩阵的半正定性，

$$\begin{cases} \boldsymbol{S}_{xk}^- = \mathrm{qr}\left\{ \left[\sqrt{\omega_{\mathrm{c}}^{1:2n}}\,(\boldsymbol{x}_{k\mid k-1}^{1:2n} - \hat{\boldsymbol{x}}_{k\mid k-1}),\ \sqrt{\boldsymbol{Q}_k} \right] \right\} \\ \boldsymbol{S}_{xk} = \mathrm{cholupdate}\left\{ \boldsymbol{S}_{xk}^-, \sqrt{\mathrm{abs}(\omega_{\mathrm{c}}^0)}\,(\boldsymbol{x}_{k-1}^0 - \hat{\boldsymbol{x}}_{k\mid k-1}),\ \mathrm{sign}(\omega_{\mathrm{c}}^0) \right\} \end{cases} \tag{5-72}$$

式中，$\boldsymbol{S}_{xk}$ 为 k 时刻状态变量的误差协方差的二次方根更新值。

根据式中状态变量的一步预测结果，由观测方程得出观测变量的一步预测值，计算过程为

$$\begin{cases} \boldsymbol{y}_{k\mid k-1}^i = h(\boldsymbol{x}_{k\mid k-1}^i, \boldsymbol{u}_k) \\ \hat{\boldsymbol{y}}_{k\mid k-1} = \displaystyle\sum_{i=0}^{2n} \omega_{\mathrm{m}}^i \boldsymbol{y}_{k\mid k-1}^i \\ \boldsymbol{S}_{yk}^- = \mathrm{qr}\left\{ \left[\sqrt{\omega_{\mathrm{c}}^{1:2n}}\,(\boldsymbol{y}_{k\mid k-1}^{1:2n} - \hat{\boldsymbol{y}}_{k\mid k-1}),\ \sqrt{\boldsymbol{R}_k} \right] \right\} \\ \boldsymbol{S}_{yk} = \mathrm{cholupdate}\left\{ \boldsymbol{S}_{yk}^-, \sqrt{\mathrm{abs}(\omega_{\mathrm{c}}^0)}\,(\boldsymbol{y}_{k\mid k-1}^0 - \hat{\boldsymbol{y}}_{k\mid k-1}),\ \mathrm{sign}(\omega_{\mathrm{c}}^0) \right\} \end{cases} \tag{5-73}$$

式中，$\boldsymbol{S}_{yk}$ 为 k 时刻观测变量的误差协方差的二次方根更新值。

（4）状态更新

状态变量与观测变量的互协方差如式（5-74）所示，其值直接影响卡尔曼增益的大小。而卡尔曼增益的准确度将影响 SOC 的估算效果，进而实现系统状态变量更新及其误差协方差更新，y_k 为 k 时刻的试验测量值。

$$
\begin{cases}
\boldsymbol{P}_{xy,k} = \sum_{i=0}^{2n} \omega_c^i [\boldsymbol{x}_{k|k-1}^i - \hat{\boldsymbol{x}}_{k|k-1}] [\boldsymbol{y}_{k|k-1}^i - \hat{\boldsymbol{y}}_{k|k-1}]^T \\
\boldsymbol{K}_k = \boldsymbol{P}_{xy,k} (\boldsymbol{S}_{yk} \boldsymbol{S}_{yk}^T) - 1 \\
\hat{\boldsymbol{x}}_{k|k} = \hat{\boldsymbol{x}}_{k|k-1} + \boldsymbol{K}_k (\boldsymbol{y}_k - \hat{\boldsymbol{y}}_{k|k-1}) \\
\boldsymbol{S}_k = \text{cholupdate}(\boldsymbol{S}_{xk}^-, \boldsymbol{K}_k \boldsymbol{S}_{yk}, -1)
\end{cases} \tag{5-74}
$$

在 SR-UKF 法中，通过一个 Cholesky 因数分解，计算状态变量协方差矩阵的二次方根来初始化滤波器。然而，在随后的迭代中，传播和更新的 Cholesky 因子直接形成了 sigma 点。Cholesky 因子的时间更新 $\boldsymbol{S}_{xk}^-$ 是利用包含加权传播的 sigma 点加上过程噪声协方差的矩阵二次方根的复合矩阵的 QR 分解来计算的。随后的 Cholesky 更新是必不可少的。这两步替换了 $\boldsymbol{P}_{x,k|k-1}$ 的时间更新，克服了 UKF 法稳定性差的缺陷，同时又保证了协方差矩阵的半正定性。

5.4　其他的新型 SOC 估算方法

5.4.1　支持向量机

支持向量机（Support Vector Machine，SVM）是 Corinna Cortes 和 Vapnik 等于 1995 年首先提出的，它在解决小样本、非线性及高维模式识别中占有重要优势，并能够推广应用到函数拟合等其他机器学习问题中，可以分析数据、识别模式，用于分类和回归分析。该方法建立在统计学习理论和结构风险最小原理基础上，不仅能解决线性分类问题，也可以对高维特征空间中的特征信息进行非线性估计。

在机器学习中，支持向量机还支持矢量网络，是与相关的学习算法有关的监督学习模型，可以用于分类和回归分析。对于给定的一组训练样本，SVM 算法可以建立了一个模型，分配新的实例为一类或其他类，使其成为非概率二元线性分类。一个 SVM 模型的粒子，如在空间中进行映射，构造一个明显的差距实现宽划分的表示，使其属于不同的类别。进而，将不同空间的粒子映射到相同的空间中，并基于粒子落在所述间隙侧的判断，进行分类预测。

结构风险最小原理（Structural Risk Minimization，SRM），结构风险 = 经验风险 + 置信风险。统计学习引入泛化误差界的概念，就是指真实风险应该由两部分内容刻画：一是经验风险，代表分类器在给定样本上的误差；二是置信风险，代表分类器在非指定样本上的误差，是一个估计空间。

泛化误差界的公式为

$$
R(w) \leqslant \text{Re } mp(w) + \phi(n/h) \tag{5-75}
$$

式中，$R(w)$ 为真实风险；$\text{Re } mp(w)$ 为经验风险；$\phi(n/h)$ 为置信风险。

已知实际误差 $R(w)$ 为

$$1 - \eta \leqslant R(w) \leqslant \frac{1}{l} \sum_{i=1}^{l} Lf[y_i, f(x_i, w)] + \sqrt{\frac{n[\ln(l/2) + 1] - \ln(\eta/4)}{l}} \qquad (5\text{-}76)$$

其中，$0 \leqslant \eta \leqslant 1$；$\frac{1}{l} \sum_{i=1}^{l} Lf[y_i, f(x_i, w)]$ 为经验风险公式；n 为学习机器的 VC 维；l 为样本数。

置信风险与两个量有关：一是样本数量，显然，给定的样本数量越大，学习结果越逼近正确值，此时置信风险最小；二是分类函数的 VC 维，显然，VC 维越大，推广能力越差，置信风险会越大。VC 维是指，对于一个指标函数集，如果存在 h 个样本能够被函数集中的函数按所有可能的 2^n 种形式分开，则称函数集能够把 h 个样本打散；函数集的 VC 维就是它能打散的最大样本数目 h。若对任意数目的样本，都有函数能将它们打散，则函数集的 VC 维是无穷大，有界实函数的 VC 维可以通过用一定的阈值将它转化成指示函数来定义。为估计指示函数，将其转化为回归问题，采用 ε 不敏感损失函数支持向量机分类算法，预测经验风险。构建损失函数为

$$L(y, f(x)) = (1 - yf(x))_+ \qquad (5\text{-}77)$$

则

$$c[y - f(x), x] = |y - f(x)|_\varepsilon = \begin{cases} 0 & (|y - f(x, w)| \leqslant \varepsilon) \\ |y - f(x, w)| - \varepsilon & (\text{其他}) \end{cases} \qquad (5\text{-}78)$$

引入非线性映射函数，将原始模型空间映射到更高维的特征空间 Z，在特征空间中构造最优分类超平面，用特征空间中的线性函数集合将高维空间中的线性问题与低维空间的非线性问题相对应，转化为回归问题，得到在原空间非线性回归效果，从而实现原始模式空间的分类，其数学表达式为

$$f(x) = w\varphi(x) + b \qquad (5\text{-}79)$$

对于给定训练的数据集，其约束优化问题可以转化为

$$\min \frac{1}{2} \|w\|^2 + c \sum_{i=1}^{l} (\xi_{i1} + \xi_{i2}) \qquad (5\text{-}80)$$

并且满足式（5-81）所述约束条件：

$$\begin{cases} y_i - w\varphi(x_i) - b \leqslant \xi_{i1} + \varepsilon \\ w\varphi(x_i) - b - y_i \leqslant \xi_{i2} + \varepsilon \\ \xi_{i1} \geqslant 0, \ \xi_{i2} \geqslant 0 \\ i = 1, 2, \cdots, l \end{cases} \qquad (5\text{-}81)$$

由拉格朗日（Lagrange）数乘法可知，$z = f(x, y)$ 在条件 $\varphi(x, y) = 0$ 下的可能极值点，可以构造函数如式（5-82）所示：

$$F(x, y) = f(x, y) + \lambda\varphi(x, Y) \qquad (5\text{-}82)$$

其中，各参数间满足：

$$\begin{cases} f_x(x, y) + \rho\varphi_x(x, y) = 0 \\ f_y(x, y) + \rho\varphi_y(x, y) = 0 \\ \varphi(x, y) = 0 \end{cases} \qquad (5\text{-}83)$$

若式（5-83）恒成立，则 (x, y) 为可能的好极值点，可以获得

$$\max_{\alpha_{i1},\alpha_{i2},\beta_{i1},\beta_{i2}}\min_{w,b,\xi}\left\{Lp=\min\frac{1}{2}\|w\|^2+c\sum_{i=1}^{l}(\xi_{i1}+\xi_{i2})\right.$$

$$-\sum_{i=1}^{l}\alpha_{i1}[\xi_{i1}+\varepsilon-y_i+w\varphi(x_i)+b]$$

$$-\sum_{i=1}^{l}\alpha_{i2}[\xi_{i2}+\varepsilon+y_i-w\varphi(x_i)-b] \tag{5-84}$$

$$\left.-\sum_{i=1}^{l}(\xi_{i1}\beta_{i1},\xi_{i2}\beta_{i2})\right\}$$

当 $\frac{\partial L}{\partial w}=0$ 时，可得极值为

$$w=\sum_{i=1}^{l}(\alpha_{i1}-\alpha_{i2})\varphi(x_i) \tag{5-85}$$

将 w 代入估计函数，得到回归估计表达式为

$$f(x,\alpha_{i1},\alpha_{i2})=\sum_{i=1}^{l}(\alpha_{i1}-\alpha_{i2})\varphi(x_i)\varphi(x_j)+b \tag{5-86}$$

令 $k(x_i,x_j)=\varphi(x_i)\varphi(x_j)$ 为核函数，获得其函数关系为

$$k(x_i,x_j)=\exp(-y\,|x_i-x_j|^2) \tag{5-87}$$

5.4.2 粒子滤波法

粒子滤波（Particle Filter, PF），又称为序贯蒙特卡罗（Sequential Monte Carlo, SMC）方法，是一种基于蒙特卡罗方法的贝叶斯滤波技术。粒子滤波的基本原理是寻找一组在状态空间传播的随机粒子（样本）描述系统的状态，通过蒙特卡罗方法处理贝叶斯估计中的积分运算，从而得到系统状态的最小均方差估计。当粒子数量趋于无穷时，可以逼近服从任意概率分布的系统状态。

与其他滤波方法（如 KF 法、EKF 法、UKF 法等）相比，PF 法不必对系统状态做任何先验假设，理论上可适用于任何能用状态空间模型描述的随机系统。但是有两个问题限制了粒子滤波法的进一步发展：第一个问题是粒子滤波法的计算量很大；另一个问题是粒子退化现象，导致计算资源的浪费和计算结果的偏差。随着半导体技术的发展，计算资源的性价比越来越高，这些问题得到有效解决，粒子滤波法又逐渐成为重点关注的技术之一。

根据所建立的状态空间方程，应用 PF 法对 SOC 的估算，模型的准确度可以提高 SOC 估算的精度，在保证同样精度的情况下，可减少算法的粒子采样数，从而减小计算量。其计算流程如图 5-7 所示。

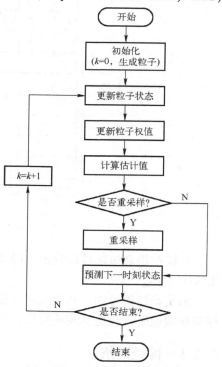

图 5-7　粒子滤波法的流程图

第一步，初始化。利用先验概率 $p(x_0)$ 产生 N 个 SOC 初始粒子 $\{SOC_0^i\}_{i=1}^N$ 及粒子权值 $\{q_0^i\}_{i=1}^N = \dfrac{1}{N}$。

第二步，算法循环过程如下：

1）更新。根据系统更新方程，得到下一时刻的先验概率样本 $\{SOC_k^i\}_{i=1}^N$，更新粒子权重 $\omega_k^i = \omega_{k-1}^i p(U_{L(k)} | SOC_k^i) = \omega_{k-1}^i p(U_{L(k)} - h(SOC_k^i))\ (i=1,2,\cdots,N)$。

2）权值归一化。进行归一化权值计算 $\omega_k^i = \omega_k^i / \sum_{i=1}^N \omega_k^i$。

3）计算最小均方估计 $\hat{SOC}_k \approx \sum_{i=1}^N \omega_k^i SOC_k^i$。

4）重采样。计算有效粒子数 $N_{eff} = \dfrac{1}{\sum\limits_{i=1}^N (\omega_k^i)^2}$，判断条件 $N_{eff} \leqslant N_s$，得到新的粒子集 $\{SOC_{0;k}^{i*}, i=0,1,2,\cdots,N\}$。

5）预测。利用状态方程预测参数 SOC_{k+1}^i。

6）判断程序结束条件，若未结束，时刻 $k=k+1$，到第一步。

对于上述流程，可以利用集成软件工具对 SOC 进行仿真估算。首先，选定等效模型并使用实验辨识所得参数，得到 PF 法的过程递推方程和量测噪声方程，根据算法流程，模拟实际放电过程中电流变化的情况，进行 SOC 估算，得到仿真曲线如图 5-8 所示。

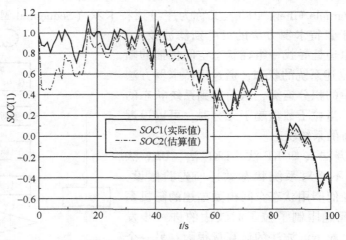

图 5-8　PF 法估算 SOC 跟踪曲线

从模拟仿真结果可以看出，PF 法跟踪 SOC 具有良好的滤波效果，进而获得跟踪误差如图 5-9 所示。

由实验结果可知，其误差最终稳定在 4% 以内。目前基于粒子滤波法的 SOC 估算主要还停留在理论研究和仿真实验阶段，还未投入大规模的实际应用中。

5.4.3　神经网络法

神经网络能够通过学习和训练获得用数据表达的知识，除了可以记忆已知的信息之外，

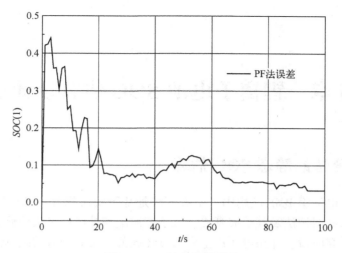

图 5-9　PF 法的跟踪误差

还具有较强的概括能力和联想记忆能力。利用神经网络估算锂离子电池 SOC 的步骤：应用神经网络对锂离子电池进行建模，以电压、电流等电池外部特性参数作为输入，通过大量的样本数据对系统进行样本训练，当 SOC 达到符合要求的误差范围内时，再利用该系统对新的输入进行 SOC 估算。利用神经网络来估算电池 SOC 的优点是不需要建立确定的数学模型，另外从众多的文献可以看出，电池 SOC 与通过电池的电流、电池端电压等参数之间是一种非线性关系，而神经网络能很好地通过样本学习来确定这种非线性关系，样本学习数据越多，估算精度就越高。

5.4.4　基于优势互补的算法融合

近年来，研究者又提出了一些新的估算方法，比如最小二乘支持向量机回归算法、自适应理论方法、改进的神经网络法和无迹卡尔曼滤波相结合的方法等。这些新方法可对上述传统估算方法和新型估算方法估算 SOC 过程中所出现的误差进行修正，尽可能地减小估算误差，从而提高估算精度。在实际的电池管理系统中，估算电池 SOC 的方法都是传统方法，诸如此类的新方法大多数处在理论研究和仿真阶段。

第6章 锂离子电池 SOC 估算设计实例

6.1 基于二分法的静态 SOC 估算

现有的锂离子电池组 BMS 应用中，主流方法是基于安时积分法和开路电压法修正的估算方法，结合卡尔曼滤波法及其扩展算法、粒子滤波法和神经网络法等修正参数、消除累积误差的方法还在研究阶段。开路电压法主要通过经验公式法和查表法对 SOC 初值进行修正，对 OCV-SOC 关系曲线的利用效率不高，使 SOC 初始估算值偏差较大，导致之后的安时积分过程误差累积更加严重。基于二分法迭代的 SOC 估算方法能够很好地解决上述问题。

6.1.1 静态 SOC 估算问题分析

针对锂离子电池安时积分过程中，利用开路电压法修正的静态 SOC 估算误差问题，其核心思想是利用二分法迭代实现 SOC 的静态估算。本章介绍了基于二分法迭代逼近静态 SOC 值方法的实施过程。锂离子电池 OCV-SOC 曲线如图 6-1 所示。

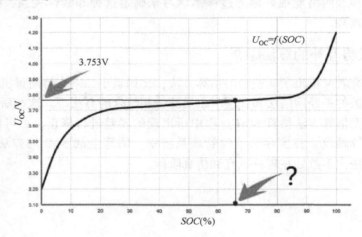

图 6-1 OCV-SOC 曲线

图 6-1 中，OCV-SOC 函数关系是一个非线性的关系曲线，对其拟合得到的表达式可以表示为一个多项式的非线性函数，即

$$U_{OC} = f(SOC) = \sum_{k=0}^{n} A_k \times SOC^k \tag{6-1}$$

式中，自变量为 SOC；因变量为 $OCV(U_{OC})$；n 为多项式阶数，根据实际拟合效果适当取值，一般取 5~7 比较合适。

在 Ah 积分方法为基础的 SOC 估算过程中，一般是将上面的函数线性化，即近似成为一次函数，由于估算中 $OCV(U_{oc})$ 是已知变量，而 SOC 是未知变量，所以还需要对原来的函数做坐标对换（即求取反函数），线性化能使这一过程更好操作，但也带来了不可避免的误差；OCV 估算 SOC 还有一种插值法，包括很多种不同的差值方法，如 Lagrange 多项式插值法、Newton 插值法、分段线性插值法等，对于已知 OCV-SOC 点较少的情况，插值法求取中间未知区间的 SOC 会带来很大误差，加上其后的安时积分过程误差积累，使得 SOC 的估算偏离实际值的程度越来越大。

6.1.2 二分法的迭代计算过程

利用二分法处理曲线拟合函数，可以得到较为精确的 SOC 值。二分法估算 SOC 的第一次迭代过程如图 6-2 所示。

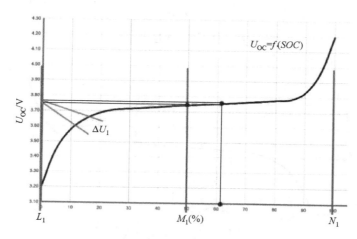

图 6-2 第一次迭代过程

图 6-2 中，二分法估算 SOC 的第一次迭代过程：确定初始取值区间，图中为 SOC 从 0~100% 的整个区间，即 L_1 到 N_1 之间的区间，然后取区间中值 50% 作为估计点，即图中的 M_1 处，将 M_1 处的 SOC 值代入函数得到一个 $OCV(U_{oc})$ 的估计值；将该估计值 U 与实际测得的 OCV 比较，如果差值 ΔU_1 绝对值大于规定的精度，如 1 mV，就开始缩短取值区间；区间缩短的方向由估计值 U 与实测值 U_e 差值 ΔU_1 的符号决定：若 $\Delta U_1 > 0$，即估计值大于实测值，则将原来区间上限 N_1 降低到原来的中值 M_1 处；若 $\Delta U_1 < 0$，即估计值小于实测值，则将原来区间下限 L 上升到原来的中值 M_1 处。图 6-2 中，$\Delta U_1 < 0$，所以需要向上缩短区间范围，进入下一迭代过程。

二分法估算的第二次迭代过程如图 6-3 所示。

图 6-3 中，二分法估算的第二次迭代过程：此时区间范围已经上升到了整个 SOC 区间的上半部分，然后再次取当前区间的中值 M_2，将该处的 SOC 值代入函数中，得到新的电压估计值；再次将该估计值与实际测得的 OCV 比较，如果 ΔU_2 绝对值大于规定的精度则继续缩小区间范围。图中，$\Delta U_2 > 0$，所以区间缩短方向向下，即让区间上限 N_2 下降到 M_2 处，进入下一个循环。不断地重复循环上述过程，逐渐逼近到真实 SOC 值附近。

进而，二分法估算的第 n 次迭代过程如图 6-4 所示。

图 6-4 中，二分法估算的第 n 次迭代后，此时的取值范围会缩短到包含真实 SOC 值的

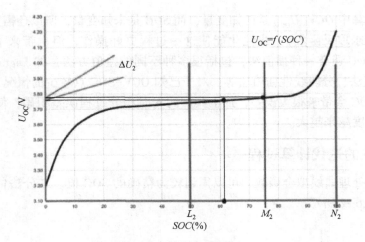

图 6-3　第二次迭代过程

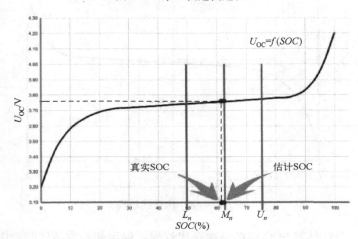

图 6-4　第 n 次迭代过程

一个小区间内，再次取当前区间的中值 M_n，同样将该处的 SOC 值代入计算表达式中，得到最新的电压估计值 U_n，与实测值 U_0 比较得到 ΔU_n，若此时 ΔU_n 绝对值小于规定的精度，则认为该处的 SOC 值就是准确的估计值。

6.1.3　BMS 中的实现流程

二分法迭代算法估算精度高，同时实现过程简单、难度小，可适用于不同场景下的不同类型锂离子电池静态 SOC 的精确测算，改善了传统 OCV 估算 SOC 对已有数据利用率不高的缺陷，对方法研究和实际应用提供了有效参考。二分法迭代算法流程如图 6-5 所示。

二分法迭代算法实现流程介绍如下。

第一步：初始化 SOC 取值范围（0~100%），取区间中值作为初始估算点 SOC_m。

第二步：将测得的实际开路电压 U_{oc} 输入，首先判断锂离子电池是满容量或者空容量，若是，则直接返回 1 或者 0，退出程序；若不是，则进行下一步。

第三步：将当前估算点 SOC_m 值代入拟合函数中得到当前 OCV 估计值 U_{oc}_e。

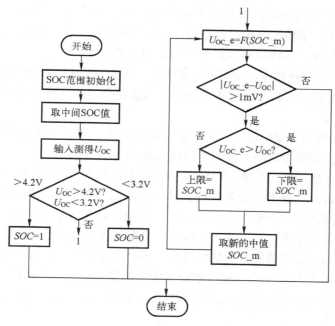

图 6-5 二分法迭代算法流程图

第四步：判断 U_{oc_e} 和 U_{oc} 差值 ΔU 的绝对值是否大于规定精度范围，这里设精度为 1 mV，若大于，则进入下一步；若不大于，直接输出当前 SOC_e，退出程序。

第五步：比较 U_{oc_e} 和 U_{oc} 大小，若 U_{oc_e} 较大，则向下缩短取值区间，将上限值减小到当前中值处；若 U_{oc} 较大，则向上缩短取值区间，将下限值增大到当前中值处。

第六步：更新中值 SOC_m 到新的区间内，回到第三步，再次代入 OCV-SOC 拟合函数中。

程序不断循环，直到达到退出条件，即判断 ΔU 不大于指定精度。

该静态 SOC 估算算法的实现过程简明易懂、流畅，可适用于各种场景下的锂离子电池静态 SOC 估算。实践结果表明，当给定 OCV 精度为 1 mV 时，算法迭代次数在 10 次以内，当 OCV 精度为 0.1 mV 时，迭代次数不超过 15 次，算法在保证足够精度的同时，实现了运算量小的要求，兼顾了估算精度和算法复杂度。这种算法充分利用了锂离子电池 OCV-SOC 实验数据，直接利用拟合非线性函数关系式，实现对锂离子电池静态 SOC 估算的迭代计算，为锂离子电池安时动态估算 SOC 提供前提保障。

6.2 基于无迹卡尔曼的动态 SOC 估算

提高锂离子电池组的 SOC 估算精度和降低算法复杂度，不仅对估算过程的嵌入方式实现非常重要，还能确保其实现的实时性，其影响因素与难点如下：

1) 内阻、温度和可用容量等影响因素，在使用过程中不断发生变化，随着电化学衰减而改变。在动力供能系统中，这些参数很难被实时直接测量获得。然而，在锂离子电池组 SOC 估算过程中，这些变化需要在一定程度上已知并用于 SOC 估算的修正环节。

2）成组工作情况下单体间一致性差异的影响。由于单体电压和容量的限制，锂离子电池需要级联成组使用。单体间在生产制造和使用过程中存在不可避免的差异，造成成组单体间工作性能上存在差异，使得成组 SOC 估算具有挑战性。

3）在有限的信号采样和计算处理资源条件下，过程噪声和观测噪声的影响及其抗干扰处理。在锂离子电池组工况应用环境中，该问题需要在有限的计算资源条件下解决，并对其准确性有较高的要求。

4）平台效应及应用工况的影响。SOC 是其内部状态，不能直接测量，其充放电平台平坦且应用环境复杂，使得锂离子电池组的精确 SOC 估算较为困难。

为了有效解决上述问题，编著者对锂离子电池组工作特性进行分析，结合以卡尔曼滤波为基础的估算方法研究，提出综合各处理方法优点后的锂离子电池组 SOC 估算策略；针对锂离子电池组长时间搁置、间歇小电流补充电、短时大电流放电等工况下 SOC 难以估算的问题，探索锂离子电池组不同工况的工作特性，实现电池特性的模型表达并进行状态空间描述，构建具有参数修正和调节能力的估算模型，解决单体间不平衡对估算的影响，实现锂离子电池组的准确 SOC 估算；基于无迹卡尔曼滤波理论提出了改进的 UKF 估算方法，实现了迭代计算，综合应用无迹卡尔曼滤波思想和模拟工况实验分析，实现了锂离子电池组 SOC 估算过程的迭代计算。

基于电池等效模型和状态空间方程，在进行高适应性卡尔曼滤波估算及其非线性扩展方法研究的基础上，利用泰勒级数展开、无迹变换和函数拟合近似等方式，探索不同工况的数学描述方法，构建具有参数修正和自适应调节能力的 SOC 估算模型。构建过程的基本思路如图 6-6 所示。

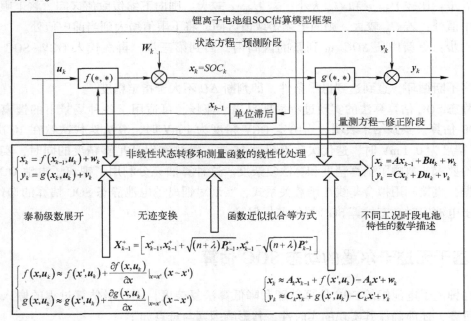

图 6-6　锂离子电池组 SOC 估算模型构建

估算模型框架构建方法研究：基于电池等效模型及其状态空间描述，分析动力工况下 SOC 估算的特殊性。揭示估算过程中关键参数的影响规律，探索状态方程和观测方程的构建机制。结合充放电电流、温度变化、自放电率和单体间一致性差异等影响因素的理论和实验分析，获取估算过程中关键因素影响的修正策略。

利用多元参数估算和卡尔曼滤波扩展理论分析，获得估算模型框架构建机制。结合动力工况下的工作特性分析，针对其多输入和高非线性特点，探索 SOC 估算模型框架的构建方法。基于 SOC 估算模型框架设计思想，分析泰勒级数展开、无迹变换和函数拟合近似等方式的实现机制及优缺点，建立状态空间方程与工作状态的映射关系，并对工作特性进行数学描述，为锂离子电池组 SOC 估算关键问题的突破提供理论基础。

估算模型的构建及优化：通过不同工况电池特性的数学描述和估算模型框架构建理论分析；利用状态空间方程描述，结合工作模式分析，实现 SOC 估算模型的初步构建；把锂离子电池组的等效模型及其状态空间表示，传递到估算模型的状态方程和观测方程上，使 SOC 估算过程对锂离子电池组内部反应和工作状态具有高灵敏性和适应性，实现对估算效果的跟踪分析。

研究估算模型在不同初始电量下的输出响应变化规律，讨论电流波动和温度变化等关键因素对估算精度的影响，进而对估算结构进行优化。通过模型参数和权重因子修正，解决单体间不平衡对估算的影响，提供有效的 SOC 估算修正方法。在仿真和实验分析的基础上，通过单体间平衡状态的数学描述，把平衡状态的影响融入估算过程中，修正模型参数和权重因子，进行模拟工况下 SOC 估算精度和适应性实验验证。

锂离子电池组由级联组合的独立电池单体构成，由于受到生产差异、老化和温度等不同工况环境的影响，单体间具有差异性，在电压、容量和内阻方面的差异影响了锂离子电池组的可用能量，降低了其性能和使用寿命。通过使用卡尔曼滤波估算，结合对状态参数的非线性处理，为锂离子电池组 SOC 估算提供了一种递归解决方案，通过实时监测电压、电流和温度等关键参数，实现了 SOC 估算过程的迭代计算和修正。基于具有反馈调节能力的卡尔曼滤波估算方法，展开锂离子电池组的 SOC 估算研究。通过叠加实时观测值修正实现 SOC 估算，在估算过程中获得当前 $SOC(k)$ 值，其状态方程和观测方程为

$$\begin{cases} SOC(k) = A(k)SOC(k-1) + B(k)I(k) + w(k) \\ U_L(k) = C(k)SOC(k) + D(k)I(k) + v(k) \end{cases} \tag{6-2}$$

式中，$SOC(k)$ 为 k 时刻的 SOC 值；$A(k)$、$B(k)$、$C(k)$ 和 $D(k)$ 为 k 时刻的状态参数和观测参数；$w(k)$ 和 $v(k)$ 分别为 k 时刻的过程噪声和观测噪声；$U_L(k)$ 为 k 时刻的闭路电压观测值。

通过构建 SOC 估算模型，实现锂离子电池组的应用特征描述和状态估算。在上述表达式中，使用闭路电压 $U_L(k)$ 表示系统输出，$I(k)$ 作为系统输入。根据状态空间方程描述，基于卡尔曼滤波估算框架，进行锂离子电池组 SOC 估算过程的具体实现，其估算模型结构如图 6-7 所示。

该 SOC 估算模型的离散空间描述通过图 6-7 进行表述，总体划分为两大部分，其中，S1 为锂离子电池组 SOC 估算的状态方程，S2 为观测方程。通过迭代使用表达式 $SOC(k) = SOC(k-1)$，把有效参数用 SOC 值进行替换，结合离散化处理过程实现迭代计算，获得与时间密切相关的方程表达式，并用于后续状态参数的替换与表征。在图 6-7 中，各参数的意义描述如下：$I(k)$ 为输入的电流信号，$U_L(k)$ 为输出的闭路电压信号，$SOC(k)$ 为 k 时刻的系统状态值，$SOC(k-1)$ 为 $k-1$ 时刻的 SOC 值，$w(k)$ 和 $v(k)$ 分别为 SOC 估算过程的过程噪声和观测噪声，A、B、C 和 D 分别为状态方程和观测方程的系数矩阵。

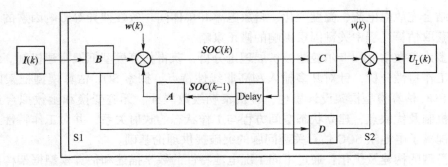

图 6-7 基于 KF 的 SOC 估算模型结构

通过上述分析可知，该方法需要待估算随机信号和观测方程的离散模型已知，并将其转换成一般形式的状态空间模型。在锂离子电池组 SOC 估算过程中，直接测量得到的电流 $I(k)$ 存在检测误差，因此需要构建等效模型并作为 SOC 估算的基础，应用于 SOC 估算中并降低极化效应的影响。在锂离子电池组 SOC 估算模型中，SOC 作为状态变量，通过使用卡尔曼滤波算法和观测变量值进行更新。基于状态方程和观测方程的联合求解，过程状态计算与修正得到实现，获得基于卡尔曼滤波算法的锂离子电池组 SOC 迭代计算过程如下：

第一步，计算 k 时刻的预测值，$SOC(k-1)$ 为修正后的最优估算结果，$SOC(k|k-1)$ 是利用上一时刻的最优估算值 $SOC(k-1)$ 进行预测得到的结果。其计算公式为

$$SOC(k|k-1) = A(k)SOC(k-1) + B(k)I(k) \tag{6-3}$$

第二步，通过计算 $SOC(k|k-1)$ 的估算误差，求取对应于 $SOC(k|k-1)$ 的协方差矩阵，$P(k|k-1)$ 是 $SOC(k|k-1)$ 所对应的协方差，$P(k-1)$ 是 $SOC(k-1)$ 所对应的协方差，Q_w 为过程噪声的协方差。其计算公式为

$$P(k|k-1) = A(k)P(k-1)A(k)^T + Q_w \tag{6-4}$$

第三步，计算 k 时刻的卡尔曼滤波增益 $K(k)$，在求得 $SOC(k|k-1)$ 和 $P(k|k-1)$ 之后，根据其计算表达式求取卡尔曼滤波增益 $K(k)$，即

$$K(k) = P(k|k-1)C(k)^T / [C(k)P(k|k-1)C^T(k) + Q_w] \tag{6-5}$$

第四步，计算 k 时刻的最优估算值，根据得到的预测值 $SOC(k|k-1)$ 和实时测量获得的闭路电压值 $U_L(k)$，获得当前时刻的最优估算值 $SOC(k)$，其计算公式为

$$SOC(k) = SOC(k|k-1) + K(k)[U_L(k) - C(k)SOC(k|k-1)] \tag{6-6}$$

第五步，考查 k 时刻最优估算值的误差，根据所得到的 $K(k)$ 和 $P(k|k-1)$，计算 k 时刻 SOC 最优估算值所对应的协方差 $P(k)$，即

$$P(k) = [E - K(k)C(k)]P(k|k-1) \tag{6-7}$$

通过上述迭代计算过程可知，该 SOC 估算方法利用状态空间方程实现其迭代计算过程，具有高估算精度和实时状态误差修正能力。锂离子电池组的等效模型需要预先设计，并基于锂离子电池组中各电池单体工作性能一致的假设，使得锂离子电池组被模拟等效为一个具有更高电压和更大容量的电池单体，进而结合单体间差异的表征实现成组 SOC 估算的修正和优化。

由以上计算过程可知，使用卡尔曼滤波进行 SOC 估算具有较强的适应性。实际应用中的锂离子电池组具有较强的非线性特征，因此在卡尔曼滤波算法应用于其 SOC 估算过程中，需要进行非线性转换。由于能够在线性高斯模型条件下，对 SOC 值进行最优估算，利用统计学思想将其转化为近似线性问题，然后应用卡尔曼滤波算法实现对目标的状态估算。锂离

子电池组 SOC 值的离散时间计算公式为

$$SOC(k|k-1) = SOC(k-1) - \eta I(k) T_s / Q_n \tag{6-8}$$

式中，Q_n 为锂离子电池组的放电容量；$I(k)$ 为充放电电流；T_s 为电流检测采样时间间隔；η 为库仑效率。

由锂离子电池组的工作特性可知，SOC 估算过程是动态估算过程。已知 $SOC(k)$ 为有用状态信号，$v(k)$ 为随机噪声，进而获得闭路电压观测信号 $U_L(k)$ 与 $SOC(k)$ 的函数关系。针对锂离子电池组 SOC 估算目标，构建其离散随机系统的数学描述。$SOC(k)$ 是 n 维状态向量，$I(k)$ 是电流输入参数向量，$w(k)$ 是 p 维动态随机干扰噪声向量，$U_L(k)$ 是 m 维观测向量，$v(k)$ 是 m 维动态随机观测噪声向量。

该迭代计算过程在锂离子电池组 SOC 估算中得到了应用，具有较强的自适应能力，通过使用电压、电流和温度等基本参数，实现 SOC 估算过程中的实时参数修正，进而获得相关系数矩阵的维数。$w(k)$ 和 $v(k)$ 是零均值噪声 $(E\{w(k)\}=0, E\{v(k)\}=0)$，满足高斯白噪声序列 $(\text{Cov}\{w(k), w(j)\}=Q(k), \text{Cov}\{v(k), v(j)\}=R(k))$，并且相互独立 $(\text{Cov}\{w(k), v(k)\}=0)$，这些变量在采样间隔中认为是定值。其中，$Q(k)$ 是维数为 $p \times p$ 的非负确定性矩阵且为 $w(k)$ 的方差矩阵。$R(k)$ 为 $p \times p$ 维正定矩阵且为 $v(k)$ 的方差矩阵，实现 $SOC(k)$ 的初始值 $SOC(0)$ 的统计特征求取，其均值为 $E\{SOC(0)\}=\mu_0$，方差计算公式为

$$\text{var}\{SOC(0)\} = E\{[SOC(0) - \mu_0][SOC(0) - \mu_0]^T\} = P_0 \tag{6-9}$$

$w(k)$ 和 $v(k)$ 均与初始值 $SOC(0)$ 不相关，即 $E\{w(k), SOC(0)\}=0$ 且 $E\{v(k), SOC(0)\}=0$。针对锂离子电池组 SOC 估算，构建闭路电压观测数据序列 $\{U_L(0), U_L(1), \cdots, U_L(k)\}$，并进行实时检测，为 $SOC(j)$ 寻求最优估算值 $SOC(j|k)$，使得误差协方差最小，即

$$E\{[SOC(j) - SOC(j|k)]^T[SOC(j) - SOC(j|k)]\} = \min \tag{6-10}$$

在锂离子电池组 SOC 估算过程中，要求所有的状态变量估算误差协方差值达到最小，这使得 SOC 估算结果逐渐逼近真实值。同时，因为 SOC 估算的处理要求是观测矢量的线性函数，所以该无偏估计为

$$E\{SOC(j|k)\} = E\{SOC(j)\} \tag{6-11}$$

由于锂离子电池组 SOC 估算的非线性特征，需要在每一步都使用线性处理过程，使得该非线性系统局部接近于随时间变化的线性系统，进而把卡尔曼滤波算法应用于此锂离子电池组 SOC 估算过程中，构建其状态空间模型：

$$\begin{cases} SOC(k) = f\{SOC(k-1), I(k)\} + w(k) \\ U_L(k) = g\{SOC(k), I(k)\} + v(k) \end{cases} \tag{6-12}$$

在式 (6-12) 中，状态方程表示 SOC 估算模型的动态变化，观测方程表示具有静态关系的系统输出方程。$f\{SOC(k-1), I(k)\}$ 是非线性状态转换方程，$g\{SOC(k-1), I(k)\}$ 是非线性观测方程。$w(k)$ 和 $v(k)$ 的协方差矩阵分别为 Q 和 R。在锂离子电池组 SOC 估算过程中，通过初始 SOC 值及其误差协方差值的计算，获得最优估算值。

在锂离子电池组 SOC 估算过程中，首先通过使用状态参数及其误差协方差的初始估算值，实现预测步骤的时间更新。对系统状态值及其误差协方差值进行提前设定，使得修正步骤的测量更新处理得到实现，并获得卡尔曼滤波增益。结合测量修正对 SOC 估算结果进行更新，并同时计算锂离子电池组 SOC 估算的误差协方差值。利用非线性函数的局部线性特征，将非线性模型局部线性化。为了获得以卡尔曼滤波为基础的 SOC 估算模型状态方程和

观测方程结构，对 $SOC(k)$ 各次项系数进行合并，并统一用时变参数表示，其初始值取值为 $E[SOC(0)]$，在已经求得前一步估算值的条件下，增加额外的非随机外作用项。

6.2.1 非线性迭代计算

在预处理过程中，线性化处理后的状态方程和观测方程与基本卡尔曼滤波方程结构类似。通过对线性化后的模型应用卡尔曼滤波基本方程，获得后续递推计算过程。SOC 估算初值和误差协方差矩阵的初值，通过求期望和方差的方式获得。进而基于锂离子电池组的工作特性分析，构建 SOC 估算的模型结构。在用于锂离子电池组的 SOC 估算时，$U_L(k)$ 为闭路电压观测值，SOC 初始化为 $SOC(k-1)$。状态空间方程里面的电压、电流和温度等输入参数通过实时检测获得，闭路电压 $U_L(k)$ 是观测方程的输出参数。

S1：预测阶段开展的计算过程如下。

1）获得先验估算。在每个迭代运行之前，令 $SOC=SOC(k-1)$，计算 SOC 状态的预测值，即

$$SOC(k|k-1)=A(k)SOC(k-1)+f\{SOC(k-1),I(k)\} \tag{6-13}$$

2）计算先验估算的误差协方差。计算 SOC 估算的误差协方差矩阵，即

$$P(k|k-1)=A(k)P(k-1)A^T(k)+Q_w \tag{6-14}$$

式中，Q_w 为过程噪声的协方差。

S2：修正阶段开展的计算过程如下。

1）计算卡尔曼滤波增益值。计算 SOC 估算中的卡尔曼滤波增益，即

$$K(k)=P(k|k-1)C^T(k)/[C(k)P(k|k-1)C^T(k)+Q_v] \tag{6-15}$$

式中，Q_v 为观测噪声的协方差。

2）计算并获得观测值的更新状态。通过观测值更新，计算 SOC 的最优状态估算值，即

$$SOC(k)=SOC(k|k-1)+G(k)[U_L(k)-C(k)SOC(k|k-1)] \tag{6-16}$$

3）更新误差协方差值。修正 SOC 估算的误差协方差，即

$$P(k)=[E-G(k)C(k)]P(k|k-1) \tag{6-17}$$

由锂离子电池组的工作特性实验结果可知，$f(SOC)$ 是非线性函数。外部可测参数（闭路电压、单体电压、电流和温度）是状态空间方程的输入量，闭路电压 $U_L(k)$ 是观测方程的输出量。

6.2.2 无迹变换

针对提高 SOC 估算精度的目标，基于无迹变换处理对锂离子电池组的非线性特征进行描述，可有效避免泰勒级数展开和舍弃高次项所带来的估算误差。基于无迹变换的处理过程与泰勒级数展开相比，至少具有二阶精度，尤其对于高斯分布，可达到三阶精度。无迹变换采样点的选择，是基于先验均值和先验协方差矩阵二次方根的相关序列实现的，原理如图 6-8 所示。

无迹变换在 SOC 估算过程中表现出良好的性能，但是，如果线性处理微小时段的稳定性不能持续一段有效的时间，将会产生比较差的估算效果。通过非线性函数变换获得变换后的 sigma 数据点，利用数据点加权获得变换后的均值和协方差，进而获得其加权因子。同时，考虑到嵌入式实现的可靠性与实时性，对无迹变换进行了优化处理，实现精简粒子无迹变换 RP-UT。

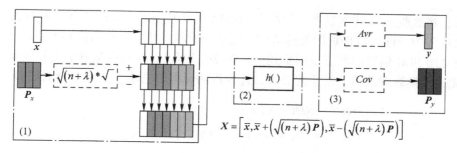

图 6-8　基于无迹变换的采样点变换原理图

通过精简粒子的方式，选取线性卡尔曼滤波估算获取的 SOC 值作为其中一个粒子。在该值对称两侧各选取一个粒子作为剩余的两个粒子，用于迭代计算过程的实现。通过对锂离子电池组的工作特性进行分析，使用 RP-UT 实现非线性变换处理。该变换过程相对于直接曲线拟合求取和扩展卡尔曼滤波为基础的求取，对非线性特征具有更强的适应性，采用三粒子的求取思路合理且具有计算量小的优点。

6.2.3　基于 UKF 的迭代运算

结合锂离子电池组的 S-ECM 状态空间模型，基于无迹卡尔曼滤波的迭代计算，实现 SOC 值的迭代计算，在用于跟踪锂离子电池组输出电压时，平均估算误差为 0.01 V，最大估算误差为 0.05 V。通过把 SOC 作为其状态方程中的变量，输出闭路电压作为观测方程的变量，构建状态方程和观测方程表达式。$SOC(k)$ 为状态变量，是 k 时刻的 SOC 值。$U_L(k)$ 为工作电压输出观测变量。状态方程系数 A 为系统矩阵，B 为控制输入矩阵。H 为观测矩阵，初始值为 $[0\ 0\ 1]$。$U_L(k)$ 为考虑测量误差 $v(k)$ 影响的电压信号输出。

通过迭代计算，从上一个状态值 $SOC(k-1)$、输入信号 $I(k)$ 和测量信号 $U_L(k)$ 计算出卡尔曼滤波模型的估算值 $SOC(k)$。利用无迹变换代替状态变量统计特性线性化变换，对于不同时刻的 k 值，具有高斯白噪声 $w(k)$ 的随机向量 SOC 和具有高斯白噪声 $v(k)$ 的观测变量 $U_L(k)$ 构成离散时间非线性系统。通过把该估算框架应用于估算过程中，构建锂离子电池组 SOC 估算模型，如图 6-9 所示。

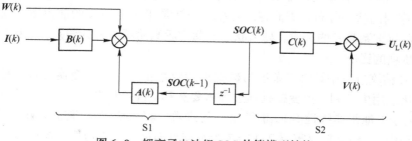

图 6-9　锂离子电池组 SOC 估算模型结构

图 6-9 中，S1 阶段表示状态方程的计算过程，S2 阶段表示观测方程的计算过程。为了使其估算过程具有更好的稳定性和更高的精度，将无迹变换引入 SOC 估算过程中，从而使其不需要对状态方程和观测方程做雅可比矩阵计算。该方法无须对非线性状态方程函数 $f(*)$ 和观测方程函数 $g(*)$ 做线性化处理，使用无迹变换处理过程来找出检测数据点。

然后，将这些 SOC 样本数据点的高斯概率密度数据序列，应用于非线性状态空间概率函数求取过程中。样本数据点的选择基于无迹变换处理，结合先验均值和方差均值，并用于锂离子电池组 SOC 估算的状态空间描述中。该 $2n+1$ 维 sigma 数据集和它的权重系数通过式 (6-18) 无迹变换处理获得。基于此公式，计算得到锂离子电池组的 SOC 统计特征。

$$\begin{cases} SOC^{(i)} = \overline{SOC} & (i=0) \\ SOC^{(i)} = \overline{SOC} + (\sqrt{(n+\lambda)P})_i & (i=1,\cdots,n) \\ SOC^{(i)} = \overline{SOC} - (\sqrt{(n+\lambda)P})_i & (i=n+1,\cdots,2n) \end{cases} \tag{6-18}$$

式中，n 为数据集的状态维数；i 为样本数据序列及其协方差矩阵的第 i 列；方差 P 为算术二次方根的转置与算数二次方根的乘积，其函数关系满足的计算表达式为

$$(\sqrt{P})^{\mathrm{T}}(\sqrt{P}) = P \tag{6-19}$$

该无迹卡尔曼滤波迭代计算过程通过以下步骤实现：首先，通过对状态值进行原始状态分布筛选，获得锂离子电池组检测数据点；接着，把这些筛选出来的目标采样数据点代入状态方程和观测方程中；进而，获得非线性方程的数据点，并对这些数据点进行分析以得到其均值和方差值。通过此计算过程，无须线性化处理的均值和方差精度达到二阶，比使用泰勒级数展开实现的扩展卡尔曼滤波估算精度更高。

进而计算这些采样点相应的权值，即样本数据序列的权重系数：

$$\begin{cases} \omega_{\mathrm{m}}^{(0)} = \dfrac{\lambda}{n+\lambda}, \lambda = \alpha^2(n+\kappa) - n \\ \omega_{\mathrm{c}}^{(0)} = \dfrac{\lambda}{n+\lambda} + (1-\alpha^2+\beta) \\ \omega_{\mathrm{m}}^{(i)} = \omega_{\mathrm{c}}^{(i)} = \dfrac{1}{2(n+\lambda)} & (i=1,\cdots,2n) \end{cases} \tag{6-20}$$

在式 (6-20) 中，下标 m 表示均值，表征关于 SOC 的 sigma 数据点集的均值。下标 c 表示协方差，表征关于 SOC 值的 sigma 数据点集的方差。上标 i 为第 i 个采样点，表示采样数据点的序列号。λ 为整体缩放比例系数，通过参数修正调节其值的大小，来降低 SOC 估算的误差。$\lambda = \alpha^2(n+k) - n$ 是表征缩放比例的标量参数，用来降低 SOC 估算误差。α 的选择决定了 SOC 值序列的状态分布，进而在矩阵 $(n+\lambda)P$ 是半正定矩阵的前提下，获得参数 κ 的值。通过非负权重系数 β 的选取，融入状态空间方程高阶项的统计误差，以确保无迹变换转换中涵盖高阶项的影响。

由于 SOC 估算过程中计算复杂度与数据点的数量正相关，在变换过程中使用更少的数据点对集成化应用更有利。该变换处理过程需要选择 $2n+1$ 个数据点，在这个过程中，使用 n 来表示锂离子电池组非线性 SOC 估算模型的维数。将该变换处理过程纳入锂离子电池组 SOC 估算过程中，令 $n=1$，仅需要 $2n+1=3$ 个数据点即可完成该迭代计算过程。

在 n 维非线性锂离子电池组 SOC 估算过程中，初始化权重系数 W_0 被首先赋值，W_0 的选择只影响 sigma 数据点集的四阶或者更高次项。通过对 W_0 和 n 的分析，选取其余从 $W_1 \sim W_n$ 的权重系数。通过权重系数 W_1 获得 SOC 从 0~2 的首列三元素向量，产生了所需要的 $n+2$ 个具有 n 维特征的数据点集序列，使该向量在 SOC 估算过程中得到递归运算。通过上述计算过程，实现无迹变换处理，进而用于锂离子电池组 SOC 估算的参数预处理过程中。

针对不同时刻 k，该 SOC 估算过程包括融合高斯白噪声 $w(k)$ 的随机状态变量 **SOC**，以及融入高斯白噪声 $v(k)$ 的观测随机变量 $U_L(k)$。$f(*)$ 是一个非线性状态函数，用于描述锂离子电池组的 SOC 状态。$g(*)$ 是一个非线性观测函数，用于描述输出闭路电压的特征。在随机噪声的影响下，针对锂离子电池组 SOC 精确估算目标，不同时刻 k 的估算通过以下步骤实现：

第一步，通过使用一系列的采样点，构成 sigma 数据点序列，其相对应的权重系数通过无迹变换获得，即

$$SOC^{(i)}(k-1) = \begin{bmatrix} SOC(k-1) \\ SOC(k-1)+\sqrt{(n+\lambda)P(k-1)} \\ SOC(k-1)-\sqrt{(n+\lambda)P(k-1)} \end{bmatrix} \tag{6-21}$$

第二步，计算长度为 $2n+1$ 的 sigma 数据点序列一阶预测，计算过程为

$$SOC^{(i)}(k|k-1) = f[k, SOC^{(i)}(k-1)] \quad (i=1,2,\cdots,2n+1) \tag{6-22}$$

第三步，计算状态空间变量的一步预测及其方差矩阵，进行 sigma 数据点序列的加权求和，结合无迹变换处理过程中的各个计算表达式实现 SOC 估算。该算法在状态空间函数中，用最后一个时间点代替 SOC，只需进行一次计算即可获得 SOC 预测值。通过设定的 3 个数据点来实现预测过程，并结合加权系数计算平均值，SOC 预测值的计算过程为

$$SOC(k|k-1) = \sum_{i=0}^{2n} \omega^{(i)} SOC^{(i)}(k|k-1) \tag{6-23}$$

进而获得 SOC 状态方差的预测值，计算过程为

$$P(k|k-1) = \sum_{i=0}^{2n} \omega^{(i)} [SOC(k|k-1) - SOC^{(i)}(k|k-1)]$$
$$\times [SOC(k|k-1) - SOC^{(i)}(k|k-1)]^T + Q \tag{6-24}$$

第四步，用于 SOC 估算过程的新 sigma 数据点序列，通过对一步预测值再一次应用无迹变换处理得到，其计算过程为

$$SOC^{(i)}(k|k-1) = \begin{bmatrix} SOC(k|k-1) \\ SOC(k|k-1)+\sqrt{(n+\lambda)P(k|k-1)} \\ SOC(k|k-1)-\sqrt{(n+\lambda)P(k|k-1)} \end{bmatrix} \tag{6-25}$$

第五步，把上一步获得的 sigma 数据点序列代入锂离子电池组 SOC 估算模型的观测方程中，进而获得预测的观测变量矩阵：

$$U_L^{(i)}(k|k-1) = h[SOC^{(i)}(k|k-1)] \quad (i=1,2,\cdots,2n+1) \tag{6-26}$$

第六步，计算输出闭路电压的预测均值及其自相关矩阵和互相关矩阵，并用于锂离子电池组 SOC 估算的校正环节。这些值的计算通过对 sigma 数据点序列的预测值进行加权求和得到，其计算过程如下：

1）预测均值为

$$\overline{U}_L(k|k-1) = \sum_{i=0}^{2n} \omega^{(i)} U_L^{(i)}(k|k-1) \tag{6-27}$$

2）自相关矩阵为

$$P_{U_L(k)U_L(k)} = \sum_{i=0}^{2n} \omega^{(i)} [U_L^{(i)}(k|k-1) - \overline{U}_L(k|k-1)][U_L^{(i)}(k|k-1) - \overline{U}_L(k|k-1)]^T + R$$

$$\tag{6-28}$$

3）互相关矩阵为

$$\boldsymbol{P}_{SOC(k)U_{L}(k)} = \sum_{i=0}^{2n} \boldsymbol{\omega}^{(i)} \left[\boldsymbol{U}_{L}^{(i)}(k|k-1) - \overline{\boldsymbol{U}}_{L}(k|k-1) \right] \left[\boldsymbol{U}_{L}^{(i)}(k|k-1) - \overline{\boldsymbol{U}}_{L}(k|k-1) \right]^{\mathrm{T}}$$

(6-29)

第七步，用于锂离子电池组 SOC 估算的卡尔曼增益矩阵为

$$\boldsymbol{K}(k) = \boldsymbol{P}_{SOC(k)U_{L}(k)} \boldsymbol{P}_{U_{L}(k)U_{L}(k)}^{-1}$$

(6-30)

第八步，针对锂离子电池组 SOC 估算过程中的非线性特征，其状态更新和误差协方差更新处理，通过以下两个步骤实现：

1）状态更新处理通过如式（6-31）计算获得：

$$\boldsymbol{SOC}(k) = \boldsymbol{SOC}(k|k-1) + \boldsymbol{K}(k) \left[\boldsymbol{U}_{L}(k) - \boldsymbol{U}_{L}(k|k-1) \right]$$

(6-31)

2）误差协方差更新通过式（6-32）计算获得：

$$\boldsymbol{P}(k) = \boldsymbol{P}(k|k-1) - \boldsymbol{K}(k) \boldsymbol{P}_{U_{L}(k)U_{L}(k)} \boldsymbol{K}^{\mathrm{T}}(k)$$

(6-32)

6.2.4 估算方法的改进策略

1. 三粒子模式下应用双重无迹变换

针对降低计算量的目标，在无迹变换中采用三粒子的模式进行迭代计算。在锂离子电池组 SOC 估算过程中，该方法基于卡尔曼滤波算法框架实现迭代计算过程。在 SOC 估算的一步预测计算过程中，通过使用精简后的无迹变换来解决 SOC 估算均值和方差的非线性转换问题，使用样本序列数据集近似表征 SOC 估算过程的后验概率密度，无须进行雅可比矩阵计算。因此，在计算过程中，不存在高阶项被忽略的问题，使得该统计特征具有高精度的优势，有效降低了 SOC 估算过程中的非线性误差。

在三粒子基础上，使用 sigma 数据点的两次加权处理，进行数据样本均值计算。双重无迹变换迭代计算过程如图 6-10 所示。

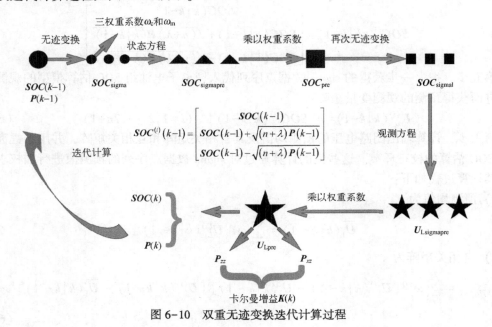

图 6-10 双重无迹变换迭代计算过程

由图 6-10 可知，通过一次无迹变换获得 SOC 值的三个 sigma 数据点序列，及其分别对应的权值 w_c 和 w_m。进而通过状态方程获得三个数据点对应的预测值，结合加权求和处理获得单个 SOC 预测值。对该预测结果再次进行无迹变换，并把变换结果应用于观测方程，获得三个闭路电压预测值，以提高估算精度，加权求取闭路电压预测值，用于 SOC 估算过程的状态更新环节。

2. 温度与充放电倍率校正

通过不同温度和充放电倍率实验分析，获得在不同条件下的校正函数关系，并应用于 SOC 估算的迭代计算过程，以提高 SOC 估算的精度和环境适应性，更好地达到适应环境工况的目标。

3. 叠加老化系数实现老化修正

老化因素的影响主要考虑两部分因素，一部分是不定期地测定获得其老化比例系数，另一部分是实时估算过程中迭代次数的逐次累积影响。通过实验测定获得各项系数值，并应用于 SOC 估算过程中。

4. 增设正交三角（QR）分解提高数值稳定性

无迹卡尔曼滤波是基础卡尔曼滤波和扩展卡尔曼滤波的进一步扩充，具有更高的精度和鲁棒性，也同样依赖于准确的数学模型和过程噪声/观测噪声统计特征。在锂离子电池组 SOC 估算过程中，工况环境变化和运动状态剧烈变化时，过程噪声和观测噪声的统计特征也将发生明显变化，这将使得常规 UKF 的精度和稳定性降低。在使用常规 UKF 算法进行 SOC 估算的过程中，针对电流变化剧烈的模拟工况，该方法在模拟工况运行后期遇到协方差负定问题。在该问题中，状态变量 SOC 协方差 P_k 的值就变成了负值，Cholesky 分解要求矩阵必须具有半正定性，否则算法可能导致滤波发散，使滤波器失效，滤波器失效的原因是在数值计算中存在着舍入误差。

针对 UKF 存在的数值不稳定性，在运行后期遇到的协方差出现负定，从而导致滤波器失效的情况，在 UKF 算法上加上 QR 分解，利用状态变量协方差的二次方根来代替协方差参与迭代运算，以保证协方差矩阵的非负定性和数值的稳定性。在迭代计算过程中，用 SOC 的误差协方差的二次方根来代替误差协方差值参与运算，直接将协方差的二次方根值进行传递，避免在每一步中都需要进行再分解。当 S 为协方差矩阵 P 的二次方根（即 $SS^T = P$）时，只要 $S \neq 0$ 就可以保证 P 具有非负定性的特征。

涉及的基本概念主要有 Cholesky 分解定理、QR 分解和 Cholesky 因子更新，简述如下。

（1）Cholesky 分解定理 若 $P \in R^{n \times n}$ 对称且正定，则存在唯一符合要求的下三角矩阵 $S \in R^{n \times n}$，使得 $SS^T = P$ 成立，该矩阵 S 的对角元素全为正数，S 称作 P 的 Cholesky 因子。

（2）QR 分解 若 $A \in R^{m \times n} (m > n)$，则 A 的 QR 分解表示为 $A = Q \times R$。其中，Q 是一个 $m \times m$ 的酉矩阵，R 是一个 $m \times n$ 上三角矩阵，其上三角部分是 P 的 Cholesky 因子的转置。

（3）Cholesky 因子更新 如果 $S = \text{chol}(P)$，则矩阵 $P \pm \sqrt{v} \nu \nu^T$ 的 Cholesky 分解一次更新记为 $S = \text{cholupdate}(S, v, \pm \nu)$。

cholupdate() 函数为 Cholesky 分解的更新函数，在迭代计算过程中，由二次方根 S 代替原来的协方差 P 进行传递。

针对初始化、sigma 点采集、时间更新和状态更新 4 个部分的优化处理，具体描述如下：

1）确定状态变量初始值 SOC_0 和误差协方差的初始值 P_0。S_0 是协方差 P_0 的 Cholesky 分

解因子，初始值为

$$
\begin{cases}
\overline{SOC}_0 = E(SOC_0) \\
\boldsymbol{P}_0 = E\big[(SOC_0 - \overline{SOC}_0)(SOC_0 - \overline{SOC}_0)^{\mathrm{T}} \big] \\
\boldsymbol{S}_0 = \mathrm{chol}(\boldsymbol{P}_0)
\end{cases}
\tag{6-33}
$$

2）状态变量 SOC 的 sigma 点采集数据获取过程为

$$
\begin{cases}
SOC\,(k-1)^i = \overline{SOC}(k-1) & (i=0) \\
SOC\,(k-1)^i = \overline{SOC}(k-1) + \sqrt{(n+\lambda)}\,\boldsymbol{S}\,(k-1)^i & (i=1,\cdots,n) \\
SOC\,(k-1)^i = \overline{SOC}(k-1) - \sqrt{(n+\lambda)}\,\boldsymbol{S}\,(k-1)^{i-n} & (i=n+1,\cdots,2n)
\end{cases}
\tag{6-34}
$$

式中，$\boldsymbol{S}_k^i$ 为 k 时刻状态变量协方差 Cholesky 因子的第 i 列。

3）时间更新，根据 $k-1$ 时刻的状态变量及输入变量的值，通过状态方程对状态变量进行一步预测，即

$$
\begin{cases}
SOC\,(k\,|\,k-1)^i = f\{ SOC\,(k-1)^i,\ \boldsymbol{u}(k-1) \} \\
\overline{SOC}(k\,|\,k-1) = \sum_{i=0}^{2n} \omega_{\mathrm{m}}^i SOC\,(k\,|\,k-1)^i
\end{cases}
\tag{6-35}
$$

根据采样点的一步预测，对状态变量的误差协方差进行 QR 分解，计算过程为

$$
\boldsymbol{S}_{SOC(k)}^- = \mathrm{qr}\{ \sqrt{\omega_{\mathrm{c}}^{1:2n}} \big[SOC\,(k\,|\,k-1)^{1:2n} - \overline{SOC}(k\,|\,k-1) \big],\ \sqrt{\boldsymbol{Q}_k} \}
\tag{6-36}
$$

考虑到 α 和 k 的取值不同可能导致 ω_{c}^0 出现负值，故用式(6-37)来保证矩阵的半正定性：

$$
\boldsymbol{S}_{SOC(k)} = \mathrm{cholupdate}\{ \boldsymbol{S}_{SOC(k)}^-,\ \sqrt{abs(\omega_{\mathrm{c}}^0)}\,[\boldsymbol{x}_{SOC(k\,|\,k-1)}^0 - \hat{\boldsymbol{x}}_{SOC(k\,|\,k-1)}],\ \mathrm{sign}(\omega_{\mathrm{c}}^0) \}
\tag{6-37}
$$

式中，$\boldsymbol{S}_{SOC(k)}$ 为 k 时刻状态变量的误差协方差的二次方根更新值。

根据状态变量的一步预测结果，由观测方程得出观测变量的一步预测值为

$$
\begin{cases}
\boldsymbol{U}_{\mathrm{L}}\,(k\,|\,k-1)^i = h\{ SOC\,(k\,|\,k-1)^i, \boldsymbol{u}_k \} \\
\overline{\boldsymbol{U}_{\mathrm{L}}}(k\,|\,k-1) = \sum_{i=0}^{2n} \omega_{\mathrm{m}}^i \boldsymbol{U}_{\mathrm{L}}\,(k\,|\,k-1)^i \\
\boldsymbol{S}_{U_{\mathrm{L}}(k)}^- = \mathrm{qr}\{ \sqrt{\omega_{\mathrm{c}}^{1:2n}} \big[\boldsymbol{U}_{\mathrm{L}}\,(k\,|\,k-1)^{1:2n} - \overline{\boldsymbol{U}_{\mathrm{L}}}(k\,|\,k-1) \big],\ \sqrt{\boldsymbol{R}_k} \} \\
\boldsymbol{S}_{U_{\mathrm{L}}(k)} = \mathrm{cholupdate}\{ \boldsymbol{S}_{U_{\mathrm{L}}(k)}^-,\ \sqrt{abs(\omega_{\mathrm{c}}^0)}\,[\boldsymbol{U}_{\mathrm{L}}\,(k\,|\,k-1)^0 - \overline{\boldsymbol{U}_{\mathrm{L}}}(k\,|\,k-1)],\ \mathrm{sign}(\omega_{\mathrm{c}}^0) \}
\end{cases}
\tag{6-38}
$$

式中，$\boldsymbol{S}_{U_{\mathrm{L}}(k)}$ 为 k 时刻观测变量的误差协方差的二次方根更新值。

4）状态更新计算过程如下所述：

状态变量与观测变量的互协方差如式(6-39)所示，其值将直接影响卡尔曼滤波增益的大小：

$$
\boldsymbol{P}_{SOC(k)U_{\mathrm{L}}(k)} = \sum_{i=0}^{2n} \omega_{\mathrm{c}}^i \big[SOC\,(k\,|\,k-1)^i - \overline{SOC}(k\,|\,k-1) \big] \big[\boldsymbol{U}_{\mathrm{L}}\,(k\,|\,k-1)^i - \overline{\boldsymbol{U}_{\mathrm{L}}}(k\,|\,k-1) \big]^{\mathrm{T}}
\tag{6-39}
$$

卡尔曼滤波增益的准确度将影响 SOC 的估算效果，在式（6-39）的基础上，获得其计算表达式为

$$
\boldsymbol{K}_k = \boldsymbol{P}_{SOC(k)U_{\mathrm{L}}(k)} (\boldsymbol{S}_{U_{\mathrm{L}}(k)} \boldsymbol{S}_{U_{\mathrm{L}}(k)}^{\mathrm{T}})^{-1}
\tag{6-40}
$$

进而，获得系统状态变量更新及其误差协方差更新表达式，即

$$\begin{cases} SOC(k) = \overline{SOC}(k\,|\,k-1) + K_k [\, U_L(k) - \overline{U}_L(k\,|\,k-1) \,] \\ S_k = \text{cholupdate}(S_{SOC(k)}^-, K_k S_{U_L(k)}, -1) \end{cases} \tag{6-41}$$

式中，$U_L(k)$ 为 k 时刻的试验测量值。

在该优化计算过程中，通过 Cholesky 因数分解，结合状态变量协方差矩阵的二次方根计算，获得计算初值。在后续迭代计算过程中，更新的 Cholesky 因子直接形成了 sigma 数据点集。Cholesky 因子的时间更新 $S_{SOC(k)}^-$ 是利用包含加权 sigma 点，叠加过程噪声协方差的矩阵二次方根复合矩阵，并结合 QR 分解实现的，进而展开 Cholesky 更新。该优化处理过程替换了原 UKF 计算过程中的 $P_{SOC(k\,|\,k-1)}$ 计算更新过程，克服了其稳定性差的缺陷，同时保证了协方差矩阵的半正定性。

5. 引入噪声的自适应协方差匹配，以更准确地获取噪声统计特性

在锂离子电池组的工作过程中，外部可测参数检测具有局限性，并存在误差。同时，离散化数字采样与迭代计算处理所引入的噪声难以消除，使得其 SOC 估算过程存在累积误差问题。在常规 UKF 算法中，实际噪声方差通常难以获取，一般情况下将过程噪声协方差和观测噪声协方差设定为一个常数。该计算处理过程降低了计算量，但是不准确的噪声统计特征会降低 SOC 估算精度，并存在计算结果发散的风险。

针对该问题，引入了噪声的自适应协方差匹配处理，将噪声协方差矩阵进行自动循环更新和传递，使其更接近真实噪声状况，以提高 SOC 估算精度。在该计算处理过程中，k 时刻观测变量的新息定义见式（6-42），新息主要由误差决定，新息协方差可以很好地反映当前时刻误差的影响。

$$e_k = U_L(k) - \overline{U}_L(k\,|\,k-1) \tag{6-42}$$

将其前 M 次新息的方差做加权平均，得到前 M 次新息协方差函数 H_k（H_k 又称为由开窗估计原理得到的新息实时估计协方差函数），即

$$H_k = \frac{1}{M} \sum_{i=k-M+1}^{k} e_k e_k^T \tag{6-43}$$

式中，M 为开窗大小。

系统噪声及观测噪声的更新过程为

$$\begin{cases} Q_k = K_k H_k K_k^T + H_k \\ R_k = H_k - C_k P_k C_k^T \end{cases} \tag{6-44}$$

可见，系统噪声及观测噪声的求取都与 H_k 密不可分。为了在提高估算精度的同时尽量降低计算复杂度，取前 3 次新息进行计算，即 $M=3$。由于 P_k 随时间逐渐减小，最终趋于 0，故 $C_k P_k C_k^T$ 部分可以忽略不计。

在计算新息估计协方差矩阵时，需要对新息序列的样本值进行开窗平均，会存在窗函数开窗大小的选取问题。如果窗函数开窗过小，则估计得到的协方差矩阵会存在较大的噪声；相反，如果开窗过大，会导致协方差阵估计值难以反映系统的瞬态特性。理论上，窗口 M 的大小可取 $1 \sim k$ 的任一值，当取 $M=1$ 时，计算量最小，但是算法效果最差；当取 $M=k$ 时，算法效果最好，而计算量最大。

若 M 取值为 3 仍然不能得到足够好的滤波效果及跟踪效果，在此基础上，定义了自适应窗口因子 d 来动态确定窗口大小。这种方法的优点是判定效率比较高，能快速收敛，适合实时滤波，综合考虑滤波效果和计算量，使二者达到一个最合适的平衡点，并且能在测量噪声统计特性不明确的情况下有效避免滤波发散，使估计值平稳、精确。定义新息的相关协方差矩阵为

$$E_k = E(e_k e_k^T) \tag{6-45}$$

进而，通过构建自适应窗口因子 d（d 的作用为动态调节所构建自适应窗口 M 的大小）表示测量残余价值量，其计算表达式为

$$d = e_k^T E_k^{-1} e_k \tag{6-46}$$

自适应窗口 M 大小的判别式见式（6-47），μ_{min} 和 μ_{max} 为判定阈值。由经验可知，$\mu_{min} = 0$，$\mu_{max} = 1$；η 为窗口 M 的收敛速率，η 为任一小于 1 的小数，k 为当前时刻。

$$\begin{cases} M=1 & (d \geqslant \mu_{max}) \\ M=k & (d \leqslant \mu_{min}) \\ M=k\eta^{d-\mu_{min}} & (\mu_{min} < d < \mu_{max}) \end{cases} \tag{6-47}$$

由上述分析可知，自适应窗口长度最小值为 1，最大为 k。当新息相关矩阵较大时，计算出的 d 值小于 0，说明预测值与测量值差距较大，此时应该将开窗窗口增大，使预测结果能够更快地向真实值靠近，此时取 $M=k$；当新息相关矩阵较小时，计算出的 d 大于 1，说明预测值跟随效果较好，此时应该将开窗窗口减小，以减小 SOC 估算计算量，此时取 $M=1$；当 $0<d<1$ 时，$M=k\eta^{d-\mu_{min}}$ 取适当值。通过以上迭代计算及其优化改进过程，基于无迹变换处理和改进 RP-UKF 算法，实现了锂离子电池组的 SOC 估算模型构建。

6.2.5 估算模型的模块化设计

为解决锂离子电池组的 SOC 估算问题，针对动力环境，应用 RP-UKF 估算方法，基于 S-ECM 模型的状态空间方程参数辨识，优化计算过程并构建状态方程和观测方程。通过参数辨识方法研究，展开锂离子电池组 SOC 估算模型 RP-UKF 的设计与实现。基于锂离子电池组 S-ECM 模型，构建状态空间方程，融入迭代计算过程实现 SOC 估算，结合单体间平衡状态评价结果反馈修正 SOC 估算过程，实现步骤如下所述。

1. 估算模型总体设计

该 SOC 估算方法在现有电池等效模型的基础上进行改进并构建了 S-ECM 模型，实现对锂离子电池组工作过程的准确描述。通过改进无迹卡尔曼滤波估算过程，构建 RP-UKF 估算模型，通过融入改进后的 S-ECM 等效模型及其状态空间方程以提高计算效率，并且利用精简粒子无迹变换减小估算偏移。结合模型的状态空间描述，解决了单体间不平衡对估算的影响。

进而，在原有迭代计算处理基础上，采用等效电路模型和卡尔曼滤波算法相结合的方式，使其估算过程具有较强的环境适用性。通过构建精简粒子无迹卡尔曼滤波（RP-UKF）模型，进行估算的递归运算并实现单体间平衡状态影响下成组 SOC 值的综合求取。该 SOC 估算模型在卡尔曼滤波估计算法的基础上，改进现有线性化处理机制并解决了估算偏移问题，该修正过程通过测量闭路电压得到实现，提高了估算精度。

由于模型 S-ECM 参数随 SOC 值会发生明显变化，时变模型参数应用于该 SOC 估算模型的构建过程中，进而确定估算模型的总体结构，并应用于锂离子电池组 SOC 估算。通过 RP-UKF 模型总体结构及其各个子模块设计，使用仿真和实验分析对模型参数进行修正，实现锂离子电池组的 SOC 估算。进而构建状态估算的模型，结合电池等效模型及其状态空间方程实施，实现锂离子电池组充放电过程中的 SOC 估算。所构建的 SOC 估算模型主要包括以下三方面的内容：

1) 模型输入。主要包括测量的电流信号、包含噪声的温度、额定容量以及模型 S-ECM 的参数辨识结果。通过锂离子电池组的动力输出过程进行模拟，设置 $1C_5A$ 工作电流并掺杂高斯白噪声，用于模拟实际的工作电流情况，并用作估算模型的输入参量。设定环境温度并掺杂方差为 1.00 的高斯白噪声，模拟工作环境。记录锂离子电池组的 S-ECM 参数辨识结果，并用作模型输入参数。

2) 工作状态监测与估算。主要包括输出电压信号跟踪和具有适应性的 SOC 估算，用于达到不同环境噪声影响下的 SOC 估算目标，使用采样电压作为输入信号，用于预测和修正过程。通过使用最小均方误差收敛准则，实现具有适应性的 SOC 估算。

3) 状态输出和结果分析。通过估算结果的对比分析实现估算效果的评价。通过比较 SOC 估算和检测结果实现对估算结果的实时监测，分析方差变化，不断调整参数值以优化估算模型。该估算模型中基于卡尔曼滤波理论，在估算过程的前端融入无迹变换处理，以避免高阶项丢失带来的预测偏移。融入成组工作单体间的平衡状态函数关系，把单体间差异应用于修正过程中，获得修正后的锂离子电池组 SOC 估算值。该方法不仅能动态表征锂离子电池组的工作过程，还能表征充放电差异，具有估算时间短、计算效率高等优点。通过计算处理的模块化设计，获得 SOC 估算模型结构如图 6-11 所示。

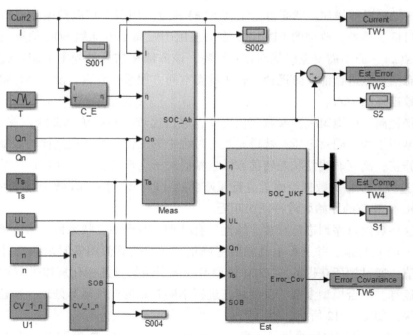

图 6-11　基于 RP-UKF 的 SOC 估算模型结构

图 6-11 中，迭代运算的基本过程如下所述。测量工作电流和温度信号作为信号输入。I 为工作电流，采用不同电流倍率进行充放电测试。针对 7 只单体串联形成的锂离子电池组，使用研制的 BMS 设备在设定实验条件下获得测量数据，进行模拟工况分析。T 代表工作温度，考虑锂离子电池组在充放电过程中的发热现象以及散热条件，通过温度传感器获得在电池组电极上的实时温度测量值。通过把参数矩阵、预测过程和修正过程进行模块化处理，实现整体结构的模块化设计，进而把状态变量输出到缓存空间，实现观测数据的有效监测和分析。

在模型参数初始化设定过程中，各参数的求取过程通过 HPPC 实验获得，并结合已知 OCV-SOC 函数关系展开多项式曲线拟合研究。Q_n 表示锂离子电池组的额定容量，选用实验样本的额定容量修正值，并把老化因素引入 SOC 估算的修正过程中。模块 C_E 为库仑效率修正子模块，输入为实时工作电流 I 和工作温度 T，输出参数 η 为库仑效率。模块 KF_Est 为估算过程中的子模块，通过把 η、I、$U_L(k)$ 和 Q_n 等参数作为输入，运用以卡尔曼滤波为基础的估算流程，实现 SOC 估算及其误差协方差参数 $Error\_Cov$ 的计算。模块 Meas 为融合观测方程的修正过程，通过把 η、I、Q_n、U_{OC} 和 R_o 作为输入，实现修正计算。在估算模型的输出变量中，I 为模拟工况电流，Est_Error 表示估算值的误差，$U_L(k)$ 表示闭路电压跟踪值，Est_Comp 为估算值与实际值的实时观测对比矩阵，$Error\_Cov$ 为估算结果的误差协方差。

2. 基于安时积分的状态监测

在锂离子电池组 SOC 估算过程中，状态方差矩阵 $P(k)$ 分解为二次方根矩阵 $S(k)$ 得到递归更新和延续，用于各个步骤中的 sigma 数据点的分布处理，二者之间的关系可用式 $P(k) = S(k)S(k)^T$ 进行描述。状态方差矩阵 $P(k)$ 通过使用所有扩散数据点进行重组，用于状态更新的目标。另外，改进的 RP-UKF 方法在用于锂离子电池组 SOC 估算过程中，直接计算和更新 $S(k)$，而不需要重组状态方差矩阵。该方法在估算过程中不需要进行泰勒级数展开和在状态估算点进行前 n 阶近似，基于状态空间方程系数设定，设计参数输入子模块实现集成化参数矩阵的输入。

首先获得锂离子电池组模型参数变化规律，通过比较实验和仿真曲线以修正模型参数。建立准确模型用于测量闭路电压，获得充放电过程中的工作特性变化规律与表征。根据开路电压值进行修正，确立非线性状态转移方法、精简粒子变换流程和工作特性的数学描述来实现 SOC 估算过程。在估算数据点附近进行无迹变换处理，使得 sigma 数据点序列的均值和协方差值与 SOC 估算值的原始统计特征相匹配。

通过对这些数据点序列进行直接非线性拟合处理，获得估算状态概率密度函数。用分段安时法获得 SOC 估算值，并进行电流和温度修正。初始估算值用安时法获得并作为卡尔曼滤波的估算值，通过把所获得的 S-ECM 模型参数辨识结果及其变化规律进行离散时间数学描述与递归运算，结合模型参数的反馈修正进行不同时刻的迭代运算处理，构建参数初始化与修正子模块，如图 6-12 所示。

在图 6-12 中，参数的初始化与函数关系分别对应于 S-ECM 模型参数求取过程与函数化结果。其中，Fun_I_ΔSOC 的求取根据 OCV-SOC 关系曲线及其参数辨识结果获得，进而

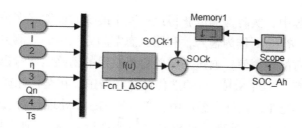

图 6-12　基于安时积分的 SOC 变化监测

结合状态空间方程计算表达式和各项参数辨识结果，实现当前时刻 SOC 的求取。库仑效率的取值情况如下所述：当放电时，取值为 1.00；当处于充电状态时，取值小于 1.00。I_t 为 t 时刻的电流。锂离子电池组 SOC 估算过程中，精度与测量精度（如要求电流测量精度 < 0.10%、总电压测量精度 < ±5.00 mV）密切相关，不同的电流和 SOC 采用查表映射的方式获取。

3. 预测与修正模块化设计

锂离子电池组 SOC 估算过程的预测和修正处理，通过将迭代计算方法进行编程实现。结合融合观测方程的修正过程，把参数 η、I、Q_n、U_{OC} 和 R_o 等参数作为输入，实现 SOC 估算及其误差协方差 $Error\_Cov$ 计算。输入信号 I 表示工作电流，η 表示库仑效率，Q_n 表示额定容量，T_S 表示采样时间间隔。通过状态方程求取状态参数 SOC 的变化量，并用于 k 时刻 SOC 值的修正过程，预测与修正过程的模块化设计如图 6-13 所示。

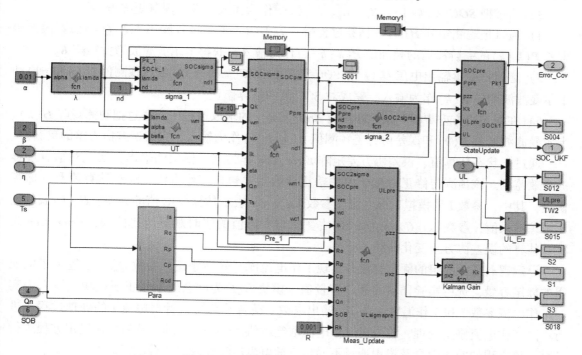

图 6-13　预测与修正过程的模块化设计

在模块设计的过程中，实时检测以获得该过程中的实时监测状态值，把状态量 $SOC(k)$ 和观测方程系数 U_{OC}、R_o 和 R_p 作为输入，利用状态空间方程中的观测方程，结合观测噪声叠加获得闭路电压 $U_L(k)$ 的预测值。通过与实验检测获得的闭路电压输出信号值进行比较，结合卡尔曼滤波增益计算，实现 $SOC(k)$ 的迭代计算和修正。在迭代计算过程中，对 SOC 估算结果进行了两次 sigma 处理。在每个循环中，第一次 sigma 处理是对当前时刻修正后的 SOC 值进行 sigma 化，第二次 sigma 处理是对 SOC 预测值进行 sigma 处理以用于闭路电压 U_L 的修正计算。

通过以上过程，实现模型状态的预测以及输出电压的信号跟踪。依据卡尔曼滤波估算原理进行 SOC 估算过程递推运算，模块 Pre_1 为以卡尔曼滤波算法为基础的 SOC 估算过程的子模块，通过把参数 η、I、$U_L(k)$ 和 Q_n 作为输入，运用以卡尔曼滤波为基础的估算流程，实现 SOC 估算及其误差协方差参数 Error_Cov 的计算。利用输入变量 I、η、Q_n 和 ΔT 按状态方程求取充放电过程 SOC 变化量 ΔSOC，通过叠加上一时刻的 SOC 值，预测当前时刻 SOC 值，实现状态更新。

由图 6-13 可知，具体计算过程与步骤如下：

1）利用对输入变量 I、η、Q_n 和 ΔT 按状态方程求取充放电过程 SOC 变化量 ΔSOC，通过叠加上一时刻的 SOC 值，预测当前时刻 SOC 值 $SOC(k|k-1)$。

2）通过把变量 $SOC(k|k-1)$、U_{OC} 和 R_Ω 等参数作为输入，按照观测方程求取输出电压预测值 $U_L(k|k-1)$。

3）通过把 $SOC(k|k-1)$、R_p、C_p、R_{cd} 和 C_e 作为输入，求取观测矩阵 $H(k)$。

4）通过把观测矩阵 $H(k)$、估算过程噪声方差 R、观测过程噪声方差 Q 与估算误差协方差 $P(k|k)$ 的一阶滞后的叠加值 $P(k|k-1)$ 作为输入，获得卡尔曼滤波增益矩阵 K_k。

5）通过把变量输出电压 $U_L(k)$、SOC 预测值 $SOC(k|k-1)$、电压预测值 $U_L(k|k-1)$ 和卡尔曼滤波增益 $K(k)$ 作为输入，完成对 SOC 值的估算修正。

6）在误差协方差 $P(k|k)$（即参数 Error_Cov）的求取过程中，通过把观测矩阵 $H(k)$、卡尔曼滤波增益 $K(k)$ 和误差协方差预测值 $P(k|k-1)$ 作为输入，完成误差协方差的更新。

通过把状态估算值、误差协方差矩阵 Error_Cov 作为该子模块的输出，实现对估算过程的有效监测。该预测与修正过程子模块输出参数主要包括工作电流、SOC 估算值及其估算误差，其中，参数 I 为模拟工况电流，参数 Est_Error 表示估算 SOC 值的误差，$U_L(k)$ 表示电压跟踪效果值，参数 Est_Comp 为 SOC 估算值与实际值的实时观测对比曲线，Error_Cov 为 SOC 估算的误差协方差变化曲线。

设定锂离子电池组的额定容量并实现工作电流库仑效率修正，参数 Q_n 表示锂离子电池组的额定容量，选用实验样本的额定容量值。模块 C_E 为库仑效率修正子模块，输入为实时工作电流参数 I 和工作温度参数 T，输出参数 η 为库仑效率。针对电流 I 的处理过程，进行不同工作电流修正处理，首先对工作电流取绝对值 Abs(＊)处理，然后按照设定方程进行计算，该方程的曲线拟合及辨识通过不同倍率放电电压特性曲线拟合获得。

针对温度 T 的处理过程，进行不同环境温度修正处理，该参数间关系的求取通过方程 Fcn2 实现，基于放电容量变化特性曲线分析和曲线拟合方式获得。输出 η 通过两方程的乘积求取，同时，通过观测示波器 Scope 实现其变化规律的监测，构建影响因素修正子模块如图 6-14 所示。

在图 6-14 中，输入标识符 I 和 T 分别表示工作电流和工作温度。针对温度 T 的处理过程，由于具有高度非线性特征，该函数关系的求取通过方程实现。针对电流 I 的处理过程，首先对工作电流取绝对值 Abs（＊）处理，然后按照方程 Fcn1 进行处理，该方程的曲线拟合及辨识通过不同倍率放电电压特性曲线拟合获得。输出 η 通过两方程的乘积求取：$\eta = \mathrm{Fcn1} \times \mathrm{Fcn2}$。

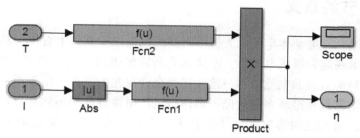

图 6-14　影响因素修正子模块

第 7 章　电池组的均衡控制管理

7.1　均衡调节的意义

驱动新能源汽车、电动客车、无人机等需要的电池电压高达上百伏，甚至数百伏，因此必须将多只电池串联起来组成电池组，才能达到所需的电压等级。当多只电池串联成组时，由于单体性能差异所引起的电池组不一致性问题会变得尤为明显。由于不一致性的存在，锂离子电池组的可用容量和循环寿命远低于单体电池，电池性能得不到充分发挥，影响新能源汽车的续航里程、无人机的续航等。单体电池间的不一致首先会降低电池组的最大可用容量，具体可用图 7-1 加以说明。

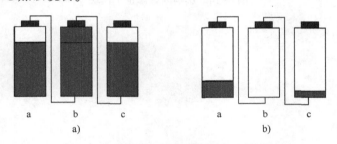

图 7-1　电池不一致性问题的短板效应

如图所示，假设 a、b、c 三只电池标称容量相同，但最大可用容量存在差异，电池 b 最小。若初始状态相同，则在充电过程中，电池 b 将率先达到充电截止电压，如图 7-1a 所示。此时，电池 a 和 c 仍有一定的可充容量，但是为了避免电池 b 过充电，充电过程必须截止。同理，放电过程中，电池 b 将率先达到放电截止电压，此时 a 和 c 中仍有相当的可放容量，但为避免电池 b 过放，放电过程必须截止，如图 7-1b 所示。因此，电池组最大可用容量完全由可用容量最小的电池决定，即出现了短板效应。在电池一致性较差的情况下，整组电池的容量利用率会降低。

均衡管理技术通过实时检测电池组运行状态参数，以此为基础对电池组进行不一致性状态识别，满足设定的均衡条件后，利用均衡电路对个别单体进行充放电，最终使整组电池的不一致性得到改善，以弥补初始性能差异造成的不一致性问题，避免使用过程中电池组的不一致性不断扩大，提高电池组的容量利用率，延长电池组使用寿命。这对降低新能源汽车成本、促进推广具有重要意义。

动力锂离子电池单体之间的差异性为成组使用带来了严重的负面影响：使用寿命 500 次的单体组成电池组，实际测得的寿命很难达到 100 次以上。为此，人们进行了多种均衡管理方法的研究和试验样机的设计制造。基于如何调整组内单体之间荷电状态不一致情况，出现了许多检测控制方法。如断流均衡与分流均衡、能耗均衡与回馈均衡、静态均衡与动态均衡、单向与双向的均衡能量转移、集中均衡与分散均衡、独立式均衡与级联式均衡等方法的研究，这些成果对电力电子技术应用到电池组管理与保护领域起到了显著的促进作用。

近年来，随着新能源汽车项目的增加和新能源汽车数量的增长，动力电池的产量出现非线性增长的势头，随着产值扩大和国家对新能源领域政策的扶持，动力锂离子电池产品性能和制造质量得到了突破性发展。目前，基于电池外部的均衡管理的意义和作用观点不一，有的主张加均衡，有的主张不加均衡。均衡管理是否采用，关键看其出发点和目的是什么，是否针对电池组使用中的问题来设计均衡管理，电池组管理的目的在于避免个别单体由于过度使用导致提前失效。

7.2　电池组的均衡管理分类

电池管理系统按照均衡类型来分，可分为被动均衡和主动均衡两种。主动均衡效果好，均衡效果快，先进的技术多以主动均衡为主。主动均衡和被动均衡是业界争论的热点之一，均衡之于锂离子电池组的重要性不再赘述，没有均衡的锂离子电池组就像是得不到保养的发动机。主动均衡和被动均衡都是为了消除电池组的不一致性，使用电阻耗散能量的均衡称为被动均衡，通过能量转移实现的均衡称为主动均衡。目前研究和使用最多的均衡方法是以电压或 SOC 作为均衡标准。电池的均衡技术可以细分为电池的均衡电路和电池的均衡策略。其中，均衡电路是均衡方法得以实现的基础，是均衡策略得以实施的依托。均衡电路确定后，需要反复修正改进均衡策略使均衡电路更快速、更节能、更高效，最终达到最优均衡目标。因此要实现电池组的最优均衡效果，需要综合考虑软硬件的选取和利用。

7.2.1　均衡电路拓扑结构

针对导致电池提前失效的原因，过度使用情况主要包括过温度、过强度、过负载等。而造成的电池组各单体性能差异过大，通过采用均衡管理，使电池组的功能和性能指标动态地接近、达到和保持较差单体的水平，均衡电路的结构如图 7-2 所示。

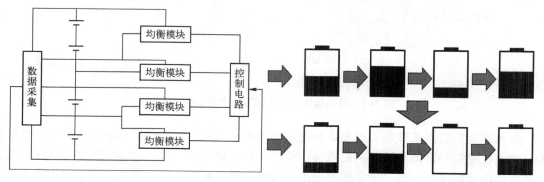

图 7-2　均衡电路结构图

电池均衡最好的办法就是通过使不匹配的单体电池在充电过程中达到同样的荷电状态（满电态），充电原理很简单，就是水桶效应。单体之间荷电状态不同步，造成电池组可使用能量急剧降低。例如，都是 $100\,A\cdot h$ 的单体组成串联电池组，当其他单体都接近满电（100%荷电量即 $100\,A\cdot h$ 时，只有一只落后单体荷电 50%，即 $50\,A\cdot h$。开始放电使用，落后单体放空电时，其他单体还保留荷电 $50\,A\cdot h$，接着充电，充入 $50\,A\cdot h$ 以后，其他单体充满电，落后单体荷电又是开始的 $50\,A\cdot h$，这种电池组实际的充放电容量就只有 $50\,A\cdot h$，有可能落后电池也是好的（充满电 $100\,A\cdot h$），只是因为荷电状态与其他电池不同步，这种情况需要均衡管理。

　　动力锂离子电池在使用中作为动力，必须要串联才能达到所需的电压要求，而几只、几十只甚至几百只电池的串联，在使用一段时间后，必然会产生电压和荷电状态的参差不齐，这并不单单是电池的生产技术问题。由于电池在生产过程中，从配料、涂布等开始到制成成品，要经过很多道工序，即使经过严格的检测程序，各电池之间也会存在微小的差异，经过一段时间的使用，相互之间的电压、内阻、荷电差异会扩大，当组内单体出现差异大的情况时，就需要均衡管理。电池组性能的水桶效应和被动均衡原理如图 7-3 所示。

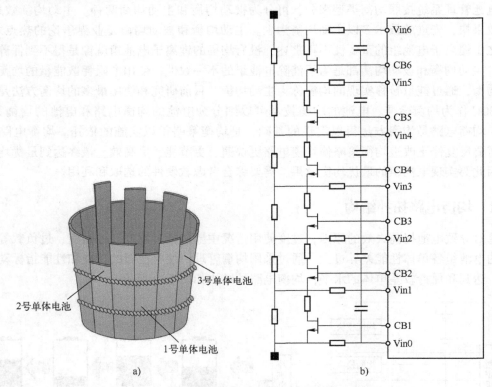

图 7-3　电池组性能的水桶效应和被动均衡原理

　　均衡管理的前提条件是无过充电和过放电现象。过充过放电保护与电池充放电的电压相关，当电压超过一定值或低于一定值时，保护板均关断电路。均衡管理就是在关断保护前，使各单体电池的电压一致，至少相差很小，这也是目前采用最多且有效、实用的均衡法，即在充电过程中，尽快地保证电池电压的一致性，从源头上实行均衡化管理。

　　均衡技术发展到现在，经过研究和探索，研究者已提出众多均衡电路的拓扑结构。这些电路有各自的优点，同时也存在着局限性。被动均衡是通过给电池并联耗能元件来实现均衡的，在均衡过程中，将电池组中电量较高的单体通过并联的耗能元件对其进行消耗，因此也称为耗散型均衡。主动均衡也可以称作非耗散型均衡，是指在均衡过程中运用电力电子技术将电路中电量较高的单体经电容、电感等元件转移至能量较低的单体中，在实现各个单体电量均衡的同时，减少了电池组能量的浪费，确保了电池组电量的充分利用。为了充分利用电池组中有限的电量，主动均衡的方法越来越受青睐，下面对这两种均衡方法的典型电路做详细的分析。

7.2.2 被动均衡电路

被动均衡先于主动均衡出现，因为电路简单、成本低廉，至今仍被广泛使用。由于电池的电量和电压正相关，可以根据单体电池电压数据，将高电压的电池能量通过电阻进行放电，使其与低电压电池的电量保持平衡。从被动均衡原理可以看出，如果电池组比作木桶，串接的电池就是组成木桶的板，电量低的电池是短板，电量高的是长板。被动均衡做的工作就是"截长不补短"，使电量高的电池中的能量变成热能耗散掉，使得各单体电池间的电量处于平衡状态。

被动均衡电路是使用最早的均衡电路，其结构和算法都比较简单，且易于实现。分流电阻均衡电路是比较典型的被动均衡电路，因其经济性和实用性而被广泛应用。其工作原理就是通过功率电阻将电池组中电量较高的电池单体的能量转化为热能消耗掉，使电池单体的电量都和最低电量的单体持平，最终实现电池组电量的总体一致。

分流电阻均衡电路可以分为两种：固定电阻分流均衡电路和开关电阻分流均衡电路。被动均衡是目前主流的均衡方法，在一般的电池管理系统中，每个电池单元都通过一个开关连接到一个负载电阻。这种被动电路可以根据相应的电压检测部分的比较结果，来控制放电支路的通断。充电时，该均衡电路可以使电池单元各个单体间电压基本保持一致，抑制最强电池单元的电压攀升，提升整组电池的性能，特别适合由四只以上锂离子电池串联而成的电池组使用。然而这种方法是以散热的方式进行的，为限制功耗，此类电路一般只允许以100 mA左右的小电流放电，从而导致充电平衡耗时可高达几小时。

固定电阻分流电路如图7-4所示，它用导线将电阻和电池并联来达到分流的目的，电阻阻值相同一般为电池内阻的几十倍，以减少电池的自放电损耗。其优点是电路结构简单、可靠性高、成本低，但此电路无论在充电或放电过程中都会有电能通过电阻而消耗掉，期间势必会产生大量的热量，这对能量的充分利用和电路的热管理都会有不利的影响。

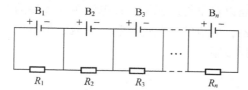

图7-4 固定电阻分流均衡电路

电阻分流法是一种耗散型均衡方法，均衡电路如图7-5所示。耗散电阻和开关被并联到单体电池上，电池控制单元（Battery Control Unit，BCU）在新能源汽车动力电池组的充电过程中，检测到电压过高的电池，发出控制指令控制该电池对应的开关闭合，在动力电池与耗散电阻间形成回路，充电电流流过耗散电阻，通过这种消耗电压过高的电池的能量的方法，实现单体电池之间的均衡。

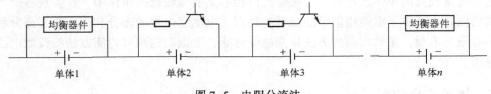

图7-5　电阻分流法

电阻分流电路的优点是结构简单、成本较低，而且控制简单，易于实现。然而，电阻分流均衡电路的缺点也非常明显。电阻分流法是通过并联在单体动力电池上的分流电阻消耗电池的能量，以达到均衡的目的，这种方法不仅能耗大，而且通过电阻放电会产生热量，不及时有效地散热会恶化电池工作环境，甚至引发安全问题。放电均衡采用电阻分流法会增大电池能耗，减少续航里程，得不偿失。

开关电阻分流电路如图7-6所示，和固定电阻均衡电路不同的是该均衡电路是应用电力电子开关将均衡电阻与每个电池单体并联，有选择地对高电量电池进行放电。这种方法有两种工作模式：第一种为连续工作模式，这种模式下开关 K1-Kn 由同一个开关信号控制；第二种为检测模式，这种模式下电池单体的电压处于被检测的状态下，当检测到电池达到截止电压时开始均衡，控制器就会有选择地对高能量的单体做出是否分流的判断。这种方法比固定电阻均衡法更高效可靠。

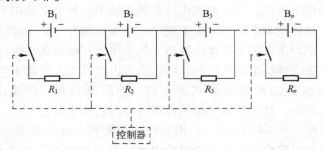

图7-6　开关电阻分流均衡电路

被动均衡电路的均衡电流普遍较小，一般在几十到几百毫安，因此只能应用于小容量电池的均衡中。被动均衡电路以热量的形式消耗掉电池单体较高的电量，期间产生的热量会影响电路的整体性能和安全性，能量的耗散也不利于电池组中电量的有效应用，因此，被动均衡电路不是一种最佳的选择方案。

7.2.3　主动均衡电路

因为被动均衡的局限，主动均衡的概念得以提出并发展。主动均衡是把高能量电池中的能量转移到低能量电池中，相当于对木板"截长补短"，因为不像被动均衡，只有截，在如何补的问题上也充分发挥了其优势和想象力。主动均衡带来的好处显而易见：效率高，能量被转移，损耗只是变压器线圈损耗，占比小；均衡电流可以设计得大，达到几安，甚至10 A级别均衡，见效快。

主动均衡电路主要是利用电容、电感或者变压器作为储能或能量传输元件来实现能量在电池单体间的转移，起到"消多补少"的目的，来实现均衡。与电阻均衡电路相比，这种均衡方法避免了能量的大量损耗，在保证电量的有效利用方面有着明显的优势。相关资料中有很多种主动均衡法，均需要一个用于转移能量的存储元件。

如果用电容来作存储元件，将其与所有电池单元相连就需要庞大的开关阵列。更有效的方法是将能量存储在一个磁场中。电池主动均衡管理模块的原理如图7-7所示，该电路中的关键元件是一个变压器，其作用是在电池单元之间转移能量。一般，平均平衡电流可达5 A，比被动均衡法的电流高50倍。在5 A的平衡电流下，整个模块的功耗仅2 W，因此无须专门的冷却措施，并且进一步改善了系统的能量平衡。

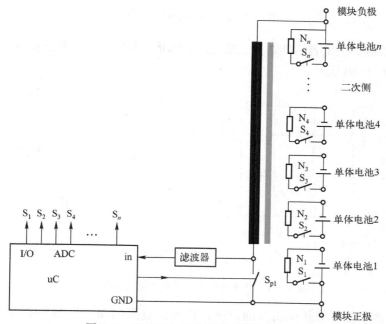

图7-7 电池组主动均衡管理模块的原理

下面就目前几种典型的主动均衡电路的工作原理进行分析介绍。

开关电容均衡电路是一种非耗散型电路，电路结构如图7-8所示。

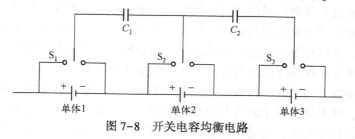

图7-8 开关电容均衡电路

开关电容均衡电路是以电容作为外部储能装置，利用穿梭于电池单体之间的能量来平衡。电容均衡电路主要有基本开关电容均衡电路，单开关电容均衡电路和双级开关电容均衡电路。基本开关电容均衡电路拓扑结构如图7-9所示，当要对电池组均衡时，通过开关

S_{A1}、S_{A2}、…、S_{An}和S_{B1}、S_{B2}、…、S_{Bn}，将高电压单体的电量转移到与之并联的电容中。电容充满电后，再通过控制开关将其中的电量转移到电压低的单体中，以实现对电池组的均衡。

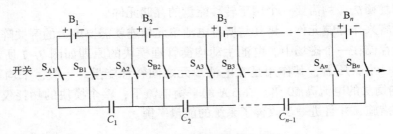

图7-9 基本开关电容均衡电路

单开关和双级开关电容拓扑结构，都可以看作是对基本电容平衡结构的一种变形，它们的结构分别如图7-10所示。

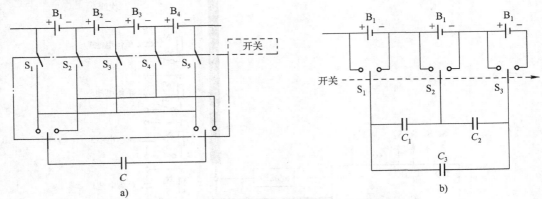

图7-10 单开关和双级开关的电容均衡电路

BMS控制器通过控制开关闭合的方向，在电量过高的动力电池和电容之间形成回路，电容存储能量后，改变开关闭合的方向，将充满能量的电容与相邻的另一个动力电池之间形成回路，电容将能量传递到该动力电池中。通过这种方法，可以实现在相邻的动力电池之间传递电荷，提高动力电池一致性。开关电容均衡电路的优点是结构简单，可以实现电池的能量转移，而不是通过耗散电阻消耗能量达到电池均衡，在一定程度上节约了能源。该电路的缺点是只能实现相邻动力电池之间的能量传递，能量有可能要经过多个电池和电容才能完成理想的能量传递，在这种多梯次的传递过程中，能量转移效率的影响被放大，会导致能量消耗加剧。而且这种多梯次传递能量的方式，均衡速率十分缓慢。

开关电容均衡电路是依靠单体电池间的电压差来实现电量的转移的。如果电压差只有几百毫伏甚至更低，就不能很好地将能量进行有效的转移。除此之外，电容均衡方案中，需要并联电容对电池进行充放电，这要求控制开关必须是双向可控的，双向可控开关增加了控制的难度和电路的复杂度，因此电容均衡方案仍有很多缺点。

电感均衡电路的思想就是将电感作为能量的传输介质，均衡时是将电量以电流的形式在电感中传递，实现电池间的均衡，单电感均衡电路如图7-11所示。与电容均衡方法类似，电感均衡电路是以电感作为能量的转移元件。

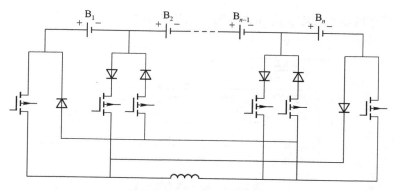

图 7-11　单电感均衡电路

多电感均衡电路如图 7-12 所示，对于有 n 个电池单体的电路，需要 $n-1$ 个电感对其进行均衡。

电感是以电流的方式转移能量的，因此电感均衡不需要像电容均衡那样通过电压差来实现能量的转移，它的缺点就是均衡时间较长。双向分布均衡电路是一种非耗散型均衡电路，其结构如图 7-13 所示。

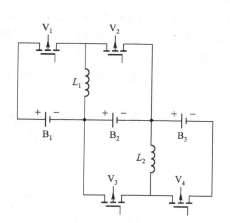

图 7-12　多电感均衡电路

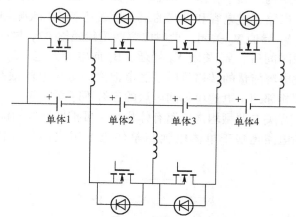

图 7-13　双向分布均衡电路

在双向分布均衡电路中，每一个存储能量的电感都对应一个单体电池、两个续流二极管和功率开关管。BMS 控制器根据检测到的电池电压的高低，决定哪个电池需要释放能量和能量的传递方向。判断出能量传递方向之后，通过控制该方向上的开关管闭合，电压过高的电池将能量传递至储能电感中，再由储能电感将能量传递至电压较低的动力电池中。由于该均衡电路需要数量较多的续流二极管、电感、功率开关管，所以电路较复杂。为了避免造成电感线圈磁饱和或者短路，双向分布均衡电路需要控制对功率开关管的开通顺序和开通时间。

基于变压器均衡的均衡方法，实现了将放电电池单体和被充电电池单体隔离开来。变压器有正激式变压器和反激式变压器之分，结构基本相同，只是工作方式略有不同。反激式变压器的一次线圈和二次线圈有储能量的功能，开关导通时，能量先储存在变压器的一边。当另一边开关闭合时，能量就传递到另一边的电池中去。变压器均衡电路如图 7-14 所示，对于 n 个电池单体，引出 n 个变压器二次绕组与 1 个变压器一次绕组。开关闭合，整个电池组为各个二次侧相连的电池充电，电压大的充电电流就小。

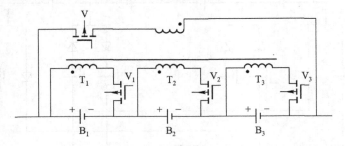

图 7-14　变压器均衡电路

　　变压器均衡电路的均衡电流比较大，能达到 1~3 A，因此均衡速度快，单体之间能量的隔离传递减少了电路中能量的损耗，提高了均衡效率。存在的缺点是变压器体积相对较大，因此设计 PCB 时要充分考虑布局要求。

　　开关电源均衡电路以开关和电源为基础，其核心仍旧以电容和电感为储能元件，对能量进行合适的转移，如图 7-15 所示。典型的电路主要有 Buck、Boost、Buck-Boost、Cuk 几种拓扑结构。其中，基于 Buck-Boost 和 Cuk 电路的变形应用也较为广泛。基于 Cuk 的均衡电路，电路通过电容和电感的组合形成基本的 Cuk 电路。当单体电池 B_1 的电压大于 B_2 的电压时，V_1 导通 V_2 关闭，此时电容能量传递给 B2，同时 L_2 储存能量，电感 L_1 由 B_1 提供能量。一段时间后，V_1 关闭 V_2 导通，B_1 向电容充电，L_2 继续向 B_2 充电。Cuk 电路有升压作用，因此电容能量的转移可以不受电池之间电压差的限制。电感和电容的结合使 Cuk 电路可以实现相邻两个电池单体间电量的连续不间断转移。

　　开关电源型均衡电路有体积小、可扩展性好的优点，缺点是均衡电流较小。Buck-Boost 均衡电路是基于单体电池与整体电池组之间传递能量的非耗散型均衡电路，如图 7-16 所示。

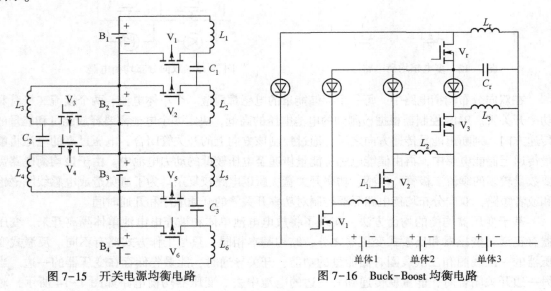

图 7-15　开关电源均衡电路　　　　　　　　图 7-16　Buck-Boost 均衡电路

在 Buck-Boost 均衡电路中，每个电池分别对应一个 Buck-Boost 电路，电量较高的电池通过 MOSFET 有次序的开启与闭合控制，将电量传递至储能电感中。电容 C_r 和电感 L_r 协同工作，将储存在电感中的能量传递至整体电池组中。Buck-Boost 均衡电路的优点是均衡速率比较快，均衡效率比较高。缺点是电路结构复杂，而且不方便维护。

主动均衡也带来了新的问题，首先是结构复杂，尤其是变压器方案。几十串甚至上百串电池需要的开关矩阵如何设计？驱动要怎么控制？这是令人头痛的问题，也是为什么至今主动均衡功能无法完全集成为专用 IC 的原因。半导体厂家一直希望能做出统一的芯片，但在BMS 上实在是力有不济。其次是成本问题，复杂的结构必然带来较高的电路成本，故障率上升是必然的，现在有主动均衡功能的 BMS，售价会高出被动均衡的 BMS 很多，这限制了主动均衡 BMS 的推广。

7.3 均衡能量转移策略

均衡策略就是利用最优策略的方法结合均衡变量建立合适的不一致性评判标准，并在此基础上找出均衡电路最优的均衡方法。均衡策略技术发展时间比较短，研究者对此的研究也比较有限，但是，均衡策略的好坏直接关系到均衡效果的成败。没有均衡策略的均衡电路就如同没有大脑的人，只有均衡电路对电池组的均衡操作而没有一个明确的判断和准确的执行，这显然是不行的。现阶段的均衡方法主要有基于端电压的均衡策略、基于 SOC 的均衡策略和基于容量的均衡策略等。

基于端电压的均衡策略是在均衡过程中实时测量电池的端电压，用电压值的差异来表征电池间的不一致性，此方法的目标是使电池组中所有单体的电压值达到一致，来实现均衡的目的。以电压为依据的均衡策略简单、参量少、目标明确，对测量造成误差的因素也相对较少，数据可靠稳定。国外有 George Altemose、Tae-hoon Kim，国内北京交通大学郭宏榆、哈尔滨工业大学马秀娟等人以端电压为均衡判据对电池组在充放电状态下进行均衡，实现了电压的一致性均衡。

通常，以 SOC 作为均衡依据的方法优于其他方法，电池 SOC 估计的准确与否直接关系着均衡效果的好坏，美国 Akron 大学 SriramYarlagadda 等人在 MATLAB 软件下，对基于SOC 的均衡方法行了均衡验证和效果分析。熊永华等人考虑到不同电池荷电状态分布情况下锂离子电池的受电能力差异，使用 SOC 作为均衡判据对基于 SOC 的均衡策略进行了验证。哈尔滨工业大学的尤适运等人以 SOC 为均衡变量，应用电压和 SOC 的关系为均衡变量来进行研究。

7.3.1 单体均衡

反激式均衡工作原理如下所述：当监控芯片检测到某只电池单体电压过高时，控制器发出驱动脉冲信号，开通与该电池单体直接相连（变压器一次绕组）的开关管，此时变压器的一次电流逐渐加大，储存能量。在较短时间内，电流近似线性上升。当变压器一次绕组电感一定时，电流的峰值与开关管的开通时间成正比；当开通时间一定时，电流的峰值与采样电阻值有关，当采样电阻值低于特定值时，电流峰值与采样电导成线性关系，这时可以改变采样电阻值来改变峰值电流大小。

将 A、B 端电压采样值输入微控制器，微控制器根据该值的大小来调节开关周期和占空比，达到改变均衡电流的目的。当开关断开之后，二次电流通过与开关管相并联的二极管续流，能量从变压器的二次绕组转移出去。同步反激均衡结构如图 7-17 所示。

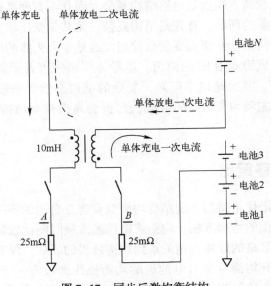

图 7-17　同步反激均衡结构

7.3.2　成组均衡

单体间均衡联合组间均衡策略，通过改变均衡器的连接结构，利用反激式变压器作为储能缓冲源，对电池组进行充放电，达到组与组之间均衡的效果。如图 7-18 所示，当检测到某个电池组电压达到均衡上限条件时，打开相应的 MOSFET 开关 V，把此电池组能量通过反激变换器传递到公用变压器 T，当某个电池组电压过低时，再将反激式变压器的能量传递到电池组。

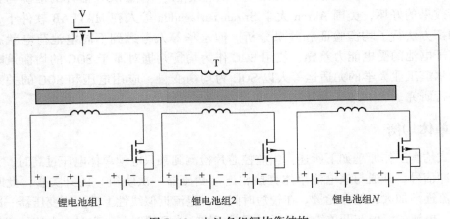

图 7-18　电池各组间均衡结构

随着科研人员对电池系统复杂性的不断认识，发现电池均衡管理系统不能用固定的数学表达式准确描述，认识到单一变量不能很好地解决这个问题，台湾科技大学 Yuangshung Lee 等人使用模糊控制的思想解决了电池的均衡问题。模糊控制方法需要依据专家经验采集不同电池、不同情况下的参数值，因此，其实现起来比较复杂。电池均衡策略的研究中，有很多研究者选用这种方法和其改进算法。国内邱斌斌、张彦会、魏来等人对模糊算法进行了验证，电子科技大学的石红滨等人将模糊算法和自适应神经网络结合，对模糊算法进行了改进。此外，还有用能量路径优化算法的思想，对电池组的均衡进行研究。

第8章　BMS中的CAN通信技术

传统汽车采用线束连接的方式来实现汽车内电气信号的连接，随着汽车中节点数量和数据信息量的不断增加，必然导致导线数量不断增多，布线越来越困难，成本也随之提高，同时也降低了汽车通信的可靠性。控制器局域网（Controller Area Network，CAN）总线最初是专门为解决乘用车的串行通信而研发的，其具有较高的实时处理能力、工作在较强电磁干扰下的高可靠性和良好的错误检测能力，使其已经被广泛应用于汽车的控制通信网络系统中。

8.1　CAN通信技术概述

无论是新能源汽车还是内燃机汽车，都已经不再仅仅是一种交通工具，越来越多的功能出现在汽车上，如汽车内部的网际网络、通信电子装置、娱乐设备和无线连接等设备的实现，都依赖于汽车电子网络技术，而随后数据总线技术的引入，更可称为汽车电子技术发展的一个里程碑。传统汽车通常采用常规的点对点通信方式，将电子控制单元及电子装置连接起来，即通过线束实现电气信号的连接。

随着汽车中电子设备数量的不断增加，这样势必造成导线数量的不断增多，从而使得在有限的汽车空间内布线越来越困难，进而增加了维修难度、限制了功能的扩展。另外，同一传感器信号通常被要求送至不同子系统中的电子控制单元（Electronic Control Unit，ECU）中，这样就要求各模块都通过导线与此传感器建立连接关系，但是，随着电气节点数的剧增，车内导线长度无限增加，而汽车线束重量每增加50 kg，每一百公里油耗就会增加0.2 L，从而导致成本不断提高、连接更加复杂，同时也降低了汽车的可靠性。

8.1.1　发展历程

采用能够满足多路复用的现场总线通信系统，可以将各个ECU连接成为一个网络，以共享的方式传送数据和信息，实现网络化的数字通信与控制功能，进而达到减少布线、降低成本以及提高总体可靠性的目的。现场总线是20世纪80年代中期发展起来的，被誉为自动化领域的计算机局域网。

现场总线最初的出现是应用在工业控制领域中的，其原理是将系统中的各测控设备作为一个独立的节点，这些节点多数情况下是分散在空间各处的，通过总线连接之后，它们就能够互相发送数据，从而协作实现自动控制系统的网络化功能。近年来，现场总线已经成为汽车网络技术发展的一个热点，如今在欧洲，CAN总线已经广泛应用于汽车控制与通信系统。汽车总线系统的研究发展可总结为三个阶段：

第一阶段，研究在汽车基本控制系统中的应用，如照明、新能源汽车车窗和中央集控锁等。

第二阶段，研究在汽车主要控制系统中的应用，即动力总线系统，包括 ABS、ECU 控制系统、自动变速器等。

第三阶段，研究在汽车电子控制系统之间的综合、实时控制和信息反馈中的应用。

8.1.2　技术特点

对汽车总线的要求和对现场总线的要求有很多相似之处，如成本较低，实时处理能力较强和工作于恶劣的电磁干扰环境下较可靠等。CAN 总线是目前车载网络系统中重要的组成部分，它已在汽车动力系统和车身系统的网络通信与控制中得到广泛的应用。相对于传统汽车，采用 CAN 总线技术应用于车载网络中的优势如下：

1）信息共享。采用 CAN 总线技术，可以在汽车各 ECU 之间实现信息共享。

2）减少线束。CAN 总线能够很大程度地减少线束长度，从而达到节省空间的效果。例如使用传统布线的方式完成车门、后视镜、门锁控制和摇窗机等功能，可能需要 20 根以上的线束，但是采用 CAN 总线技术，则只需要 2 根。

3）关联控制。当发生某种事故时，采用传统汽车的控制方法很难完成对汽车中各 ECU 的关联控制，但是 CAN 总线能够很容易地实现这种关联控制。例如汽车发生碰撞时，多个气囊通过特定的传感器同时收到碰撞信号，在 CAN 的协调下将信号发送给中央处理器，中央处理器便能够控制安全气囊系统的启动和气囊的弹出等动作。

4）实时性。为了满足汽车中的不同子系统（电控燃油喷射系统、防抱死制动系统、电控传动系统、防滑控制系统、空调系统和巡航系统）对实时性的要求，需要共享一些汽车上的公共数据（如转速、加速踏板的位置等）。由于不同 ECU 对于数据的控制周期和更新速度是不同的，它们对实时性的要求也随之不同，CAN 总线的基于优先权竞争的仲裁方式，具有较高的通信速率，满足这些实时性要求，提高了汽车运行的可靠性。

8.1.3　应用趋势

大多数的欧洲汽车都采用基于 CAN 的高速网络，并将其用于动力系统的通信，其传输速率为 125 kbit/s ~ 1 Mbit/s，网络通信中可采用适用于 ISO11898-1、ISO11898-2 的高速收发器。另外，还可利用基于 CAN 的多路系统来构建车身网络，用于连接车身电子控制单元，其网络速率一般小于 125 kbit/s，在网络通信中，可采用适用于 ISO11898-3 的低速容错收发器。

在欧洲，所有乘用车正开始全面使用基于 CAN 的故障诊断接口，其相应的故障诊断标准也已经成为国际标准。除了能够应用于构建多路网络，连接动力系统和车身电子系统外，CAN 总线还可应用于连接车载电子娱乐装置。汽车上各种基于 CAN 的网络通过网关连接起来，而网关的功能在许多系统设计中是通过汽车仪表板来实现的。未来汽车的仪表板也将使用一个局部 CAN 网络，以便连接不同的控制单元和实现显示功能。

下一代的高端乘用车将会装上百个基于控制单元的控制器，这些微控制器中的大部分都将选择通过 CAN 接口连接在汽车网络中。根据 Strategy Analytics 市场研究公司公布的一份对微控制器汽车网络的研究表明，大多数乘用车都选用基于 CAN 的网络。据 2005 年统计，CAN 占据整个汽车网络协议的 63%；在欧洲，有 88% 的汽车网络是基于 CAN 的。CAN 总线以其较高的可靠性和较低的成本优势，占据着汽车网络的较大份额。

8.2 国内外研究现状

CAN 总线近几年来发展异常迅速，在发动机、变速器和底盘控制部分的应用已经较为成熟。在车身控制和车载电子控制系统方面，一些国内企业已经拥有一定的市场占有率，更是在大中型客车市场占据了主导地位，相关产品的质量已经达到国际先进水平。

由于骨干企业多数都与国外知名汽车企业合资合作，所以在轿车总线方面，国内起步相对较早，在 2000 年生产的奥迪 A6 车型上，已经采用总线替代了原有的线束，随后，上海大众的帕萨特、一汽大众的宝来、北京现代的索纳塔和南京菲亚特的派力奥等都在车身控制中采用了 CAN 总线技术。但是，这些轿车总线技术基本都由国外企业控制，国内汽车企业很难掌握这些技术。

8.2.1 国内应用

目前在国内的一些乘用车中，也都采用了 CAN 总线技术，但是在应用的程度上有所不同，总体的市场规模约占乘用车的 80%。国内货车的 CAN 总线车身控制技术发展始于 2004 年的中国重汽集团，主要是应用在 BCM 仪表和车辆管理系统上。BCM 主要对车内的电子部件（如车灯、空调、雨刷等）进行智能控制；车身管理系统则是通过 CAN 总线与发动机和变速器进行通信，获取信息使驾驶人员更好地控制汽车。直到 2010 年，已有高达 10 套的车身控制系统装配在 HOWO 中高端产品和 A7 产品上。

另外，一汽集团的 J5 中高端车、J6 重型货车车型，东风汽车的霸龙、天龙等产品、北汽福田欧曼中高端产品和陕汽集团的系列产品上，均已经应用了 CAN 总线车身控制系统及其相关技术。客车方面，国内的 CAN 总线控制系统自 2003 年开始发展，以满足客户的要求为主要目的，在客车上不断加装娱乐性和舒适性的配置（空调、加热器、车载娱乐系统、ABS、缓冲器等）。客车的 CAN 总线是基于国际通用协议 J1939 研发的，实现起来相对容易，因此国内主要研发 CAN 总线产品的企业都集中在客车这个市场。目前，在"一通三龙"、安徽安凯、北京福田、青年客车、中通客车和东风扬子江的产品中，为了提升客车电控系统的技术水平，CAN 总线的应用水平和范围都在不断拓宽，国内产品的部分技术水平已经达到国际先进水平。

8.2.2 国外应用

CAN 总线广泛应用于汽车领域，世界上一些著名的汽车制造商，如宝马（BMW）、劳斯莱斯（ROLLS-ROYCE）、保时捷（PORSCHE）、奔驰（BENZ）和美洲豹（JAGUAR）等都采用了 CAN 总线来实现汽车内部的控制系统与各种执行和监测部件之间的数据通信。目前，CAN 总线技术在国外各个领域的应用已经非常成熟，尤为突出的是汽车动力和制动通信网络领域。迄今为止，生产 CAN 控制器的生产商已经达到 20 多家，包括 Freescale、ST、TI 等，流通于市场上的集成 CAN 控制器的微处理器就已经有 110 多种。

由于不同的汽车拥有不同速率的通信系统网络，各种高低速信号网络应运而生，它们之间通过相应的网关连接，如 Philips 公司研究生产的网关控制器 SJA2020。目前在汽车设计领域，CAN 总线技术已经成为一种必须采用的技术手段。欧洲的汽车制造商基本上都使用 CAN 总线来连接车身电子系统以及动力系统，美国的汽车制造商也已经决定在其动力系统中采用 CAN 总线进行系统通信，大多数客车厂都选用了基于 CAN 总线的汽车网络系统，而远东的汽车制造商也开始采用基于 CAN 的车载网络。

Daimler-Benz 公司是第一家应用 CAN 总线的汽车制造商，它使用了 CAN 总线来建立动力系统中电子控制单元之间的连接，现在几乎公司中所有乘用车和货车都采用 CAN 总线来建立动力系统网络。欧洲的其他汽车制造商，如 Audi、Volvo、Renault 等公司也相继在汽车网络系统中应用 CAN 总线。CAN 将逐步替代 J1850 的网络。至 2010 年，CAN 网络已经占据整个汽车网络协议市场的 80% 左右。在欧洲，每辆新客车几乎都配有 CAN 局域网，在其他类型的交通工具（轮船或火车等）和工业控制中，也都采用了 CAN 总线技术手段，CAN 已经成为全球最重要的总线之一。

德国 BOSCH 公司是 CAN 总线技术的创始人，其最初的 CAN 总线是针对汽车监控和控制系统而设计的，现今，机械工业、机器人和医疗机械等领域也越来越多地应用 CAN 总线技术。西门子威迪欧汽车电子是全球电子和汽车机械电子产品的领导者，它们以仪表、汽车音响、导航、远程信息和多媒体应用组成的信息和通信系统设计驾驶室，很大地提高了车内的舒适性，同时其安全气囊、ABS 和出入控制系统的安全通信也提高了车辆驾驶的安全性。几年前 CAN 总线已经面临着自身局限性的瓶颈，很多车型在生产时就已经到达了最大总线负载，在没有预留任何带宽的情况下，无论怎么增加总线的数量，都无法加倍提高数据传输速率。若采用增加网关的方法，不仅会使系统变得复杂，而且会产生不可接受的报文传输延迟，使系统缺乏确定性。

8.3　技术分析

CAN 又称 CAN 现场总线，由德国 Bosch 公司最早推出，是 ISO 国际标准化的一种串行通信协议，也是当前汽车高速网络的主要应用标准。在 CAN 总线通信网络中，为了满足消息的实时性要求，需要合理地规划和调度总线中的消息传输，从而保证系统网络的稳定性。现有的 CAN 总线混合调度算法（Mixed Traffic Scheduling，MTS）虽然中和了固定优先级算法和动态优先级算法的优点，但是仍存在优先级反转以及低优先级消息的公平性问题。CAN 总线最初是专门为解决乘用车的串行通信而研制的，它被设计为汽车环境中的微控制器通信模块，将车内各 ECU 连接成为一个通信网络，使得 ECU 能够在总线上相互交换信息，这就是汽车电子控制网络的基本原理。

8.3.1　基本概念

CAN 总线的通信速率很高，最高可达 1 Mbit/s，由于总线中的所有节点都可以访问总线，所以它又是一种多主方式的串行通信总线。CAN 总线由许多 CAN 节点组成，总线将各个节点连接起来。每个节点由相应的 CAN 接口与现场设备连接，同一网络中最多允许挂接 110 个节点。CAN 的传输速率与传输距离之间成线性关系，随着传输速率的增大，其传输距离就会随之变短，当 CAN 的传输速率达到 1 Mbit/s 时，其传输距离最大为 40 m。这样的距离对于一般实时控制现场来说是足够的。

CAN 总线具有较强的错误检测能力，通过监视、位填充、循环冗余校验和报文格式的检查，其出错概率能够低于 4.7×10^{-11}。另外，CAN 还有故障界定功能，可以自动识别永久性故障和短暂干扰，当处于连续干扰时，CAN 将处于关闭状态；而且，CAN 中的节点可以在不要求改变任何节点及其应用层的任何软件或硬件的前提下，被连接于 CAN 网络中。CAN 有两类消息帧，分别为 CAN2.0A 和 CAN2.0B 消息帧，其本质的区别在于 ID 的长度。CAN2.0A 消息帧格式也称 CAN 消息帧的标准格式，有 11 位标识符；CAN2.0B 消息帧又称为扩展消息帧，有 29 位标识符，标识符的前 11 位与 CAN2.0A 消息帧的标识符完全相同，后 18 位则专用于标记 CAN2.0B 消息帧的标识符。

CAN 消息帧根据用途不同，可分为四种类型：用于传送数据的数据帧、用于请求发送数据的远程帧、用于标识检测到的错误帧以及用于延迟下一个信息帧发送的超载帧。在BMS 中，使用最多的是数据帧和错误帧。

8.3.2　CAN 总线的特点

CAN 总线具有网络结构简单灵活、数据传输实时性好、安全可靠性高等特点，用户可以根据需要设计网络。CAN 总线的特点总结如下。

（1）采用基于优先权的多主总线访问方式　CAN 总线上任一节点所发送的数据信息可以不包括发送或接收节点的物理地址，这是它的最大特点。信息的内容通过标识符（ID）标记，此标识符在这个网络中是唯一的。网络上的其他节点收到消息后，都对这个标识符进行检测，从而判断信息是否与自己有关。如果是和自己相关的信息，则处理此信息；否则，此消息将被忽略。

这种方式称为多主方式，它的优点在于理论上不限制网络内的节点数，另外，不同节点可以同时接收到相同的数据。标识符除了能够识别信息内容，还决定了信息的优先级。标识符的值越小，消息的优先级就越高。在 CAN 网络中，拥有最高优先级信息的节点将获得使用总线的权利，其他节点必须自动停止消息的发送。当总线空闲时，这些节点将可以重新发送消息。

（2）基于线路竞争的非破坏性仲裁机制　CAN 使用带有冲突检测的载波侦听多路访问方式，能够通过无破坏性的仲裁解决冲突。CAN 总线上的数据采用非归零编码方式，有两种互补的逻辑值作为数据位，分别是显性电平（用逻辑"0"表示）和隐性电平（用逻辑"1"表示），显性电平覆盖隐性电平。

总线空闲时，总线上的任何节点都可以发送数据。若有两个以上（包括两个）的节点同时发送数据，将会引起总线访问冲突，此时可通过基于总线竞争的仲裁方式对数据的标识符进行判断，优先级高的数据发送节点将获得访问总线的权利。这样的仲裁机制既可以保证不丢失信息，同时也非常省时间。

（3）利用接收滤波的方式实现多点传送　在 CAN 系统中，节点对数据信息的接收或拒收建立在一种帧接收滤波的处理方法上，这种处理方法可以判断出接收到的信息是否与本节点有关联，因此，节点在接收信息时没有必要辨别此信息来自哪个节点。

（4）支持远程数据请求　CAN 的消息帧类型中有一种远程帧，需要数据的节点可以通过送出一个远程帧，请求另外一个节点向自己发送相应的数据帧，远程帧的标识符与请求发送的数据帧的标识符相同，接收节点根据远程帧的标识符，就可以判断出应该发送怎样的数据。

（5）配置灵活　向 CAN 网络中添加节点时，如果此节点不需要发送任何数据帧或者不需要接收任何额外追加发送的数据，网络中的所有节点就均可不用做任何软件或硬件方面的调整。

（6）数据的一致性　在 CAN 网络中，一个数据帧可以同时被所有节点接收或同时不被任何节点接收。因此，需要保证系统中数据的一致性。

（7）检错和出错通报功能　在 CAN 总线中，有下列几种检测错误的措施：位检测、15 位循环冗余码校验、位填充（5 位）、帧校验。从而保证了数据的出错率极低。

（8）自动重发功能　任何正在发送数据的节点和任何正在正常接收数据的节点，都能对出现错误的数据帧做出标记，然后进行出错通报。此时，这些数据会被立即放弃，但是此后遵循系统所采取的恢复计时机制，它们都将被适时地重发。仲裁失败或在发送过程中被错误干扰的数据将在下次总线空闲期间自动重发。这些要被重发的数据帧处理起来与其他数据帧完全一样，这就意味着，为了获得总线访问的权利，这些数据帧还是需要再次参与仲裁过程。

（9）区分节点的临时故障和永久性故障，并能自动断开故障节点的功能　CAN 节点能够区分临时故障和永久性故障，并自动断开出故障的节点。断开意味着节点脱离与总线逻辑上的连接，从而无法发送或者接收到任何帧。

8.3.3　分层结构及功能

CAN 遵循 ISO/OSI 标准模型，其底层定义了 OSI 模型的数据链路层和物理层，而 ISO 并未对其上层标准化，我们可以基于底层开发自己的应用层，目前现成的 CAN 总线应用层协议有 DeviceNet、SAEJ1939、CANopen 等，这也是 CAN 总线应用灵活的原因之一。

1. CAN 物理层

物理层是实现总线与 ECU 相连的电路，ECU 的总数取决于总线的电力负载能力，物理层适用于高速场合（高达 1 Mbit/s）。物理层的功能是有关全部电气特性不同的节点间位的实际传送。CAN 能够使用多种物理介质，如双绞线、光纤等，最常用的是双绞线，信号使用差分电压传送，两条信号线分别称为 CAN_H 和 CAN_L，CAN 总线收发器通过这两条信号线的电平差来判断总线电平。

静态时，CAN_H 和 CAN_L 的电压一样，均为 2.5 V 左右，此时总线的状态为逻辑 1，也可称为隐性。当 U_{CAN_H} 比 U_{CAN_L} 高时，表示逻辑 0，又称为显性，此时电压值通常为 U_{CAN_H} = 3.5 V 和 U_{CAN_L} = 1.5 V。

2. CAN 数据链路层

数据链路层被进一步分为逻辑链路控制（Logical Link Control，LLC）子层和媒体访问控制（Medium Access Control，MAC）子层。MAC 子层是 CAN 协议中的核心层，它把接收到的报文提供给 LLC 子层，并且接收来自 LLC 子层的报文。LLC 子层主要针对 CAN 总线中的帧信息进行管理，它的主要功能是报文滤波、超载通知和恢复管理。

3. CAN 电气特性

CAN 总线的物理连接部分中，总线两端均串联一个负载电阻，用 R_L 表示，它的作用是抑制反射作用。不能把 R_L 置于 ECU 内部，否则在断开一个内部置有 R_L 的 ECU 与总线之间的连接时，总线就会失去终端。CAN 总线有两种逻辑状态：隐性或显性。

在隐性状态下，U_{CAN_L} 和 U_{CAN_H} 稳定在总线平均电平。U_{diff}（$U_{CAN\_H}-U_{CAN\_L}$）近乎为 0，总线空闲或隐性位期间，则发送隐性状态。

显性状态表现为一个超出某个最小阈值的差动电压。显性状态会覆盖隐性状态，在显性位期间发送显性状态。

4. CAN 收发器

物理信令子层和数据链路层之间的连接是通过集成的协议控制器实现的，CAN 收发器是协议控制器和物理传输线路之间的接口。CAN 收发器安装于控制器内部，直接与总线的物理实体相连接，它同时兼备接收和发送的功能，将 TTL 信号转换为 CAN 标准的差分信号，将控制器传来的数据转化为电信号并将其送入数据传输线。

8.3.4 调度算法

CAN 总线主要是采用事件触发进行通信的，采用非破坏性仲裁机制进行逐位仲裁，使消息按照各自的标识符优先级排序进行连续发送。但是，这样的通信机制的实时性和可预测性不高，当总线的带宽利用率很高时，优先级最高的消息能够不受影响，但是低优先级的信息却可能会不断地被时延，严重的时候甚至会造成数据丢失，这样的仲裁机制无法满足汽车网络中各类数据的需求，因此需要采用适当的调度算法改进 CAN 协议，使其满足汽车网络的实时性和可预测性要求。

1. CAN 调度算法

调度算法指的是采用某种算法控制不同类数据传输的先后次序以及传输间隔，这样可以合理分配带宽资源，提高网络利用率，从而达到满足网络中各类数据不同需求的目的。

2. 调度算法的分类

CAN 消息的调度，主要根据不同消息的优先级对应地为其分配一个标识符。目前，标准的 CAN 协议在为消息分配优先级时，调度算法主要分为静态优先级调度算法、动态调度算法和混合调度算法。静态优先级调度算法中，任务调度的优先级在调度过程中固定不变，主要有比率单调（Rate Monotonic，RM）和截止期单调（Deadline Monotonic，DM），其存在的主要问题是网络利用率较低，应用不灵活。

动态优先级调度算法中，较为典型的算法为最早截止时间优先（Earliest Deadline First，EDF）调度算法，它可以克服静态优先级算法的缺点，灵活地适应系统变化，同时充分利用系统资源。但是，此算法的主要缺点是在网络负载较大的情况下，需要很长的标识符位。而混合调度（Mixed Traffic Scheduler，MTS）算法则是一种介于静态算法和动态算法之间的折中算法，它获得了更高的可调度性，同时又不需要很长的标识符位。

3. 消息的分类

从实时性角度来分析，网络节点传输的消息可以划分为硬实时消息、软实时消息和非实时消息。硬实时消息通常为周期性消息，与控制系统的性能密切相关，即消息如果不能在其截止时间内完成发送，将可能会对整个系统造成巨大的影响，甚至导致系统崩溃。而各种突发性消息（紧急报警或节点失败等）虽然为非周期消息，但其为时间关键性消息，必须在截止期内完成发送，因此，将消息的最小到达时间间隔作为该消息的周期，其也归为硬实时消息。

软实时消息通常为非周期消息，其具有随机性产生、传输数据小、有实时性要求等特点。这类消息也应在其截止期内发送完成，但是当遇到硬实时消息时，允许存在一定的传输延时。

非实时消息一般为非周期消息，主要来源于一些状态监视数据，其传输数据较大，但是对时间要求不高。

第9章　BMS集成电路与设计实例

9.1　基于MSP430的BMS设计

通过采用低功耗单片机作为主控单元设计BMS电路，分别设计电压测量模块、温度采集模块、电流采集模块、电池均衡模块、通信模块以及状态显示模块。

1. 系统结构设计

通过对新能源汽车电池组的市场现状和可作为BMS的芯片进行分析，对安全高效的BMS进行探索，BMS应设计具有电压、电流、温度采集与监测，电池热管理，电池均衡，智能充放电，绝缘检测电池组信息处理与显示和电池断线检测功能。以松下NCR18650B 3400mA·h锂离子电池组成电池组，外加电压、电流、温度采集电路，电源热管理系统，电池管理单元，电量计量芯片（带电池均衡），微控制单元（Microcontroller Unit，MCU）主控电路，I^2C通信电路，CAN通信电路，显示单元，组成BMS。

采用主从结构——主控模块（Cell Monitor Unit，CMU）和监控模块（Battery Management Unit，BMU）。BMU实现对电池模块内电池单体的电压、电流和温度的检测，经处理后将数据发送给CMU。CMU接收BMU传来的数据信息后，根据采集的电池数据对电池组进行保护，并与微控制单元（MCU）进行通信。BMS的结构框图如图9-1所示。

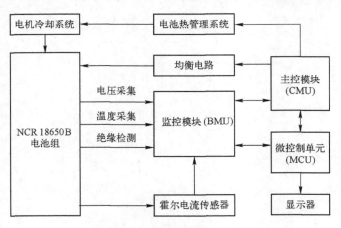

图9-1　BMS的结构框图

内部通信主要采用CAN总线，电池管理模块对外提供CAN总线接口，将BMU的数据显示在显示器上，根据预先设置的阈值条件实现故障提醒；CMU实时获取BMU数据，对电池进行保护，保存历史数据并与外部进行通信。OZ8996芯片最多可以管理20只串联单体电池，设计的电池系统整车装有352个OZ8996芯片，管理7040只NCR 18650B电池来满足新能源汽车动力的需求。

7040 只 NCR 18650B 电池分为 16 个电池组，每个电池组有 440 只电池。其中，每 20 只电池串联成一组电池包，整个电池组有 22 组电池包串联来保证电压值。OZ8996 自带有充电/放电 MOSFET 驱动，保护电路根据保护需要自动关闭对应的充放电 MOSFET。所有保护阈值和其相关的延迟时间可以写入 EEPROM，使电池组生产商可自由选择电芯的供应商和型号。

2. 电压测量模块

如图 9-2 所示，在基本电压采集过程中，单体电池正极连接 B+，将端口电压的 1/4 送入运放电路的同相端，运放的引脚 1 与引脚 2 直接相连或通过一个 $10^2 \sim 10^4 \Omega$ 的负反馈电阻相连，实现电压跟随，输出电压与 3、4 端输入电压的幅值相等、相位相同；电压跟随器的负反馈电阻 R 具有减小漂移和运放端口保护的功能，可以根据实际的电路指标要求进行调整。

R 的阻值过大，可能影响输出电压的跟随效果；R 的阻值过小，则失去了对运放端口的保护作用。如不考虑运放端口的保护，可以短接输出端和反相端，得到简化的分压及其电压跟随电路（见图 9-2）。

3. 均衡负载及状态显示电路

设计均衡电路，采用被动均衡控制策略，配合单片机对控制端口进行设置，具体工作模式为，程序中通过判断被保护电池单体的工作状态，相应做出不同的反应。当串联的多单体电池组在充电时，处理器计算采集到的单体电压并求出当前状态下的电压平均值，根据均衡控制策略，充电过程中需要对电压相对较高的单体采取控制，以保证该单体不被过度充电的同时，其余单体都能回升到较高的能量水平。

在通俗的表达中，常用"取长补短"来描述均衡电路在充电过程中的应对方式。在放电过程中，成组工作的电池常常表现出木桶效应，即其工作性能会受限于电压最低的单体的影响。这时，均衡电路应采取措施，在保证最低电压单体不被过度放电的同时，使电池组释放出更多的能量。设计的均衡负载及状态显示电路如图 9-3 所示。

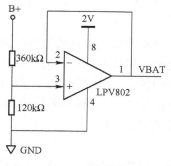

图 9-2　电压测量模块

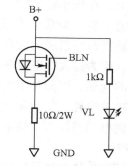

图 9-3　均衡负载及状态显示电路

当系统主控芯片 MSP430 检测到电池组中某只电池电压高出平均电压水平某个阈值 ΔU 时（ΔU 可以根据电池组具体应用场合在程序中进行调整），图 9-3 中的 BLN 引脚将会接收到能使 N-MOSFET 开通的信号，开通之后，单体电池电压将会加载到 2 W 的功率电阻上，另一支路为 LED 指示电路，从而实现对被均衡电池的均衡处理，避免其电压长期超高。

4. 控制信号转换及隔离电路

主控芯片在集成 BMS 中的作用不可替代，像是计算机系统的 CPU，若该部分在工作过程中遭到破坏或者烧毁，将会使各个部分处于脱机状态，甚至导致整个系统瘫痪。BMS 设计阶段必须考虑到各种保护措施，对于主控芯片，要保证每个交互引脚与外设连接线上形成电气隔离。在电子技术应用场合，常使用光电耦合器件，如图 9-4 所示。

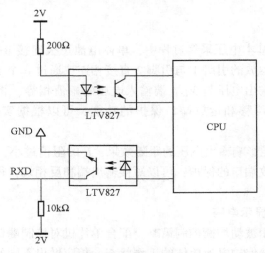

图 9-4　控制信号转换及隔离电路

图 9-4 中，外设线路与 CPU 之间通过 LTV827 光电耦合器件相连，在保证了正常通信的基础上，也保护 CPU 在故障状态下能稳定工作。

5. 电流采集模块电路

电流检测在 BMS 中扮演着不可或缺的角色，系统需要根据采集的电流正负、大小来判断电池的工作状态，另外，在电池荷电状态 SOC 评估中，也会应用到电流信息并结合时间来计算能量变化。由于电流变化范围以及放电倍率的巨大差异，运用于动力电池领域的电流检测手段差异较大。在较小容量的动力电池管理系统领域，可以用基本的结合采样电阻的模拟电路来实现电流采集，如图 9-5 所示。

然而，在电动汽车等领域的大容量动力电池管理系统中，常规的模拟电路检测方法无法达到理想的效果，因为过大的电流在很小的采样电阻上也会产生巨大的热量，这是电池管理系统中必须避免的问题。因而对于大范围、高倍率的场合，可以使用霍尔效应传感器，再结合相应的运放、功放电路，然后输出，也能达到相同的效果。霍尔效应电流检测的优点在于，检测电路与放电回路没有直接电气连接，也保证了电路运行的安全性。

6. 优缺点分析

优点：可以节省单体电池采集电路的成本，期间的功耗也低，并且，本系统电路测量电池电压准确的同时，抗干扰能力强、更换电池方便、实用性强。

缺点：首先，使用单一的控制单元对几十、数百的单体电池进行参数采集、计算、通信、显示，系统的设计复杂，稳定性较差，当其中某组中的电池出现故障时，会影响整个系统的工作；其次，电传动车辆空间紧凑，动力电池呈分布式布置，控制单元往往与电池有较长距离，这样，信号从电池到微控制器间的传输非常容易受到新能源汽车内部功率器件、高

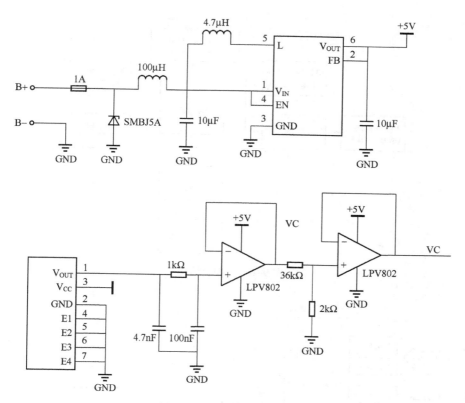

图 9-5　电流采集模块电路

压和大电流动力线工作时产生的电磁干扰的影响，导致测量精度下降，从而在计算电池参数时，不一定能真实反映电池的实际工作状态，最后引起电池剩余电量计算的不准确，甚至错误；且集中式管理的可扩展性和可移植性差，对于不同的电池组结构、不同数量的电池，都需要重新进行系统设计，严重影响了 BMS 的通用性。

9.2　基于 STM32 的 BMS 设计

采用 STM32 芯片作为主控芯片，并架构嵌入式操作系统 FreeRTOS，由嵌入式操作系统实时监控充放电的过程，并且在 LCD 上实时显示锂离子电池组的工作状态。FreeRTOS是一个小型实时操作系统内核，作为一个轻量级的操作系统，功能包括任务管理、时间管理、信号量、消息队列、内存管理、记录功能、软件定时器、协程等，可基本满足较小系统的需要。设计信号采集电路采集主控板上的总电压、电流和子模块上的单体电压、温度等参数，为 BMS 提供最原始的数据。该智能模块兼有报警和散热装置，提高了系统的安全性。

1. 设计步骤

1）主控板结构如图 9-6 所示。

2）主控板与采集板的连接如图 9-7 所示。

3）电池组总电压采集电路，通过 HNV025A 接线可以实现该部分电路设计，如图 9-8所示。

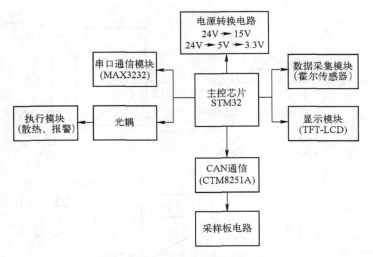

图 9-6 主控板结构

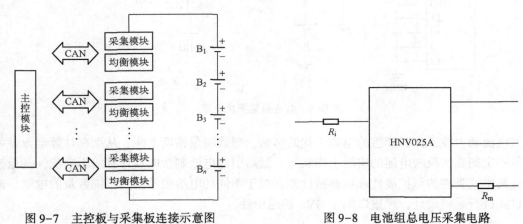

图 9-7 主控板与采集板连接示意图　　　　图 9-8 电池组总电压采集电路

4）报警电路：可以采用蜂鸣器进行报警。

5）LCD 电路设计：显示工具采用的是 TFT-LCD，直接采用一款集成的 LCD 模块，该模块上集成了 ILI9341 控制器、驱动器和触摸芯片 XPT2046。

6）温度采集电路设计：系统采用了 DS18B20 进行温度的测量。

7）单体电池电压采集电路设计，如图 9-9 所示。

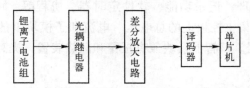

图 9-9 单体电池电压采集电路设计

2. 优缺点分析

优点：实现了 BMS 的主要功能，并且对所设计的硬件和软件部分进行了调试，完成了电池电压、电流、温度等的实时测量，并通过嵌入式完成界面的设计，能够对 BMS 进行实时监测。

缺点：SOC 的测量和电池均衡管理方面还存在着不足。

9.3　基于 ISL78600 的 BMS 设计

基于 ISL78600 数据采集芯片的高精度数据采集系统，主要包括电压、温度等采集电路设计。电压采集电路设计中，单体电压采集误差可以维持在 ±2.5 mV 以内，总电压采集误差不超过 100 mV；温度电路采集设计采用低功耗模式，可以大大减小电池组的内部功耗。

1. BMS 总体结构设计

利用一个以单片机为核心部件的电池控制系统，有效地解决了电池长期充电不用，因浮充电导致电池使用寿命下降的问题，提高了应急电源（Emergency Power Supply，EPS）、不间断电源（Uninterruptible Power System，UPS）等电源的可靠性，保证了电源系统的稳定。通过对电池充放电的检测，对其电流、电压、温度、电量的物理量加以量化显示，增强了系统的监控能力。通过单片机控制中间继电器，实现了电池定时充电和放电的控制，以保证电池定时充放电，延长其使用寿命，系统结构组成如图 9-10 所示。

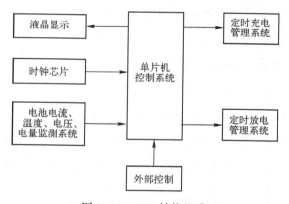

图 9-10　BMS 结构组成

其中，单片机是整个系统的核心，外围电路以定时的充放电电路为主，液晶显示、时钟芯片、电池的实时监测以及外部控制电路都作为辅助设计部件，来完善整个系统。本系统主要实现的功能为电池的定时充放电。电池长期的浮充电状态对电池寿命有很大影响，也无法保证在断电时能及时给设备供电，在这里采用时钟芯片来设定时间，用户可以根据电池的出厂要求，自己设定电池的充放电时间，来延长电池的使用寿命。此外，充放电电路以继电器控制为主，可以有效地保证电路运行的可靠性。

系统可以通过单总线通信的芯片协议，实时地读取每个电池的温度、充放电状态、电池目前的电量等数据。温度作为一个影响电池寿命的重要数据，25℃ 以上每升高10℃，电池使用寿命减半。电池另一个重要的数据就是电量，如何确定电池电量，是一个比较难的问题。采用电池充电电流的大小，来统计电池的电量，这样可以避免存在假充电的情况，保证电池的正常工作，也可以及时提醒更换新的电池。最后通过使用装液晶显示器，把电池的温度、电流、电压、电量的数据实时显示出来，可以随时掌握电池的状态。

2. BMS 的结构

BMS 由一个主控制器和若干个从电池管理芯片构成，如图 9-11 所示。

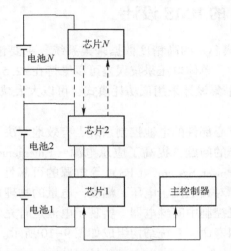

图 9-11　BMS 的结构框图

3. 菊花链通信接口

菊花链通信接线如图 9-12 所示。

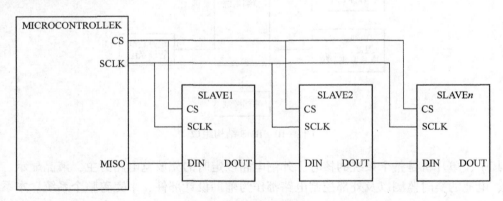

图 9-12　菊花链通信接线

4. 电压采集电路

电压采集电路主要是应用内部集成的高精度 A-D 转换器所获得的采集电压。

5. 温度采集电路

ISL78600 包含 4 个温度采集通道，温度采集首先是将外接温度信号转化成电压信号（采集电路通过外接 NTC 热敏电阻将外接温度信号转化成电阻信号，然后通过分压电路转化成电压信号），通过 EXT1、EXT2、EXT3 和 EXT4 接入接口电路。温度采集电路如图 9-13 所示。

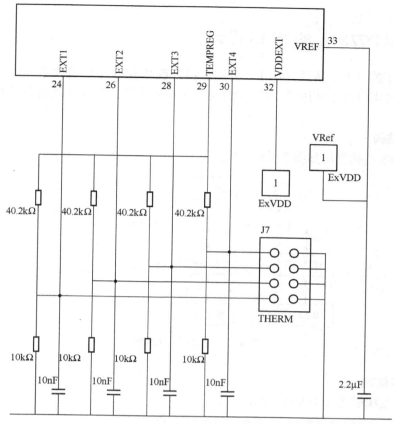

图 9-13　温度采集电路

6. 菊花链通信电路

系统第一个 ISL78600 数据采集芯片与主控制芯片采用传统的 SPI 通信，两片 ISL78600 数据采集芯片之间采用菊花链连接，菊花链通信电路主要是通过 ISL78600 采集芯片的 DHI20、DHO20 两个引脚进行数据传输。菊花链通信电路如图 9-14 所示。

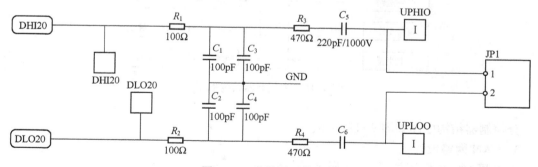

图 9-14　菊花链通信电路

系统单体电压采集误差可以维持在 ±2.5 mV 以内，温度采集误差不超过 ±1℃。温度采集系统采用低功耗模式，可以大大减小电池组的内部消耗。系统各采集模块之间采用菊花链通信，简化了通信电路的硬件电路设计，同时可以大大提高通信速率。

9.4 基于 AD7280A 的 BMS 设计

新能源汽车的 BMS，需要完成主、分控制器的模块化设计和硬件系统设计。针对分控制器模块，在外围电路中使用了多片 AD7280A 菊花链连接，减少了隔离器的数量，简化了其电路结构。

1. BMS 结构

设计的 BMS 结构框图如图 9-15 所示。

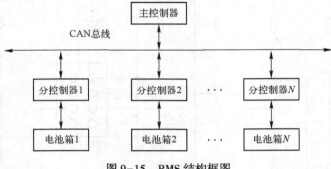

图 9-15　BMS 结构框图

2. 控制器结构

主控制器结构框图如图 9-16 所示。

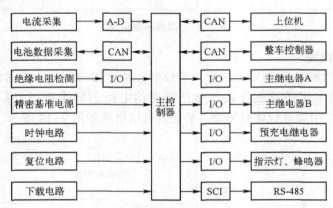

图 9-16　主控制器结构框图

分控制器结构框图如图 9-17 所示。

3. CAN 网络设计

CAN 网络结构框图如图 9-18 所示。

4. 电流采集电路

主控制器采集电流使用的是基于分流器的电流监测方法，其中，电流采集电路如图 9-19 所示。

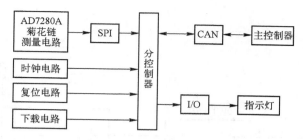

图 9-17 分控制器结构框图

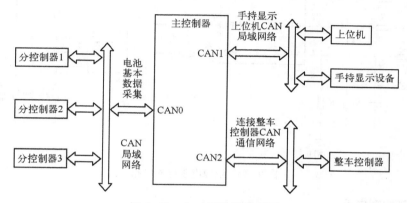

图 9-18 CAN 网络结构框图

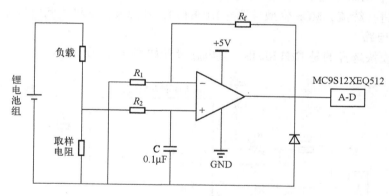

图 9-19 电流采集电路

5. 绝缘电阻检测电路

绝缘电阻检测电路主芯片采用 PIC12F675，主要检测电池组的正极、负极对底盘的绝缘电阻值，如图 9-20 所示。

6. 串行通信接口电路

在车载通信系统中，使用 CAN 通信网络。为确保行车安全，防止通信设备出现意外，需增加一个串行通信接口电路，以备不时之需。在串行通信接口电路设计中，收发器选用的是工作电流 120 μA、功耗低、通信稳定的 MAX487。

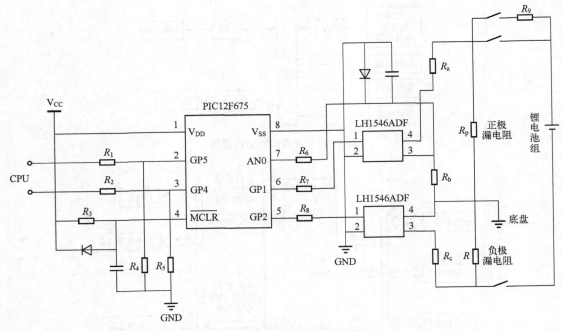

图 9-20 绝缘电阻检测电路

7. 开关量控制电路

采用 MOS 管对继电器的开关进行控制，对锂离子电池组的安全性进行保护。二极管的作用是对线圈进行续流，MOS 管型号选择 IRLR120，其源极、漏极之间电压差最大达 100 V。

8. 显示器电路

设备显示模块选择的是 NH12864S，其电路设计如图 9-21 所示。

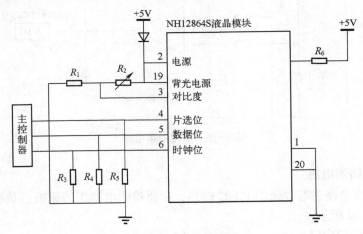

图 9-21 显示器电路

9. 故障报警电路

报警设备一般安装在驾驶室。当 BMS 的数据（如电压、电流、温度等）出现异常时，报警系统需立刻报警，提示驾驶人采取措施。报警方式主要为声、光提示。

10. 温度监测电路

基于 AD7280A 的温度监测内部处理电路如图 9-22 所示。

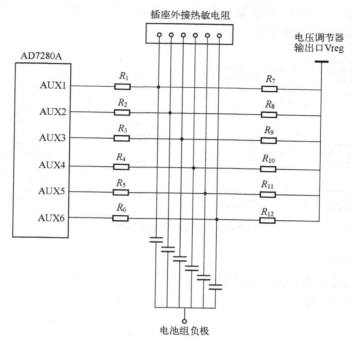

图 9-22　基于 AD7280A 的温度监测内部处理电路

11. 菊花链电路与 CPU 隔离电路

BMS 采用 12 V 或 24 V 的直流电，而新能源汽车动力电池组的电压高达上百伏。如此大的电压差极可能损坏分控制器。因此，需在菊花链测量电路中加入隔离器。隔离器使用的是 ADI 公司生产的四通道高速隔离器 ADuM1401 和 ADuM1402，两者互相配合使用。

在分控制器电路设计中，可对外围电路使用多片 AD7280A 菊花链连接，减少隔离器的数量，简化电路。该设计实现了对锂离子电池组状态的实时监测、主控制器和分控制器之间数据信息的通信传送、对执行动作的有效控制等功能，提高了电池组的安全性，延长了其使用寿命。

9.5　基于 LTC6804 的 BMS 设计

LTC6804 是第三代多只电池的电池组监视器，可测量多达 12 只串联电池的电压，并具有低于 1.2 mV 的总测量误差。LabVIEW 是一种程序开发环境，由美国国家仪器（NI）公司研制开发，类似于 C 和 BASIC 开发环境，但是 LabVIEW 与其他计算机语言的显著区别是，其他计算机语言都是采用基于文本的语言产生代码，而 LabVIEW 使用的是图形化编辑语言——G 语言编写程序，产生的程序是框图的形式。采用 CAN 通信技术实现主控芯片与上位机的信息交换。实验表明，该系统测量精度高、可靠性好。

1. 总体设计框架

每个监控单元可以监控 12 只锂离子电池的电压，监控单元采用 LTC6804 芯片，主控制器采用 MK60DN512VLQ10，通过 SPI 通信依次读取各监控单元信息，通过电流传感器、温度传感器和电压传感器读取总线上总的电流、电压和温度。并与预设的最大放电电流、最大充电电流进行比较，若超限，则切断充电开关或放电开关，实现电池过充电、过放电保护。BMS 总体结构框图如图 9-23 所示。

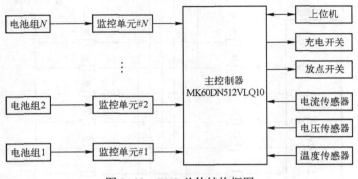

图 9-23　BMS 总体结构框图

2. 监控单元设计

LTC6804-1 与主控制器 MK60DN512VLQ10 采用 SPI 通信，这是为了保证系统的抗干扰性和安全，如图 9-24 所示。

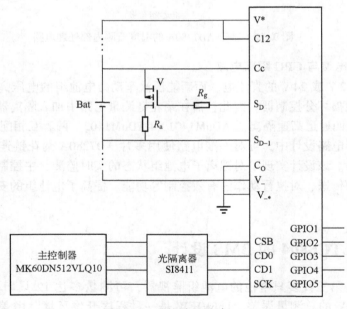

图 9-24　监控单元设计

3. CAN 模块

设计采用微控制器片内 CAN 控制器和 TJA1040CAN 收发器，CAN 总线接口电路如图 9-25 所示。

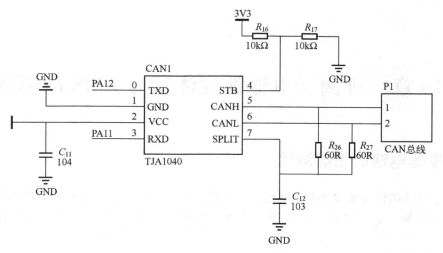

图 9-25　CAN 总线接口电路

4. 上位机设计

上位机可以采用 LabVIEW 等软件实现，其中上位机与主控制器 MK60DN512VLQ10 采用 CAN 总线通信。图 9-26 展示了 CAN 总线接收数据后，与 LABVIEW 的交换机制。上位机经 CAN 通信接收数据后，将报文进行解析，并在上位机中进行数据处理、状态切换和响应操作等进程。

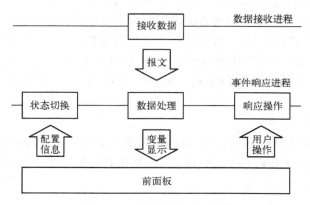

图 9-26　人机交互工作机制

第10章　锂离子电池性能测试与 BMS 故障诊断

10.1　单体电池的性能测试

锂离子电池的性能测试主要包括电压、内阻、容量、内压、自放电率、循环寿命、密封性能、安全性能、储存性能、外观等，此外，还包括过充电、过放电、可焊性、耐腐蚀性等。

1. 自放电测试

一般采用 24 h 自放电来快速测试其荷电保持能力，将电池以 0.2C 放电至 3.0 V，恒流 1C 充电至 4.2 V，再恒压补充电，达到截止电流 10 mA，搁置 15 min 后，以 1C 放电至 3.0 V 测其放电容量 C_1。再将电池恒流 1C 充电至 4.2 V，恒压充电至截止电流 100 mA，搁置 24 h 后测 1C 容量 C_2。$C_2/C_1 \times 100\%$ 应大于 99%。

2. 内阻测量

电池的内阻是指电池在工作时，电流流过电池内部所受到的阻力，一般分为交流内阻和直流内阻，充电电池内阻很小，且测直流内阻时由于电极容易极化，产生极化内阻，故无法测出其真实值；而测其交流内阻，可免除极化内阻的影响，得出真实的内值。

交流内阻测量方法：利用电池等效于一个有源电阻的特点，给电池一个 1000 Hz、50 mA 的恒定电流，对其电压进行采样、整流、滤波等一系列处理，从而精确地测量其阻值。

3. 循环寿命测试

电池以 0.2C 放至 3.0 V/只后，1C 恒流恒压充电到 4.2 V，截止电流 20 mA，搁置 1 h 后，再以 0.2C 放电至 3.0 V（一个循环）。反复循环 500 次后，容量应在初容量的 60% 以上。

4. 内压测试

模拟电池在海拔高度为 15240 m 的高空（低气压 11.6 kPa）下，检验电池是否漏液或发鼓。

具体步骤：将电池恒流 1C 充电到 4.2 V，再恒压充电至截止电流 10 mA，然后将其放在气压为 11.6 kPa，温度为（20±3）℃ 的低压箱中储存 6 h，电池不会爆炸、起火、裂口、漏液。

5. 跌落测试

将电池组充满电后，从三个不同方向于 1 m 高处跌落于硬质橡胶板上，每个方向做 2 次，电池组电性能应正常，外包装无破损。

6. 振动试验测试

电池以 0.2C 放电至 3.0 V 后，进行恒流 1C 充电到 4.2 V，再恒压充电至截止电流

10 mA，搁置 24 h 后按下述条件振动：振幅 0.8 mm；使电池在 10~55 Hz 之间振动，每分钟以 1 Hz 的振动速率递增或递减；振动后电池电压的变化应在 ±0.02 V 之间，内阻的变化应在 5 mΩ 以内。

7. 撞击实验

电池充满电后，将一个 15.8 mm 直径的硬质棒横放于电池上，用一个 20 磅（约 9 kg）的重物从 610 mm 的高度落下砸在硬质棒上，电池不应爆炸起火或漏液。

8. 穿刺实验

电池充满电后，用一个直径为 2.0~2.5 mm 的钉子穿过电池的中心，并把钉子留在电池内，电池不应该爆炸起火。

9. 高温高湿测试

将电池 1C 恒流恒压充电到 4.2 V，截止电流 10 mA，然后放入温度为（40±2）℃，相对湿度为 90%~95% 的恒温恒湿箱中搁置 48 h 后，将电池取出后放在（20±5）℃的条件下搁置 2 h，观测电池外观，应该无异常现象，再以恒流 1C 放电到 2.75 V，然后在（20±5）℃的条件下，进行 1C 充电、1C 放电循环，直至放电容量不少于初始容量的 85%，但循环次数不多于 3 次。

10.2　成组电池的性能测试

10.2.1　标准充放电测试

本节对所用锂离子电池组的基本工作特性，在实验过程中进行了描述和分析。通过使用小电流预充电、大电流恒流充电和变电流恒压补充电的方式，研究了锂离子电池组充电过程的特性。在实验过程中，通过实时检测并记录电压和电流的变化，分析不同情况下的工作状态。其中，标准电流充电过程中，电压和电流变化实验结果（电压和电流特性）如图 10-1 所示。

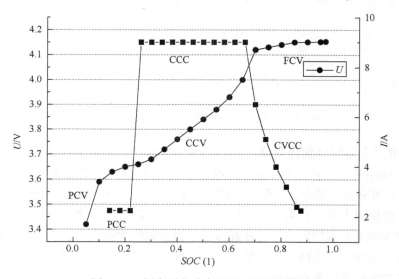

图 10-1　锂离子电池充电电压和电流特性

在图 10-1 中，两个纵坐标轴分别用于描述充电过程中电压和电流的变化规律，PCC（Pre-Charge Current）为预充电电流，CCC（Constant Charging Current）为快速恒流充电电流，CVCC（Constant Voltage Charging Current）为恒压补充电电流，PCV（Pre-Charge Voltage）为预充电电压，CCV（Constant Charging Voltage）为快速恒流充电电压，FCV（Float Charging Voltage）为浮充电电压。由图 10-1 可以看出，标准充电过程具有预充电、恒流快速充电和恒压补充电三个阶段，以实现完善的充电维护，该现象通过图中充电电流的变化反映出来。

第一阶段是预充电过程，通过使用 PCC 模式（2.250 A 电流）进行充电。

第二阶段是快速充电过程，通过使用 CCC 模式（0.200C₅A 电流）充电实现。

第三阶段是补充电过程，以 FCV 模式充电至电流降为充电截止电流值（$EOC = 2.250$ A），则停止。

同时，在充电过程中获得充电电压特性，在 CC 模式充电过程开始时，快速上升。然而，当进入 CV 模式补充电过程时，闭路电压随着电池补充电过程的进行基本保持不变，该充电过程将在 EOC 电流限制的条件下结束。

通过使用 0.200C₅A 恒流放电方式，研究锂离子电池组常态放电时电压的变化规律，获得标准 1C 电流倍率下放电的电压特性，如图 10-2 所示。

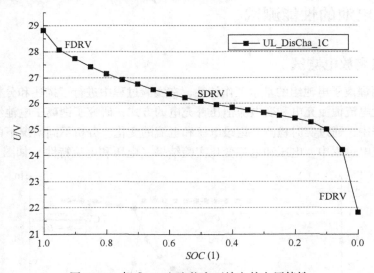

图 10-2　标准 1C 电流倍率下放电的电压特性

图 10-2 中，主要包括快速下降电压（Fast Dropping Region Voltage，FDRV）和缓慢下降电压（Slow Dropping Region Voltage，SDRV）。横轴为 SOC，纵轴为电压 U，单位为伏特（V）。整个图形可分为三部分：陡降区、缓降区和陡降区。由图可知，电压在第一个区域随着时间的延续而快速下降。在第二个区域，电压随时间的延续缓慢下降。当进入第三个区域后，电压快速下降至最低门限电压。在锂离子电池组的供能过程中，大多数工作时间处于第二区域，只有一小部分工作时间处于第一和第三区域。处于第二区域工作时间的持续长度是锂离子电池组健康状态的重要反映。

在不同的放电电流倍率条件下，处于第二区域的时间也有所不同。当电池放电至截止电压 3.000 V 时，停止放电并静置 1 h，闭路电压将上升到 3.200 V。充电至截止电压 4.150 V，停止充电并静置后，电压将下降到 4.000 V。通过以上现象可知，电压在充放电过程中存在差异，断开电源或负载后，电压会有较大的下降或上升，因此，在充放电过程中，闭路电压值不能用来直接反映当前的 SOC 值。

10.2.2 不同倍率充放电测试

同一系列锂离子电池组的闭路电压的变化特性，通过不同放电倍率 CC 模式下的充放电实验获得。在放电维护过程中，电压下降速率的变化规律随着放电电流倍率的变化而变化。在充电维护过程中，将锂离子电池组从 CC 转变为 CV 模式，对锂离子电池组进行搁置以满足其内部电解液的稳定要求。实验获得不同电流倍率下的充电电压特性线，如图 10-3 所示。

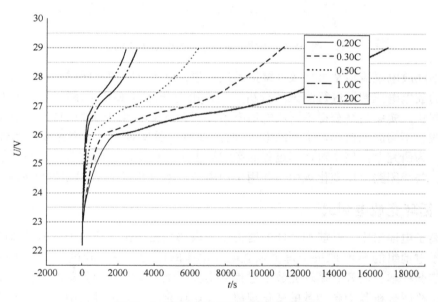

图 10-3　不同电流倍率下充电电压特性

在不同放电电流倍率条件下，对放电电压特性进行测试与分析。实验过程中，在不同放电电流环境下，当放电电压达到放电截止电压（$EOV = 3.00$ V）时，放电实验将立即终止。不同放电电流倍率产生不同的放电电压-时间曲线，进而获得放电电流倍率变化条件下的放电电压特性。针对工况状态下的工作电流范围，扩展实验的放电倍率范围，从 $0.10C_5 \sim 1.00C_5$ A 之间的放电条件下的工作过程如图 10-4 所示。

在图 10-4 中，整体结构分为三个区域，分别是陡降区、缓变区和陡降区。在第一个区域，电池闭路电压随着时间的延续快速变化；在第二个区域，闭路电压随着时间的推移缓慢变化；当进入第三个区域后，闭路电压快速下降至最低门限电压。在锂离子电池组能量供应过程中，大部分工作时间处于第二个区域，只有一小部分工作时间处在第一和第三个区域。处于第二个区域的工作时间长度是锂离子电池组重要的健康状态指标，且电池在第二个区域所处的时间会因放电电流倍率的不同而不同，这将影响锂离子电池组 SOC 估算的精度。

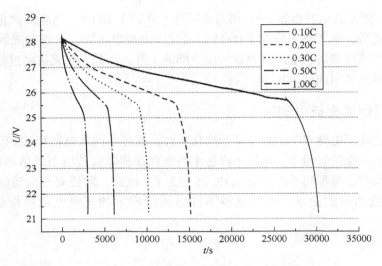

图 10-4　不同电流倍率下放电电压特性

使用不同放电电流倍率进行放电维护的过程中，电压下降速率同样不同。对不同放电倍率情况下的放电电压特性进行测试和分析。当放电电压达到 EOV 闭路电压 3.000 V 时，实验将立即终止。实验最终获得不同放电倍率条件下锂离子电池组的放电特性，形成了放电电压特性曲线，不同放电倍率产生不同电压-时间曲线。通过对不同倍率充放电条件下工作特性的研究，为研究电流倍率对估算过程的影响提供了分析依据。通过对上述不同倍率电压特性的研究，获得闭路电压变化规律，并用于锂离子电池组 SOC 估算模型的校准和实验验证。

10.2.3　循环充放电测试

在锂离子电池组中，储能和释能的能力受到内部互相连接的锂离子电池单体的影响。因此，锂离子电池组的 SOC 取决于每个独立电池单体的性能。在实验过程中，通过选取锂离子电池组实验样本，展开其循环充放电过程的实验测试，实时检测其总电压、电流和各单体电压数据，绘图分析其中各参数的变化规律。在循环充放电测试过程中，设定各项参数的截止条件，以避免出现过充电或过放电现象，实现对锂离子电池组的保护。

针对 7 只单体串联的锂离子电池组，在充电过程中设定其总电压总体恒流充电转均衡充电条件为 28.840 V。均衡充电中，各单体恒流转恒压充电的电压转换条件为 4.150 V，均衡充电恒压补充电的停止条件为电流小于或等于 2.000 A，在充分利用各个单体电池容量的情况下，避免过充电的现象发生。在放电过程中，设定放电停止条件为总电压小于或等于 21.000 V，或者任意一个单体的电压小于或等于 3.000 V，在提高锂离子电池组容量利用效率的情况下，避免过放电现象的发生。在确保其安全的前提下，展开充放电循环实验研究，并分析获得不同 SOC 下的锂离子电池组工作特性变化规律。通过成组情况下的工作特性分析，为锂离子电池组的等效模型构建提供数据分析依据，进而更精确地表征锂离子电池组的工作特性，使得锂离子电池组 SOC 估算具有更好的估算精度和实验分析效果。在锂离子电池组循环充放电过程中，闭路电压随时间变化具有一定的规律，尤其是具有明显的拐点特征，锂离子电池组总电压的变化规律如图 10-5 所示。

由图 10-5 可知，在充电过程中，以 P_1、P_2 和 P_3 三点为界，可分为四个不同阶段，实现了对其充电过程的小电流预充电、恒流快速充电和恒压变电流补充电及搁置过程的描述。通过把实验过程中的锂离子电池组闭路电压与等效模型跟踪电压进行对比分析，进而对等效模型进行改进和优化。通过把对独立电池单体的容量扩展至成组水平定义，成组容量通过总安时积分实现，该过程通过将电池组中的所有单体在满充电状态，放电至组中的一个单体达到完全放电状态得以实现。

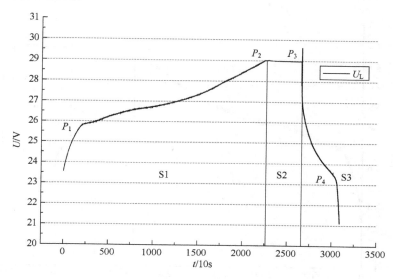

图 10-5　电池组总电压的变化规律

在放电过程中，通过使用 $1.000C_5$ A 电流快速放电的方式，实现其大电流放电过程的电压变化描述。在锂离子电池组循环充放电过程中，实时检测各单体电压并记录，以获得内部各单体的电压变化规律。在组内各单体电压变化规律基础上，一方面，同步监测各单体的工作状态并采取安全保护措施；另一方面，为锂离子电池组内的单体间平衡状态评价提供原始数据，通过平衡状态评价分析并用于 SOC 估算的修正环节，提高锂离子电池组 SOC 估算的精度和可靠性。

在锂离子电池组充放电实验过程中，由于单体间一致性差异的影响，各单体转入恒压补充电阶段的时间，以及充电停止的时间不同。针对锂离子电池组的单体间平衡状态评价问题，研究单体间平衡状态可靠数值化描述方法，构建单体间平衡状态评价模块，并结合修正算法，设计剔除由单体间差异影响所引起的锂离子电池组 SOC 估算误差。

通过使用 M 只单体串联的锂离子电池组，展开对充放电循环实验的研究。其中，充电（CC0.2C_5 A 转 CV4.15 V）–搁置–放电（CC45A/1C_5 A）模式用于单个循环中。在适应性统计学理论以及信息理论最优评价的框架下，基于实验分析，研究电压、电流和温度等关键时变参数特征信息。在循环充放电过程中，由于单体电池间的一致性差异，其内部各单体进行恒流–恒压充电方式转换的时间也不尽相同，通过监测并记录各个单体在均衡充电过程中的电流变化情况，分析各单体进行充电模式转换及停止过程差异，获得锂离子电池组内部单体电池的工作状态变化规律特性。在成组充放电过程中，其内部各单体的电压变化曲线如图 10-6 所示。

在实验之前，预先的放电过程应用于锂离子电池组中，并在 25℃ 的室温环境下，静置

1 h 以使其返回至常态，用于充放电循环测试中。充电过程使用恒流-恒压（Constant Current -Constant Voltage，CC-CV）充电模式，在 CC 模式下的充电电流是 9.00 A，并且当电池组的单体电压达到截止电压 4.15 V 时，转变为 CV 模式充电，整个充电过程在充电电流低于 2.000 A 时终止。进而，在完成整个充电过程后进行静置，以使其内部的电化学反应过程得到稳定。

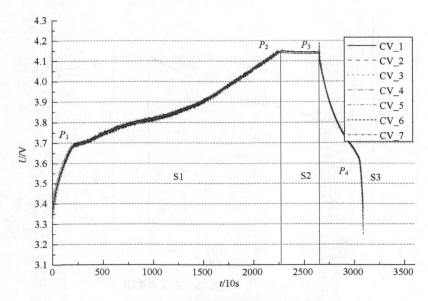

图 10-6　组内各单体的电压变化曲线

在实验过程中，放电过程使用 $1.00C_5$ A 倍率大电流放电方法，进行 CC 串联放电维护。当整个锂离子电池组的电压低于 21.00 V 或者某个单体电压低于 3.00 V 时，放电过程将立即停止。在电池单体级联成组后，锂离子电池组的充电速率，与单个电池单体的充电速率相比，不仅具有一定程度的变慢特性，而且还具有更长的充电时间。在循环充放电实验过程中，测试结果被同步测量和存储于数据库中，通过实验过程随时间变化的参数记录，获得锂离子电池组循环充放电特性，如图 10-7 所示。

由图 10-7 看出，锂离子电池组的变化趋势，在充放电过程中与单个电池单体的变化趋势一致。在这三个阶段中，锂离子电池组的工作状态具有明显的一致性，包括充电、搁置和放电过程。在搁置阶段，单个电池电压总体不变，然而，锂离子电池组电压却具有一定的上下波动，需要静置更长的时间。在充电过程中，电池组电压在一段较短的时间内变化迅速，在初始充电阶段，不稳定现象明显，进而变化缓慢。其中间电池放电电流倍率相对较小，在放电过程中，与单个电池单体相比，放电时间较长，并且使得放电过程的时间有一定延迟。实验结果表明，锂离子电池组与单个电池单体相比，具有特殊的特性，并对充电、搁置和放电过程有影响。因此，锂离子电池组的运行特性与单个锂离子电池不同。

锂离子电池组在 25℃ 室温条件下，静置 4 h，使得其温度和活跃程度返回至稳定状态。在这个过程中，监测电池组来获得变化过程中的电压和容量变化。锂离子电池组的工作特性经常导致电池过放电现象发生，过放电将对锂离子电池组产生永久性的伤害。根据国家标准，在不同工作情景下进行工况模拟实验，研究不同工况下输出电压和温升等外部可测参数的变化规律，结合工况对测得参数的影响机制进行分析，获得锂离子电池组的工作特性。通过研究 SOC 估算方法，对用于动力环境应用特征的锂离子电池组的工作状态进行监测，该方法通过使用充放电实验过程并结合模型参数辨识原理实现。锂离子电池组各单体搁置状态的特性如图 10-8 所示。

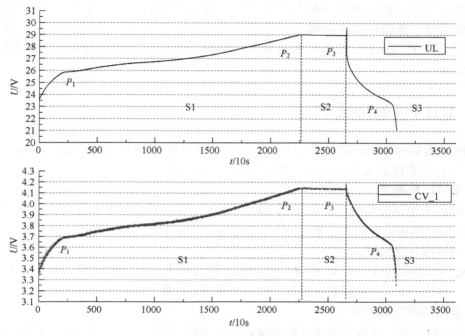

图 10-7　锂离子电池组循环充放电特性

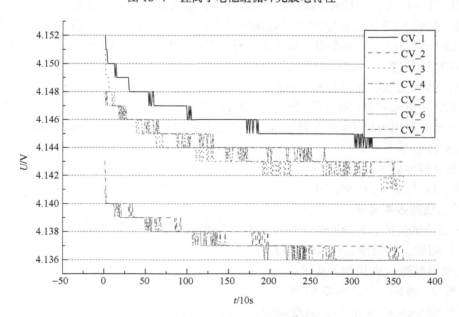

图 10-8　锂离子电池组各单体搁置状态特性

由图 10-8 看出，在搁置过程中，锂离子电池组各单体间具有明显的差异。在搁置过程中，各单体间的自放电速率有明显变化，其中各单体放电的电流速率也不同。然而，电流速率不同的现象与其他两个过程相比显得非常小，所以在 SOC 估算过程中，基本忽略不计。通过上述实验可知，锂离子电池组多次循环充放电具有明显的规律性。

与锂离子电池组单体的工作特性相比，成组工作过程的情况与单体工作过程有较强的相似性。但是，在单体间一致性差异参数 SOB 的影响下，串联成组工作时的总体容量低于单体容量。锂离子电池组成组工作时的 SOC 估算，以及工作特性的等效模型表征，与单体电池 SOC 估算和工作特性表征相比，需要考虑更多的影响因素以进行不同情况下的实验验证。

10.3 BMS 性能测试

新能源汽车的工作环境总是处于变化之中，这导致 BMS 的工作环境比较恶劣。因此，对 BMS 进行可靠性测试是必要的，主要包括以下测试内容。

1. 绝缘电阻测试

在 BMS 带电部分与壳体之间施加 500 V 电压，通过测量带电部分和壳体之间的电流，利用欧姆定律推算出电阻。一般情况下，绝缘电阻应不小于 2 MΩ。

2. 绝缘耐压性能测试

在电压采样回路中，施加 50~60 Hz 的正弦波交流电，测试电压为 $2U+1000$ V（U 为标称电压），持续 1 min，在试验过程中不应出现断裂等现象。

3. 参数监测功能测试

根据工作环境，正确安装或连接 BMS，或为 BMS 提供一个适宜的电气和温度环境并通过仿真系统进行检测。在打开 BMS 前，安装电压、电流以及温度传感器。

进而，比较 BMS 从设备中测量的数据并确定误差。电池单体或模组电压数据采集通道应不少于 5 个点，电流采集点应不低于 2 个点，温度采集通道应不少于 2 个点，并且合理分配采集点的安装位置。

通常，BMS 监控的参数有如下要求：

1）总电压值≤±1%FSR（满刻度、满量程电压）。

2）电流值：当电流 I≤30 A 时，-0.3 A≤监控误差≤0.3 A；当电流 I>30 A 时，-1%≤监控误差≤1%。

3）温度值≤±2℃。

4）模组电压值≤±0.5%FSR。

4. 状态估算效果测试

BMS 的测试包括 SOC≥80% 的情况。对于其他类型的新能源汽车，是否需要在 SOC≥80% 时进行测试，应根据实际情况进行。

SOC 估计精度应满足如下要求：

1）当 SOC≥80% 时，误差≤6%。

2）当 30%<SOC<80% 时，误差≤10%。

3）当 SOC≤30% 时，误差≤6%。

5. 电池故障诊断

通过仿真系统改变电压、电流或温度等输入信号，以满足产生故障所需的条件。监测 BMS 通信接口的反馈信息，并记录故障项目和产生故障所需的条件。

6. 高温工况测试

将 BMS 放入高温柜（设置初始温度为正常工作温度），开机运行。当温度达到（65±2）℃时，保持工作 2 h，记录测试过程中 BMS 所测量的数据，并进行误差分析。在测试过程中以及测试结束后，电池应能够正常工作，并符合要求。

7. 低温工况测试

将 BMS 放入低温柜（置初始温度为正常工作温度），开机运行。其温度达到（-25±2）℃时，保持工作 2 h。记录测试过程中 BMS 所测量的数据，并进行误差分析。在测试过程中以及测试结束后，电池应能够正常工作，并符合要求。

8. 耐盐雾性

将 BMS 安装在与实际安装状态相符或者相似的测试箱内，连接器处于正常状态。测试时间为 16 h，使 BMS 在 1~2 h 内从正常温度直接达到这个温度，并进行误差分析。测试后的 BMS 应能正常工作，并符合要求。

9. 耐振动测试

BMS 应能经受 X、Y、Z 三个方向的扫频振动试验。每个试验持续 8 h。BMS 通常在不工作及正常安装状态下经受试验。振动试验机的振动应为正弦波，加速度波的失真应小于 25%。

扫频测试条件如下：

1）扫频范围为 10~500 Hz。

2）振幅或加速度：当频率为 10~25 Hz 时，振幅为 0.35 mm；当频率为 25~500 Hz 时，加速度为 30 m/s²。

3）扫频率为 1 oct/min（倍频程每分钟），经过测试，分析 BMS 所测量的电池系统参数的误差。测试后的 BMS 应能够正常工作，并符合要求。

10. 耐电源极性反接性能

将 BMS 与电源连接，反向输入电压并保持 1 min。测试结束后，保持 BMS 的电源供应处于正常状态，检查 BMS 能否正常工作。试验后的 BMS 应能正常工作，并符合要求。

11. 抗电磁辐射

测试频率为 400~1000 MHz，分析 BMS 测量的各项参数的误差。测试后，电池应能够正常工作，并符合要求。

10.4 BMS 故障排除

10.4.1 故障原因及其分析

制定 BMS 故障检测方案之前，需要分析哪些故障需要被检测。因此首先需要对电池系统进行预先危险性分析，目的在于识别安全性关键部件、评价危险程度、提出控制危险措施，见表 10-1。

表 10-1　故障后果及原因分析

危　险　源	原　　　因	主　要　后　果	可　行　措　施
电池失控	电池过充电	起火爆炸	电池电压检测
	电池过放电		电池电压检测
	电池内短路		系统温度检测
	系统短路		系统电流检测
	电池热失控		系统温度检测
	电池碰撞挤压		碰撞检测
漏电	高压绝缘故障	高压触电	绝缘检测
	线束连接故障		高压互锁检测
	接触器故障		粘连检测
BMS 故障	硬件故障	车辆失控	硬件功能诊断
	软件故障		MCU 运行监控

从故障检测方法来看，故障检测通常可以分为物理和化学检测法、信号处理检测法、基于模型的检测法这几种方法。

1）物理和化学检测法通过观察检测目标运行过程中的物理、化学状态来进行故障诊断，如分析其电压、电流、温度、挥发气体等特性的变化，并与默认阈值范围进行比较，从而进行故障判断。

2）信号处理检测法通过检测目标运行过程中的信号状态进行故障诊断，如信号时域、频域的变化，信号内容和时序与预设之间的差异。

3）基于模型的检测法适用于不易观测的状态（如 SOC、SOH 等）、较为复杂的状态，根据模型计算求解从而评估故障状态。

从故障检测实现手段来看，可以采用软件诊断和硬件诊断两种，并且可以同时采用这两种方法实现设计上的冗余。软件诊断有着计算能力强、易于迭代的优点，适合于大多数的故障诊断，尤其是采用第二类和第三类检测法的故障。硬件诊断有着可靠性强、响应快的优点，对于安全等级高的故障可以进行冗余设计（如碰撞检测、单体电压检测等）。

10.4.2　故障解决方法

而根据 BMS 发生的故障，主要有以下解决方法。

1. 系统供电后整个系统不工作

可能原因：供电异常、线束短路或断路、DC-DC 无电压输出。

故障排除：检查管理系统的外部供电电源是否正常，是否能达到管理系统要求的最低工作电压，看外部电源是否有限流设置，导致给管理系统的供电功率不足；可以调整外部电源，使其满足管理系统的用电要求；检查管理系统的线束是否有短路或断路，对线束进行修改，使其工作正常；外部供电和线束都正常，则查看管理系统中给整个系统供电的 DC/DC 是否有电压输出；如有异常可更换坏的 DC/DC 模块。

2. BMS 内部通信不稳定

可能原因：通信线插头松动，走线不规范。

故障排除：重新拔插通信线插头；检查走线是否规范。

3. 采集模块数据为零

可能原因：采集模块的采集线断开、采集模块损坏。

故障排除：重新拔插模块接线，在采集线接头处测量电池电压是否正常，在温度传感器线插头处测量阻值是否正常。

4. 电池电流数据错误

可能原因：霍尔信号线插头松动、霍尔传感器损坏、采集模块损坏。

故障排除：重新拔插电流霍尔传感器信号线；检查霍尔传感器电源是否正常，信号输出是否正常；更换采集模块。

5. 电池温差过大

可能原因：散热风扇插头松动，散热风扇故障。

故障排除：重新拔插风扇插头线；给风扇单独供电，检查风扇是否正常。

6. 电池温度过高或过低

可能原因：散热风扇插头松动，散热风扇故障，温度探头损坏。

故障排除：重新拔插风扇插头线；给风扇单独供电，检查风扇是否正常；检查电池实际温度是否过高或过低；测量温度探头内阻。

7. SOC 异常

现象：SOC 在系统工作过程中的变化幅度很大，或者在几个数值之间反复跳变；在系统充放电过程中，SOC 有较大偏差；SOC 一直显示固定数值不变。

可能原因：电流不校准；电流传感器型号与主机程序不匹配；电池长期未深度充放电；数据采集模块采集跳变，导致 SOC 进行自动校准。SOC 校准的两个条件：达到过充电保护；平均电压达到规定值以上。

故障排除：对电池进行一次深度充放电；更换数据采集模块，对系统 SOC 进行手动校准，修改主机程序，电池平均电压达到规定值以上。设置正确的电池总容量和剩余容量；正确连接电流传感器，使其工作正常。

参 考 文 献

[1] AMIRIBAVANDPOUR P, SHEN W X, MU D B. An improved theoretical electrochemical- thermal modelling of lithium-ion battery packs in electric vehicles [J]. Journal of Power Sources, 2015, 284: 328-338.

[2] ANTON J C A, NIETO P J G, VIEJO C B. Support vector machines used to estimate the battery state of charge [J]. IEEE Transactions on Power Electronics, 2013, 28 (12): 5919-5926.

[3] AUNG H, LOW K S, GOH S T. State-of-charge estimation of Lithium-ion battery using square root spherical unscented Kalman filter (Sqrt-UKFST) in nanosatellite [J]. IEEE Transactions on Power Electronics, 2015, 30 (9): 4774-4783.

[4] AUNG H, LOW K S. Temperature dependent state-of-charge estimation of lithium ion battery using dual spherical unscented Kalman filter [J]. IET Power Electronics, 2015, 8 (10): 2026-2033.

[5] BARAI A, WIDANAGE W D, MARCO J. A study of the open circuit voltage characterization technique and hysteresis assessment of lithium-ion cells [J]. Journal of Power Sources, 2015, 295: 99-107.

[6] BAUER M, GUENTHER C, KASPER M. Discrimination of degradation processes in lithium-ion cells based on the sensitivity of aging indicators towards capacity loss [J]. Journal of Power Sources, 2015, 283: 494-504.

[7] BAZINSKI S J, WANG X. Experimental study on the influence of temperature and state-of-charge on the thermophysical properties of an LFP pouch cell [J]. Journal of Power Sources, 2015, 293: 283-291.

[8] BIZERAY A M, ZHAO S, DUNCAN S R. Lithium-ion battery thermal-electrochemical model-based state estimation using orthogonal collocation and a modified extended Kalman filter [J]. Journal of Power Sources, 2015, 296: 400-412.

[9] BRUEN T, MARCO J. Modelling and experimental evaluation of parallel connected lithium ion cells for an electric vehicle battery system [J]. Journal of Power Sources, 2016, 310: 91-101.

[10] BURGOS-MELLADO C, ORCHARD M E, KAZERANI M. Particle-filtering-based estimation of maximum available power state in lithium-ion batteries [J]. Applied Energy, 2016, 161: 349-363.

[11] CANNARELLA J, ARNOLD C B. State of health and charge measurements in lithium-ion batteries using mechanical stress [J]. Journal of Power Sources, 2014, 269: 7-14.

[12] CECILIO B, LUCIANO S, MANUELA G. An equivalent circuit model with variable effective capacity for $LiFePO_4$ batteries [J]. IEEE Transactions on Vehicular Technology, 2014, 63 (8): 3592-3599.

[13] CHAOUI H, IBE-EKEOCHA C C. State of charge and state of health estimation for lithium batteries using recurrent neural networks [J]. Energies, 2017, 66 (10): 8773-8783.

[14] CHEN X P, SHEN W X, DAI M X. Robust adaptive sliding-mode observer using RBF neural network for lithiumion battery state of charge estimation in electric vehicles [J]. IEEE Transactions on Vehicular Technology, 2016, 65 (4): 1936-1947.

[15] CHEN Y, LIU X F, FATHY H K, et al. A graph-theoretic framework for analyzing the speeds and efficiencies of battery pack equalization circuits [J]. International Journal of Electrical Power & Energy Systems, 2018, 98: 85-99.

[16] CHEN Z Y, XIONG R, LU J H. Temperature rise prediction of lithium-ion battery suffering external short

circuit for all-climate electric vehicles application [J]. Applied Energy, 2018, 213: 375-383.

[17] CHRISTOPHER D R, WANG C Y. 电池建模与电池管理系统设计 [M]. 惠东, 李建林, 官亦标, 等译. 北京: 机械工业出版社, 2018.

[18] CORNO M, BHATT N. Electrochemical model-based state of charge estimation for Li-ion cells [J]. IEEE Transactions on Control Systems Technology, 2015, 23 (1): 117-127.

[19] DANG X J, YAN L, XU K. Open-circuit voltage-based state of charge estimation of lithium-ion battery using dual neural network fusion battery model [J]. Electrochimica Acta, 2016, 188: 356-366.

[20] DONG G Z, WEI J W, ZHANG C B. Online state of charge estimation and open circuit voltage hysteresis modeling of LiFePO$_4$ battery using invariant imbedding method [J]. Applied Energy, 2016, 162: 163-171.

[21] FARMANN A, SAUER D U. A comprehensive review of on-board State-of-Available-Power prediction techniques for lithium-ion batteries in electric vehicles [J]. Journal of Power Sources, 2016, 329: 123-137.

[22] FENG T H, YANG L, ZHAO X W. Online identification of lithium-ion battery parameters based on an improved equivalent-circuit model and its implementation on battery state-of-power prediction [J]. Journal of Power Sources, 2015, 281: 192-203.

[23] FENG X N, WENG C H, OUYANG M G. Online internal short circuit detection for a large format lithium ion battery [J]. Applied Energy, 2016, 161: 168-180.

[24] FRIDHOLM B, WIK T, NILSSON M. Robust recursive impedance estimation for automotive lithium-ion batteries [J]. Journal of Power Sources, 2016, 304: 33-41.

[25] GALLIEN T, KRENN H, FISCHER R. Magnetism versus LiFePO$_4$ battery's state of charge: a feasibility study for magnetic-based charge monitoring [J]. IEEE Transactions on Instrumentation and Measurement, 2015, 64 (11): 2959-2964.

[26] GAO J P, ZHANG Y Z, HE H W. A real-time joint estimator for model parameters and state of charge of lithiumion batteries in electric vehicles [J]. Energies, 2015, 8 (8): 8594-8612.

[27] GAO P, ZHANG C F, WEN G W. Equivalent circuit model analysis on electrochemical impedance spectroscopy of lithium metal batteries [J]. Journal of Power Sources, 2015, 294: 67-74.

[28] 全国汽车标准化技术委员会. 电动汽车用锂离子动力蓄电池包和系统 第一部分: 高功率应用测试规程: GB/T 31467.1—2015 [S]. 北京: 中国标准出版社, 2015.

[29] 全国汽车标准化技术委员会. 电动汽车用锂离子动力蓄电池包和系统 第二部分: 高能量应用测试规程: GB/T 31467.2—2015 [S]. 北京: 中国标准出版社, 2015.

[30] 全国汽车标准化技术委员会. 电动汽车用锂离子动力蓄电池包和系统 第三部分: 安全性要求与测试方法: GB/T 31467.3-2015 [S]. 北京: 中国标准出版社, 2015.

[31] 全国汽车标准化技术委员会. 电动汽车用动力蓄电池循环寿命要求及试验方法: GB/T 31484—2015 [S]. 北京: 中国标准出版社, 2015.

[32] 全国汽车标准化技术委员会. 电动汽车用动力蓄电池安全要求及试验方法: GB/T 31485—2015 [S]. 北京: 中国标准出版社, 2015.

[33] 全国汽车标准化技术委员会. 电动汽车用动力蓄电池电性能要求及试验方法: GB/T 31486—2015 [S]. 北京: 中国标准出版社, 2015.

[34] 中国人民解放军总装备部. 锂离子蓄电池组通用规范: GJB 4477—2002 [S]. 2003.

[35] 中国人民解放军总装备部. 军用航空蓄电池通用规范: GJB 4871—2003 [S]. 2003.

[36] HE H W, ZHANG Y Z, XIONG R. A novel Gaussian model based battery state estimation approach: State-of-

Energy [J]. Applied Energy, 2015, 151: 41-48.

[37] HE H W, XIONG R, PENG J K. Real-time estimation of battery state-of-charge with unscented Kalman filter and RTOS mu COS-II platform [J]. Applied Energy, 2016, 162: 1410-1418.

[38] HE W, WILLIARD N, CHEN C C. State of charge estimation for Li-ion batteries using neural network modeling and unscented Kalman filter-based error cancellation [J]. International Journal of Electrical Power & Energy Systems, 2014, 62: 783-791.

[39] HE Y, LIU X T, ZHANG C B. A new model for State-of-Charge (SOC) estimation for high-power Li-ion batteries [J]. Applied Energy, 2012, 101: 808-814.

[40] HOSSEINIMEHR T, GHOSH A, SHAHNIA F. Cooperative control of battery energy storage systems in microgrids [J]. International Journal of Electrical Power & Energy Systems, 2017, 87: 109-120.

[41] HU C, JAIN G, SCHMIDT C. Online estimation of lithium-ion battery capacity using sparse Bayesian learning [J]. Journal of Power Sources, 2015, 289: 105-113.

[42] HU C, JAIN G, ZHANG P Q. Data-driven method based on particle swarm optimization and k-nearest neighbor regression for estimating capacity of lithium-ion battery [J]. Applied Energy 2014, 129: 49-55.

[43] HU X S, LI S E, YANG Y L. Advanced machine learning approach for lithium-ion battery state estimation in electric vehicles [J]. IEEE Transactions on Transportation Electrification, 2016, 2 (2): 140-149.

[44] HU X S, ZOU C F, ZHANG C P. Technological developments in batteries [J]. IEEE Power and Energy Magazine, 2017, 15 (5): 20-31.

[45] HU Y R, WANG Y Y. Two time-scaled battery model identification with application to battery state estimation [J]. IEEE Transactions on Control Systems Technology, 2015, 23 (3): 1180-1188.

[46] HUA Y, XU M, LI M. Estimation of state of charge for two types of lithium-ion batteries by nonlinear predictive filter for electricvehicles [J]. Energies, 2015, 8 (5): 3556-3576.

[47] HUSSEIN A A. Capacity fade estimation in electric vehicle Li-ion batteries using artificial neural networks [J]. IEEE Transactions on Industry Applications, 2015, 51 (3): 2321-2330.

[48] JUN M, SMITH K, GRAF P. State-space representation of Li-ion battery porous electrode impedance model with balanced model reduction [J]. Journal of Power Sources, 2015, 273: 1226-1236.

[49] JUNG S H, JEONG H. Extended Kalman filter-based state of charge and state of power estimation algorithm for unmanned aerial vehicle Li-po battery packs [J]. Energies, 2017, 10 (8): 1237.

[50] KIM J. Discrete wavelet transform-based feature extraction of experimental voltage signal for Li-ion cell consistency [J]. IEEE Transactions on Vehicular Technology, 2016, 65 (3): 1150-1161.

[51] KIM T, WANG Y B, FANG H Z. Model-based condition monitoring for lithium-ion batteries [J]. Journal of Power Sources, 2015, 295: 16-27.

[52] KIM T, WANG Y B, SAHINOGLU Z. A Rayleigh quotient-based recursive total-least-squares online maximum capacity estimation for lithium-ion batteries [J]. IEEE Transactions on Energy Conversion, 2015, 30 (3): 842-851.

[53] KUO T J, LEE K Y, HUANG C K. State of charge modeling of lithium-ion batteries using dual exponential functions [J]. Journal of Power Sources, 2016, 315: 331-338.

[54] LAI X, ZHENG Y J, SUN T. A comparative study of different equivalent circuit models for estimating state-of-charge of lithium-ion batteries [J]. Electrochimica Acta, 2018, 259: 566-577.

[55] LI D, OUYANG J, LI H Q. State of charge estimation for LiMn2O4 power battery based on strong tracking sigma point Kalman filter [J]. Journal of Power Sources, 2015, 279: 439-449.

[56] LI J C, WANG S L, FERNANDEZ C, et al. The Battery Management System Construction Method Study for the Power Lithium-ion Battery Pack [C]. International Conference on Robotics and Automation Engineering, 2017, 1 (1): 285-289.

[57] LI J C, WANG S L, WANG N, et al. Adaptive State of Health Evaluation Method Study for High Power Aerial Lithium-ion Battery Packs [C]. International Conference on Energy Development and Environmental Protection, 2017, 1 (1): 90-97.

[58] LI X Y, FAN G D, RIZZONI G. A simplified multi-particle model for lithium ion batteries via a predictor-corrector strategy and quasi-linearization [J]. Energy, 2016, 116: 154-169.

[59] LIM D J, AHN J H, KIM D H. A mixed SOC estimation algorithm with high accuracy in various driving patterns of EVs [J]. Journal of Power Electronics, 2016, 16 (1): 27-37.

[60] LIN C, MU H, XIONG R. A novel multi-model probability battery state of charge estimation approach for electric vehicles using H-infinityalgorithm [J]. Applied Energy, 2016, 166: 76-83.

[61] LIN X F, STEFANOPOULOU A G, ANDERSON R D. State of charge imbalance estimation for battery strings under reduced voltage sensing [J]. IEEE Transactions on Control Systems Technology, 2015, 23 (3): 1052-1062.

[62] LIU G M, OUYANG M G, LU L G. A highly accurate predictive-adaptive method for lithium-ion battery remaining discharge energy prediction in electric vehicle applications [J]. Applied Energy, 2015, 149: 297-314.

[63] LIU S L, CUI N X, ZHANG C H. An adaptive square root unscented Kalman filter approach for state of charge estimation of lithium-ion batteries [J]. Energies, 2017, 10 (9): 1345.

[64] MARONGIU A, ROSCHER M, SAUER D U. Influence of the vehicle-to-grid strategy on the aging behavior of lithium battery electric vehicles [J]. Applied Energy, 2015, 137: 899-912.

[65] MASOUMNEZHAD M, JAMALI A, NARIMAN-ZADEH N. Robust GMDH-type neural network with unscented Kalman filter for non-linear systems [J]. Transactions of the Institute of Measurement and Control, 2016, 38 (8): 992-1003.

[66] MENG J H, LUO G Z, GAO F. Lithium polymer battery state-of-charge estimation based on adaptive unscented Kalman filter and support vector machine [J]. IEEE Transactions on Power Electronics, 2016, 31 (3): 2226-2238.

[67] MENG J H, LUO G Z, RICCO M, et al. Low-complexity online estimation for LiFePO$_4$ battery state of charge in electric vehicles [J]. Journal of Power Sources, 2018, 395: 280-288.

[68] MESBAHI T, RIZOUG N, BARTHOLOMEUS P. Dynamic model of li-ion batteries incorporating electrothermal and ageing aspects for electric vehicle applications [J]. IEEE Transactions on Industrial Electronics, 2018, 65 (2): 1298-1305.

[69] MONEM M A, TRAD K, OMAR N. Lithium-ion batteries: Evaluation study of different charging methodologies based on aging process [J]. Applied Energy, 2015, 152: 143-155.

[70] NEJAD S, GLADWIN D T, STONE D A. A systematic review of lumped-parameter equivalent circuit models for real-time estimation of lithium-ion battery states [J]. Journal of Power Sources, 2016, 316: 183-196.

[71] OSSWALD P J, ERHARD S V, RHEINFELD A. Temperature dependency of state of charge inhomogeneities and their equalization in cylindrical lithium-ion cells [J]. Journal of Power Sources, 2016, 329: 546-552.

[72] PARTOVIBAKHSH M, LIU G J. An adaptive unscented Kalman filtering approach for online estimation of model parameters and state-of-charge of Lithium-ion batteries for autonomous mobile robots [J]. IEEE

Transactions on Control Systems Technology, 2015, 23（1）：357-363.

［73］ PATTIPATI B, BALASINGAM B, AVVARI G V. Open circuit voltage characterization of lithium-ion batteries［J］. Journal of Power Sources, 2014, 269：317-333.

［74］ PEREZ G, GARMENDIA M, REYNAUD J F. Enhanced closed loop state of charge estimator for lithium-ion batteries based on extended Kalman filter［J］. Applied Energy, 2015, 155：834-845.

［75］ PETZL M, KASPER M, DANZER M A. Lithium plating in a commercial lithium-ion battery：A low-temperature aging study［J］. Journal of Power Sources, 2015, 275：799-807.

［76］ PIRET H, GRANJON P, GUILLET N. Tracking of electrochemical impedance of batteries［J］. Journal of Power Sources, 2016, 312：60-69.

［77］ PRAMANIK S, ANWAR S. Electrochemical model based charge optimization for lithium-ion batteries［J］. Journal of Power Sources, 2016, 313：164-177.

［78］ 国家发展和改革委员会. 电动汽车用锂离子蓄电池：QC/T 743—2006［S］. 北京：中国计划出版社, 2006.

［79］ 国家发展和改革委员会. 电动汽车用电池管理系统技术条件：QC/T 891—2011［S］. 北京：中国计划出版社, 2011.

［80］ RAHBARI O, et al. A novel state of charge and capacity estimation technique for electric vehicles connected to a smart grid based on inverse theory and a metaheuristic algorithm［J］. Energy, 2018, 155：1047-1058.

［81］ RAHIMI-EICHI H, BARONTI F, CHOW M Y. Online adaptive parameter identification and state-of-charge coestimation for Lithium-polymer battery cells［J］. IEEE Transactions on Industrial Electronics, 2014, 61（4）：2053-2061.

［82］ RAHMAN M A, ANWAR S, IZADIAN A. Electrochemical model parameter identification of a lithium-ion battery using particle swarm optimization method［J］. Journal of Power Sources, 2016, 307：86-97.

［83］ RAHMAN M A, ANWAR S, IZADIAN A. Electrochemical model parameter identification of a lithium-ion battery using particle swarm optimization method［J］. Journal of Power Sources, 2016, 307：86-97.

［84］ ROLANDDORN, REINER S, BJOERN S. Battery management system［M］. Berlin Heidelberg：Springer, 2018.

［85］ SAMADANI E, MASTALI M, FARHAD S. Li-ion battery performance and degradation in electric vehicles under different usage scenarios［J］. International Journal of Energy Research, 2016, 40（3）：379-392.

［86］ SAMADI M F, SAIF M. State-space modeling and observer design of li-ion batteries using Takagi-Sugeno fuzzy system［J］. IEEE Transactions on Control Systems Technology, 2016, 25（1）：301-308.

［87］ SAW L H, YE Y H, TAY A A O. Integration issues of lithium-ion battery into electric vehicles battery pack［J］. Journal of Cleaner Production, 2016, 113：1032-1045.

［88］ SCHWUNK S, ARMBRUSTER N, STRAUB S. Particle filter for state of charge and state of health estimation for lithiumiron phosphate batteries［J］. Journal of Power Sources, 2013, 239：705-710.

［89］ SEPASI S, GHORBANI R, LIAW B Y. A novel on-board state-of-charge estimation method for aged Li-ion batteries based on model adaptive extended Kalman filter［J］. Journal of Power Sources, 2014, 245：337-344.

［90］ SHANG L P, WANG S L, LI Z F. A novel lithium-ion battery balancing strategy based on global best-first and integrated imbalance calculation［J］. International Journal of Electrochemical Science, 2014, 9（11）：6213-6224.

［91］ SHAO S, BI J, YANG F. On-line estimation of state-of-charge of Li-ion batteries in electric vehicle using the resampling particlefilter [J]. Transportation Research Part D: Transport and Environment, 2014, 32: 207–217.

[92] SHEN P, OUYANG M G, LU L G. The co-estimation of state of charge, state of health, and state of function for lithium-ion batteries in electric vehicles [J]. IEEE Transactions on Vehicular Technology, 2018, 67 (1): 92–103.

[93] SHEN Y Q. Improved chaos genetic algorithm based state of charge determination for lithium batteries in electric vehicles [J]. Energy, 2018, 152: 576–585.

[94] SHI W, WANG J L, ZHENG J M. Influence of memory effect on the state-of-charge estimation of large format Li-ion batteries based on LiFePO$_4$ cathode [J]. Journal of Power Sources, 2016, 312: 55–59.

[95] SHIN D, PONCINO M, MACII E. A statistical model-based cell-to-cell variability management of Li-ion battery packs [J]. IEEE Transactions on Computer-Aided Design of Integrated Circuits and Systems, 2015, 34 (2): 252–265.

[96] SUN F C, XIONG R, HE H W. A systematic state-of-charge estimation framework for multi-cell battery pack in electric vehicles using bias correction technique [J]. Applied Energy, 2016, 162: 1399–1409.

[97] 赵立军. 电动汽车测试与评价 [M]. 北京: 北京大学出版社, 2012.

[98] TANAKA T, ITO S, MURAMATSU M. Accurate and versatile simulation of transient voltage profile of lithium-ion secondary battery employing internal equivalent electric circuit [J]. Applied Energy, 2015, 143: 200–210.

[99] TANIM T R, RAHN C D, WANG C Y. State of charge estimation of a lithium ion cell based on a temperature dependent and electrolyte enhanced single particle model [J]. Energy, 2015, 80: 731–739.

[100] TANIM T R, RAHN C D, WANG C Y. State of charge estimation of a lithium ion cell based on a temperature dependent and electrolyte enhanced single particle model [J]. Energy, 2015, 80: 731–739.

[101] TAO L F, LU C, NOKTEHDAN A. Similarity recognition of online data curves based on dynamic spatial time warping for the estimation of lithium-ion battery capacity [J]. Journal of Power Sources, 2015, 293: 751–759.

[102] TIAN Y, XIA B Z, SUN W. A modified model based state of charge estimation of power lithium-ion batteries using unscented Kalman filter [J]. Journal of Power Sources, 2014, 270: 619–626.

[103] TONG S J, KLEIN M P, PARK J W. On-line optimization of battery open circuit voltage for improved state-of-charge and state-of-health estimation [J]. Journal of Power Sources, 2015, 293: 416–428.

[104] TRUCHOT C, DUBARRY M, LIAW B Y. State-of-charge estimation and uncertainty for lithium-ion battery strings [J]. Applied Energy, 2014, 119: 218–227.

[105] WANG M L, LI H X. Spatiotemporal modeling of internal states distribution for lithium-ion battery [J]. Journal of Power Sources, 2016, 301: 261–270.

[106] WANG S L, FERNANDEZ C, CHEN M J. A novel safety anticipation estimation method for the aerial lithium-ion battery pack based on the real-time detection and filtering [J]. Journal of Cleaner Production, 2018, 185: 187–197.

[107] WANG S L, FERNANDEZ C, LIU X H. The parameter identification method study of the splice equivalent circuit model for the aerial lithium ion battery pack [J]. Measurement and Control, 2018, 51 (5): 125–137.

[108] WANG S L, FERNANDEZ C, SHANG L P. An integrated online adaptive state of charge estimation approach of high power lithium-ion battery packs [J]. Transactions of the Institute of Measurement and

Control, 2018, 40 (6): 1892-1910.

[109] WANG S L, FERNANDEZ C, SHANG L P. Online state of charge estimation for the aerial lithium-ion battery packs based on the improved extended Kalman filter method [J]. Journal of Energy Storage, 2017, 9: 69-83.

[110] WANG S L, FERNANDEZ C, ZOU C Y. Open circuit voltage and state of charge relationship functional optimization for the working state monitoring of the aerial lithium-ion battery pack [J]. Journal of Cleaner Production, 2018, 198: 1090-1104.

[111] WANG S L, SHANG L P, LI Z F. A Novel Online SOC Estimation Method for the Power Lithium Battery Pack Based on the Unscented Kalman Filter [C]. International Conference on Energy Development and Environmental Protection, 2017, 1 (1): 98-105.

[112] WANG S L, SHANG L P, LI Z F. Lithium-ion battery security guaranteeing method study based on the state of charge estimation [J]. International Journal of Electrochemical Science, 2015, 10 (6): 5130-5151.

[113] WANG S L, SHANG L P, LI Z F. Online dynamic equalization adjustment of high-power lithium-ion battery packs based on the state of balance estimation [J]. Applied Energy, 2016, 166: 44-58.

[114] WANG S L, TANG W, FERNANDEZ C. A novel endurance prediction method of series connected lithium-ion batteries based on the voltage change rate and iterative calculation [J]. Journal of Cleaner Production, 2019, 210: 43-54.

[115] WANG S L, YU C M, FERNANDEZ C. Adaptive State-of-Charge Estimation Method for an Aeronautical Lithiumion Battery Pack Based on a Reduced Particle-unscented Kalman Filter [J]. Journal of Power Electronics, 2018, 18 (4): 1127-1139.

[116] WANG Y J, YANG D, ZHANG X. Probability based remaining capacity estimation using data-driven and neural network model [J]. Journal of Power Sources, 2016, 315: 199-208.

[117] WANG Y J, ZHANG C B, CHEN Z H. An adaptive remaining energy prediction approach for lithium-ion batteries in electric vehicles [J]. Journal of Power Sources, 2016, 305: 80-88.

[118] WEI J W, DONG G Z, CHEN Z H. System state estimation and optimal energy control framework for multicell lithium-ion battery system [J]. Applied Energy, 2017, 187: 37-49.

[119] WEI Z B, ZHAO J Y, ZOU C F, et al. Comparative study of methods for integrated model identification and state of charge estimation of lithium-ion battery [J]. Journal of Power Sources, 2018, 402: 189-197.

[120] WEI Z B, XIONG R L, MENG S J, et al. Online monitoring of state of charge and capacity loss for vanadium redox flow battery based on autoregressive exogenous modeling [J]. Journal of Power Sources, 2018, 402: 252-262.

[121] WIJEWARDANA S, VEPA R, SHAHEED M H. Dynamic battery cell model and state of charge estimation [J]. Journal of Power Sources, 2016, 308: 109-120.

[122] WU C X, FU R J, XU Z M. Improved state of charge estimation for high power lithium ion batteries considering current dependence of internal resistance [J]. Energies, 2017, 10 (10): 1-17.

[123] WU H J, YUAN S F, ZHANG X. Model parameter estimation approach based on incremental analysis for lithiumion batteries without using open circuit voltage [J]. Journal of Power Sources, 2015, 287: 108-118.

[124] XIA B Z, WANG H Q, TIAN Y. State of charge estimation of Lithium-ion batteries using an adaptive cubature Kalman filter [J]. Energies, 2015, 8 (6): 5916-5936.

[125] XIA B Z, WANG H Q, TIAN Y, et al. State of charge estimation of lithium-ion batteries using optimized Levenberg-Marquardt wavelet neural network [J]. Energy, 2018, 153: 694-705.

[126] XIAO R X, SHEN J W, LI X Y. Comparisons of modeling and state of charge estimation for lithium-ion battery based on fractional order and integral order methods [J]. Energies, 2016, 9 (3): 1–15.

[127] XIE J L, MA J C, SUN Y D. Estimating the state-of-charge of lithium-ion batteries using an H-infinity observer with consideration of the hysteresis characteristic [J]. Journal of Power Electronics, 2016, 16 (2): 643–653.

[128] XING Y J, HE W, PECHT M. State of charge estimation of lithium-ion batteries using the open-ciuciut voltage at various ambient temperatures [J]. Applied Energy, 2014, 113: 106–115.

[129] XIONG B Y, ZHAO J Y, WEI Z B. Extended Kalman filter method for state of charge estimation of vanadium redox flow battery using thermal-dependent electrical model [J]. Journal of Power Sources, 2014, 262: 50–61.

[130] XIONG R, ZHANG Y Z, HE H W. A double-scale, particle-filtering, energy state prediction algorithm for lithium-ion batteries [J]. IEEE Transactions on Industrial Electronics, 2018, 65 (2): 1298–1305.

[131] XU J, CAO B G, CHEN Z. An online state of charge estimation method with reduced prior battery testing information [J]. International Journal of Electrical Power & Energy Systems, 2014, 63: 178–184.

[132] YANG D, ZHANG X, PAN R, et al. A novel Gaussian process regression model for state-of-health estimation of lithium-ion battery using charging curve [J]. Journal of Power Sources, 2018, 384: 387–395.

[133] YAN D X, LU L G, LI Z. Durability comparison of four different types of high-power batteries in HEV and their degradation mechanism analysis [J]. Applied Energy, 2016, 179: 1123–1130.

[134] YANG F F, XING Y J, WANG D. A comparative study of three model-based algorithms for estimating state-of-charge of lithium-ion batteries under a new combined dynamic loading profile [J]. Applied Energy, 2016, 164: 387–399.

[135] YANG J F, XIA B, SHANG Y L. Adaptive state-of-charge estimation based on a split battery model for electric vehicle applications [J]. IEEE Transactions on Vehicular Technology, 2017, 66 (12): 10889–10898.

[136] YANG J F, et al. Online state-of-health estimation for lithium-ion batteries using constant-voltage charging current analysis [J]. Applied Energy, 2018, 212: 1589–1600.

[137] YE M, GUO H, XIONG R, et al. A double-scale and adaptive particle filter-based online parameter and state of charge estimation method for lithium-ion batteries [J]. Energy, 2018, 144: 789–799.

[138] YIN H, CORDOBA-ARENAS A, WARNER N. A multi time-scale state-of-charge and state-of-health estimation framework using nonlinear predictive filter for lithium-ion battery pack with passive balancecontrol [J]. Journal of Power Sources, 2015, 280: 293–312.

[139] YU Z H, HUAI R T, XIAO L J. State-of-charge estimation for Lithium-ion batteries using a Kalman filter based on local linearization [J]. Energies, 2015, 8 (8): 7854–7873.

[140] YUAN S F, WU H J, MA X R. Stability analysis for li-ion battery model parameters and state of charge estimation by measurement uncertainty consideration [J]. Energies, 2015, 8 (8): 7729–7751.

[141] ZACKRISSON M, FRANSSON K, HILDENBRAND J. Life cycle assessment of lithium-air battery cells [J]. Journal of Cleaner Production, 2016, 135: 299–311.

[142] ZHANG C, LI K, PEI L. An integrated approach for real-time model-based state-of-charge estimation of lithium-ionbatteries [J]. Journal of Power Sources, 2015, 283: 24–36.

[143] ZHANG C, ALLAFI W, DINH Q, et al. Online estimation of battery equivalent circuit model parameters

and state of charge using decoupled least squares technique [J]. Energy, 2018, 142: 678-688.

[144] ZHANG G W, HE Y Q, FENG Y, et al. Enhancement in liberation of electrode materials derived from spent lithium-ion battery by pyrolysis [J]. Journal of Cleaner Production, 2018, 199: 62-68.

[145] ZHANG W J, WANG L Y, WANG L F, et al. An improved adaptive estimator for state-of-charge estimation of lithium-ion batteries [J]. Journal of Power Sources, 2018, 402: 422-433.

[146] ZHANG Y L, DU X Y, SALMAN M. Battery state estimation with a self-evolving electrochemical ageing model [J]. International Journal of Electrical Power & Energy Systems, 2017, 85: 178-189.

[147] ZHANG Z L, CHENG X, LU Z Y. SOC estimation of lithium-ion batteries with AEKF and wavelet transform matrix [J]. Energies, 2017, 32 (10): 7626-7634.

[148] ZHANG Z L, CHENG X, LU Z Y. SOC estimation of lithium-ion battery pack considering balancing current [J]. IEEE Transactions on Power Electronics, 2018, 33 (3): 2216-2226.

[149] ZHAO X, CALLAFON R A. Modeling of battery dynamics and hysteresis for power delivery prediction and SOC estimation [J]. Applied Energy, 2016, 180: 823-833.

[150] ZHENG L F, ZHU J G, WANG G X, et al. Incremental capacity analysis and differential voltage analysis based state of charge and capacity estimation for lithium-ion batteries [J]. Energy, 2018, 150: 759-769.

[151] ZHENG Y J, OUYANG M G, HAN X B. Investigating the error sources of the online state of charge estimation methods for lithium-ion batteries in electric vehicles [J]. Journal of Power Sources, 2018, 377: 161-188.

[152] ZHENG Y J, OUYANG M G, LU L G. Study on the correlation between state of charge and coulombic efficiency for commercial lithium ion batteries [J]. Journal of Power Sources, 2015, 289: 81-90.

[153] ZHENG L F, ZHU J G, WANG G X, et al. Differential voltage analysis based state of charge estimation methods for lithium-ion batteries using extended Kalman filter and particle filter [J]. Energy, 2018, 158: 1028-1037.

[154] ZHENG Y J, GAO W K, OUYANG M, et al. State-of-charge inconsistency estimation of lithium-ion battery pack using mean-difference model and extended Kalman filter [J]. Journal of Power Sources, 2018, 383: 50-58.

[155] ZHU X H, LUCIA F M, JORI S J, et al. Electrochemical impedance study of commercial $LiNi_{0.8}Co_{0.15}Al_{0.05}O_2$ electrodes as a function of state of charge and aging [J]. Electrochimica Acta, 2018, 287: 10-20.

[156] ZHOU D M, ZHANG K, RAVEY A. Online estimation of lithium polymer batteries state-of-charge using particle filter-based data fusion with multimodels approach [J]. IEEE Transactions on Industry Applications, 2016, 52 (3): 2582-2595.

[157] ZOU Y, LI S B E, SHAO B. State-space model with non-integer order derivatives for lithium-ion battery [J]. Applied Energy, 2016, 161: 330-336.

[158] 陈清泉. 现代电动汽车技术 [M]. 北京：北京理工大学出版社，2002.

[159] 陈清泉. 现代新能源汽车、电机驱动及电力电子技术 [M]. 北京：机械工业出版社，2005.

[160] 陈世全. 先进电动汽车技术 [M]. 北京：化学工业出版社，2007.

[161] 达维德. 大规模锂离子电池管理系统 [M]. 李建林，李蓓，房凯，等译. 北京：机械工业出版社，2016.

[162] 邓琥，王顺利，尚丽平. 锂离子蓄电池组最佳优先均衡策略研究 [J]. 电子技术应用，2014，40 (11): 68-70, 74.

[163] 董艳艳，王万君. 纯电动汽车动力电池及管理系统设计 [M]. 北京：北京理工大学出版社，2017.

[164] 工业与信息化部人才交流中心. 电动汽车电池管理系统的设计开发 [M]. 北京：电子工业出版社，2018.

[165] 管丛胜. 高能化学电源 [M]. 北京：化学工业出版社，2005.

[166] 胡晓敏，王顺利，尚丽平. 航空用动力锂电池组工作特性分析 [J]，电源技术，2016，40（8）：1554-1555，1569.

[167] 胡信国. 动力电池技术与应用 [M]. 北京：化学工业出版社，2009.

[168] 贾亮，王真真，孙延鹏. 基于多种模型的扩展卡尔曼滤波算法的 SOC 估算 [J]. 电源技术，2018，42（4）：568-571.

[169] 姜久春，马泽宇，李雪. 基于开路电压特性的动力电池健康状态诊断与估计 [J]. 北京交通大学学报，2016，40（4）：92-98.

[170] 雷特曼. 插电式混合动力电动汽车开发基础 [M]. 王震坡，孟祥峰，译. 北京：机械工业出版社，2011.

[171] 李建超，王顺利，刘小菡. 锂电池组等效模型构建与 SOC 估算方法研究 [J]. 化工自动化及仪表，2018，45（2）：150-153.

[172] 梁奇，于春梅，王顺利. 基于 PNGV 电路模型的航空钴酸锂电池内阻研究 [J]. 电源学报，2017，15（2）：153-158.

[173] 刘力舟，王顺利，张方亮. 航空锂离子电池内阻测试研究 [J]. 电源技术，2018，42（1）：25-26，36.

[174] 刘欣博，王乃鑫，李正熙. 基于扩展卡尔曼滤波法的锂离子电池荷电状态估算方法研究 [J]. 北方工业大学学报，2016，28（1）：49-56.

[175] 麻友良. 电动汽车概论 [M]. 北京：机械工业出版社，2012.

[176] 欧阳明高. 中国新能源汽车的研发及展望 [J]. 科技导报，2016，34（6）：13-20.

[177] 其鲁. 新能源汽车用锂离子电池 [M]. 北京：科学出版社，2010.

[178] 商云龙，张承慧，崔纳新. 基于模糊神经网络优化扩展卡尔曼滤波的锂离子电池荷电状态估计 [J]. 控制理论与应用，2016，33（2）：212-220.

[179] 尚丽平，王顺利，何明前. 锂电池组实时在线均衡 BMS 健康管理方法研究 [J]. 电源技术，2015，39（12）：2590-2672.

[180] 尚丽平，王顺利，李占锋. 机载蓄电池地面维护系统研究 [J]. 电源学报，2014，12（2）：43-49.

[181] 尚丽平，王顺利，李占锋. 基于 SOC 的 AGV 车载蓄电池荷电状态实时平衡方法研究 [J]. 电子技术应用，2014，40（6）：67-69，73.

[182] 尚丽平，王顺利，李占锋. 基于放电试验法的机载蓄电池 SOC 估计方法研究 [J]. 电源学报，2014，12（1）：61-65.

[183] 尚丽平，王顺利，李占锋. 基于灰关联度的锂电池组 SOH 评价方法研究 [J]. 电源技术，2015，39（11）：2381-2383，2418.

[184] 谭小军. 电动汽车动力电池管理系统设计 [M]. 广州：中山大学出版社，2011.

[185] 王顺利，胡宜芬. 航空锂离子电池组过放电工作特性研究 [J]. 电源学报，2018，14（10）：82-87.

[186] 王顺利，李建超，尚丽平. 非四线制锂电池组实时电压检测校正方法研究 [J]. 电源学报，2016，14（1）：80-85.

[187] 王顺利，尚丽平，李占锋. 基于滑动平均的锂电池关键参量检测方法研究 [J]. 电子技术应用，2015，41（3）：141-144.

[188] 王顺利，尚丽平，屈维. 机载锂电池 SOC 估算方法研究与实现 [J]. 实验技术与管理，2015，32

（5）：45-49，54.

[189] 王顺利，尚丽平，舒思琦．基于等效电路分析的航空锂电池工作特性研究［J］．电子技术应用，2015，41（5）：137-140.

[190] 王顺利，谢非，陈蕾．基于无迹卡尔曼航空锂电池的SOC估算系统［J］．制造业自动化，2018，40（2）：65-69.

[191] 王文伟．电动汽车技术基础［M］．北京：机械工业出版社，2010.

[192] 王震坡．电动汽车蓝图［M］．北京：机械工业出版社，2010.

[193] 王震坡．新能源汽车辆动力电池系统及应用技术［M］．北京：机械工业出版社，2012.

[194] 王震坡．新能源汽车动力电池及电源管理［M］．北京：机械工业出版社，2014.

[195] 邬宽明．CAN总线原理和应用系统设计［M］．北京：北京航空航天大学出版社，1996.

[196] 吴宇平．锂离子电池：应用与实践［M］．北京：化学工业出版社，2004.

[197] 夏承成，王顺利，尚丽平．机载锂电池健康评价与管理方法和技术研究［J］．电源技术，2015，39（10）：2110-2112，2330.

[198] 徐艳民．新能源汽车辆动力电池系统及应用技术［M］．北京：机械工业出版社，2012.

[199] 杨海学，张继业，张晗．基于改进Sage-Husa的自适应无迹卡尔曼滤波的锂离子电池SOC估计［J］．电工电能新技术，2016，35（1）：30-35.

[200] 于仲安，简俊鹏．基于联合扩展卡尔曼滤波法的锂电池SOC估算［J］．电源技术，2016，40（10）：1941-1942，1949.

[201] 张金龙，佟微，漆汉宏．平方根采样点卡尔曼滤波在磷酸铁锂电池组荷电状态估算中的应用［J］．中国电机工程学报，2016，36（22）：6246-6253.

[202] 张小乾，王顺利，尚丽平，等．锂离子蓄电池恒压补充电方法研究［J］．电源技术，2016，40（4）：820-822，880.

[203] 刘春梅，王彬，王顺利．电工电子实训［M］．西安：西安电子科技大学出版社，2019.

[204] 曹文，贾鹏飞，杨超，等．硬件电路设计与电子工艺基础［M］．2版．北京：电子工业出版社，2019.